聚合物产品生产技术

主　编　张世玲　龚晓莹
副主编　杨海燕　黄　岚

中国建材工业出版社

图书在版编目（CIP）数据

聚合物产品生产技术/张世玲，龚晓莹主编．—北京：中国建材工业出版社，2016.3
ISBN 978-7-5160-1338-0

Ⅰ.①聚…　Ⅱ.①张…②龚…　Ⅲ.①聚合物-化工生产-高等职业教育-教材　Ⅳ.①TQ31

中国版本图书馆 CIP 数据核字（2016）第 006047 号

内 容 简 介

本书结合高职高专教学特点，突出"实际、实用、实践"特色，并引用了大量的数据和图表。

本书内容分上、下两篇，共六个项目，上篇聚合物合成基础，有两个项目，介绍了聚合物合成基础知识和单体的原料来源；下篇聚合物产品生产技术，有四个项目，自由基聚合产品生产技术、离子聚合与配位聚合产品生产技术、缩聚与逐步加聚产品生产技术、聚合物产品改性技术。

本书适合作为高职高专材料工程技术（高分子材料方向）专业教学用书。本书有配套课件，读者可登录我社网站免费下载。

聚合物产品生产技术

主　编　张世玲　龚晓莹
副主编　杨海燕　黄　岚

出版发行：中国建材工业出版社
地　　址：北京市海淀区三里河路 1 号
邮　　编：100044
经　　销：全国各地新华书店
印　　刷：北京鑫正大印刷有限公司
开　　本：787mm×1092mm　1/16
印　　张：12.75
字　　数：318 千字
版　　次：2016 年 3 月第 1 版
印　　次：2016 年 3 月第 1 次
定　　价：39.00 元

本社网址：www.jccbs.com.cn　微信公众号：zgjcgycbs
本书如出现印装质量问题，由我社市场营销部负责调换。联系电话：(010)88386906

前　言

本书依据高职高专人才培养的要求和材料工程技术（高分子材料方向）人才培养规格，确立以职业活动为导向，以"工学结合、校企合作"为切入点的人才培养模式进行项目化教材开发，在内容处理上考虑了高职高专教学现状，突出"实际、实用、实践"特色，并根据实际应用引用了大量的数据和图表。在教学中，使用合成基础知识和单体的原料来源；典型聚合物产品的生产工艺仿真软件配合教学，可以更好地培养学生的岗位操作技能。

教材内容分上、下两篇，共六个项目，上篇聚合物合成基础，有两个项目，介绍了聚合物合成基础知识和单体的原料来源；下篇聚合物产品生产技术，有四个项目，自由基聚合产品生产技术、离子聚合与配位聚合产品生产技术、缩聚与逐步加聚产品生产技术、聚合物产品改性技术。

本书适合作为高职高专材料工程技术（高分子材料方向）专业教学用书。

本书由昆明冶金高等专科学校张世玲、龚晓莹任主编，杨海燕、黄岚任副主编。编写分工如下：项目一由朱波、陈科宇编写；项目二由李卫编写；项目三由龚晓莹、杨晓杰编写；项目四由黄岚、张嵩编写；项目五由张世玲、赵雪君编写；项目六由杨海燕编写；全书由张世玲统稿。

本书参考了大量文献，在此一并表示衷心感谢。

由于编者水平有限，难免有不妥和疏漏之处，敬请各位专家、同仁和读者提出宝贵意见。

编　者

2016 年 2 月

目　录

上篇　聚合物合成基础

下篇　聚合物产品生产技术

上篇 聚合物合成基础

项目一 聚合物合成基础知识

教学目标

◎ **知识目标**

1. 掌握聚合物的基本概念；
2. 掌握聚合物的命名与分类方法；
3. 熟悉聚合物生产过程、设备及工艺评价指标。

◎ **能力目标**

1. 能对聚合物进行命名和分类；
2. 能列举聚合物生产过程的典型设备；
3. 能对本地聚合物生产企业的工艺进行简要评价。

◎ **实践操作**

1. 列举身边的各种高分子材料，说明其用途，并进行分类；
2. 对以乙炔为原料的 PVC 生产工艺进行评价。

1.1 聚合物合成工业概述

人类在长期的生产斗争中获得了利用天然有机材料的丰富知识，这些天然有机材料包括蚕丝、羊毛、皮革、棉花、木材以及天然橡胶等。它们都是由天然高分子化合物所组成，因此它们可统称为天然高聚物材料。

随着生产的发展和科学技术的进步，这些高聚物材料远远不能满足人们的需要。目前人们合成了大量品种繁多、性能优良的高分子化合物。通过适当方法可将高分子化合物制成合成纤维制品、塑料制品、橡胶制品等；还可用作涂料、黏合剂、离子交换树脂等材料。这些用合成的高分子化合物为基础制造的有机材料，统称为合成材料。

由于塑料、合成纤维、合成橡胶产量最大，与国民经济和人民生活有密切的关系，因此称之为三大合成材料。塑料可以代替大量钢材、有色金属、木材、塑料薄膜等；合成纤维比天然纤维（棉花、羊毛、蚕丝等）更为牢固耐久。

例 1 生产 1000t 天然橡胶，要 300 万株橡胶树，占地约 3 万亩，而且需 5000～6000 人。而生产 1000t 合成橡胶，厂房占地仅 l0 亩左右，仅需几十人。现代化的合成橡胶生产装置一条生产线年产量可高达 5～8 万 t。年产 100 万 t 天然橡胶可节约 1000 万亩土地，节约种植劳动力 500 万人。

1

例2　一个年产 10 万 t 合成纤维工厂相当于 200 多万亩棉田的产量，也相当于 2000 多万头绵羊的年产毛量，我国如能年产 100 万 t 合成纤维，可节约 2000 多万亩土地，可养活 3000～4000 万人口。

1.1.1　发展简史

现代合成材料的发展，起源于天然高分子材料的化学加工工业。

19 世纪中期，开始通过化学反应对天然高分子材料进行改性。1839 年，美国人发明了天然橡胶的硫化。1855 年，英国人由硝酸处理纤维素制得塑料（赛璐珞），以后又相继制成人造纤维。80 年代末期用蛋白质-乳酪素为原料获得了乳酪素塑料。它们又称做半合成材料。1883 年，法国人发明了用乙酸酐与纤维素制人造丝（粘胶纤维）。

1910 年，美国正式工业化生产酚醛树脂，随后相继合成出丁苯橡胶、丁腈橡胶、氯丁橡胶、尼龙-66、聚酯纤维、高压聚乙烯和聚氯乙烯，产量和品种在世界大战中得到快速发展。

1920 年，H. Staudinger 提出了"高分子化合物"的概念，建立了大分子链的学术观点并系统研究了加聚反应。

1931 年，W. H. Carothers 提出高聚物溶解与合成的理论，同时广泛研究了缩聚反应。Flory 也系统研究了高分子链行为和高分子溶液理论。

1925～1935 年，逐渐明确了有关高分子化合物的基本概念，诞生了"高分子化学"这一新兴学科。反过来，它又有力地促进高分子化合物的工业生产。

20 世纪 40 年代初，由于第二次世界大战所需橡胶数量巨大，大力发展合成橡胶，奠定了石油化学工业的基础。

20 世纪 50 年代以后，Ziegler、Natta 发现了由有机金属化合物和过渡金属化合物组成的催化剂体系，可以容易地使烯烃、二烯烃聚合为性能优良的高聚物，同时由于石油化学工业的建立与发展，高分子合成材料的产量激增。

至此之后，逐渐建立了化学纤维工业、合成橡胶工业和塑料工业。相继建成了若干大型石油化工基地，如燕山、兰州、吉林、大庆、齐鲁、金山、仪征、高桥、辽阳等。它们以石油裂解气为原料，已形成了合成纤维工业、合成橡胶工业和合成树脂与塑料工业的骨干企业，使我国高分子合成材料工业迅速发展。

1.1.2　高分子合成工业

由最基本的原料：石油、天然气、煤炭等制造高分子合成材料制品的主要过程如图 1-1-1 所示。

由图 1-1-1 可知，由天然气和石油为原料到制成高分子合成材料制品，需要经过石油开采、石油炼制、基本有机合成、高分子合成、高分子合成材料成型等工业部门，基本有机合成工业不仅为高分子合成工业提供最主要的原料（单体），而且提供溶剂、塑料添加剂以及橡胶配合剂等辅助原料。

高分子合成工业的任务是将基本有机合成工业生产的单体（小分子化合物），经过聚合反应（包括缩聚反应等）合成高分子化合物，从而为高分子合成材料成型工业提供基本原料。因此基本有机合成工业、高分子合成工业和高分子合成材料成型工业是密切联系的三个工业部门。高分子合成工业生产的合成树脂和合成橡胶不仅用作三大合成材料的原料，而且还可用来生产涂料、黏合剂、离子交换树脂。

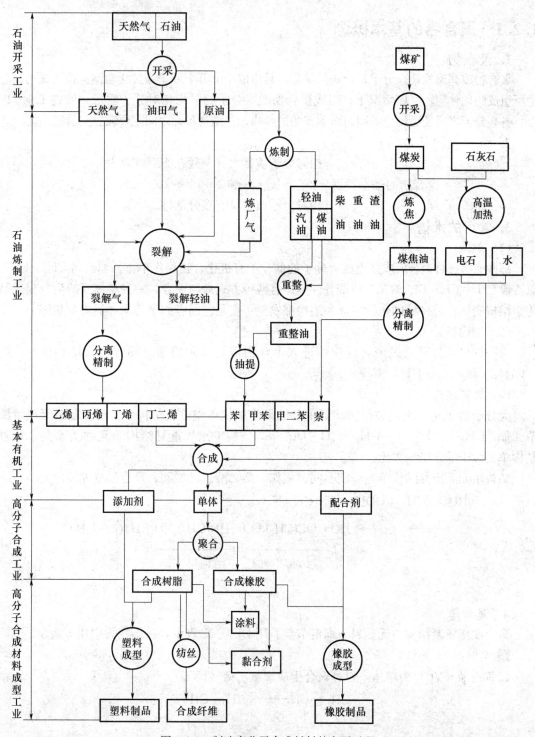

图 1-1-1 制造高分子合成材料的主要过程

1.2 聚合物合成概述

1.2.1 聚合物的基本概念

1. 聚合物

聚合物或高聚物是高分子化合物的简称，是由成千上万个原子通过化学键连接而成的高分子所组成的化合物。一般情况下，组成聚合物的高分子的平均相对分子质量一般在 10000 以上，各高分子之间是通过分子间力而形成的聚合物，各结构单元之间主要通过共价键连接。

2. 聚合物的基本特点

$$聚合物的基本特点\begin{cases}相对分子质量大（一般在 10000 以上）\\ 分子链长（一般在 10^{-7}\sim10^{-5}\,m）\\ 相对分子质量具有多分散性\end{cases}$$

3. 常用的术语

(1) 单体

那些能够进行聚合反应并生成大分子的低分子有机化合物称作单体。如乙烯 $CH_2{=}CH_2$、氯乙烯 $CH_2{=}CH{-}Cl$、对苯二甲酸等。单体有两种方式参与聚合，一种单体反应后，仅仅是化学结构变化；另一种则化学组成和结构都发生了变化。前者如聚乙烯，后者如聚酯。

(2) 结构单元

由一种单体分子通过聚合反应而进入聚合物重复单元的那一部分称为结构单元。如 $-CH_2-CH_2-$、$-CH_2-CH-Cl-$等。

(3) 重复结构单元

大分子链上化学组成和结构均可重复的最小单位称作重复结构单元或重复单元或者链节。如$-CH_2-CH_2-$、$-CH_2-CH-Cl-$等，结构单元与重复结构单元的关系是，重复结构单元大于等于结构单元。

结构单元和重复结构单元可能不同。例如，癸二酸、己二胺、聚合、尼龙-610。

$$n HOOC(CH_2)_8COOH + n H_2N(CH_2)_6NH_2$$

$$\longrightarrow HO\underbrace{\left[\underbrace{OC(CH_2)_8CO}_{结构单元1}-\underbrace{HN(CH_2)_6NH}_{结构单元2}\right]_n}_{重复结构单元}H + (2n-1)H_2O$$

4. 聚合度

聚合度指重复结构单元数目，即链节数。用 DP 或 X_n 表示，在结构式中用 n 表示。

▨ 实例：

以氯乙烯（VC）为单体，通过聚合生成聚氯乙烯（PVC）。

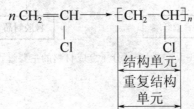

以对苯二甲酸、乙二醇为单体，通过聚合生成聚对苯二甲酸乙二酯（的确良）。

$$n \text{ HOOC} - \bigcirc - \text{COOH} + n \text{ HO} - \text{CH}_2 - \text{CH}_2 - \text{OH} \longrightarrow$$

$$\text{HO} \left[\underset{O}{C} - \bigcirc - \underset{O}{C} - O - \text{CH}_2 - \text{CH}_2 - O \right]_n \text{H}$$

```
        结构单元          结构单元
    ←─────────────┼─────────────→
            重复结构单元
    ←─────────────────────────→
```

中括号中为高分子链的重复结构单元，即链节。重复结构单元由结构单元组成，对于一种单体参加的聚合反应，其重复结构单元与结构单元的化学组成相同；对于多种单体参加的聚合反应，其结构单元比较复杂。

中括号外的下标 n 为重复结构数（链节数），称为聚合度，用 DP 或 X_n 表示。

书写聚合物反应方程式应该遵循的原则：

(1) 首先写出单体的正确结构式。要防止写出不存在的单体。

▨ 实例：

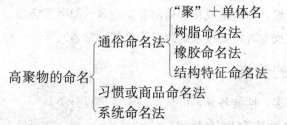

易成环，不稳定

(2) 正确书写聚合物的重复结构单元和大分子结构式。对于缩聚反应，还要写出聚合物端基，生成的小分子。

(3) 最后把方程式配平。对加聚反应，只需在单体前加 n，在聚合物前加 n。对缩聚反应，一种单体缩聚，生成小分子是 $(n-1)$。两种单体缩聚，生成小分子是 $(2n-1)$。通常简单反应要配平，而对复杂反应，使用箭头便可。

▨ 实例：

$$n \text{ HOOC(CH}_2)_4\text{COOH} + n \text{ H}_2\text{N(CH}_2)_6\text{NH}_2 \rightleftharpoons$$
$$\text{HO} - [\text{OC(CH}_2)_4\text{CO} - \text{HN(CH}_2)_6\text{NH} -]_n \text{H} + (2n-1)\text{H}_2\text{O}$$

1.2.2　聚合物的命名

高聚物有许多命名法，也比较复杂，但主要有通俗命名法和系统命名法（IUPAC 法）。这里重点介绍常用的通俗命名法。

```
                        ┌ "聚"＋单体名
                        │ 树脂命名法
              ┌通俗命名法┤ 橡胶命名法
              │         └ 结构特征命名法
高聚物的命名 ┤ 习惯或商品命名法
              └系统命名法
```

通俗命名法：

(1) 单体名称前冠以"聚"字命名高聚物

▨ 实例：如氯乙烯聚合的高聚物称为聚氯乙烯；丙烯聚合的高聚物称为聚丙烯；己内

酰胺开环聚合的高聚物称为聚己内酰胺。

（2）单体名称（或简名）后缀"树脂"两字命名高聚物

■ 实例：如苯酚和甲醛聚合的高聚物称为酚醛树脂；尿素和甲醛聚合的高聚物称为脲醛树脂；甘油和邻苯二甲酸酐聚合的高聚物称为醇酸树脂。

但现在树脂二字的应用范围已扩大了，未加工的高聚物也常称为树脂。

■ 实例：如聚苯乙烯树脂、聚氯乙烯树脂、聚酯树脂、ABS树脂等。

（3）单体名称中各取代表字后缀"橡胶"两字命名高聚物

■ 实例：如丁二烯与苯乙烯聚合的高聚物简称为丁苯橡胶；丁二烯与丙烯腈聚合的高聚物简称为丁腈橡胶；在特定条件下用丁二烯聚合（以顺式结构为主）的高聚物简称为顺丁橡胶。

（4）高聚物的结构特征命名高聚物

■ 实例：如对苯二甲酸与乙二醇聚合的高聚物称为聚对苯二甲酸乙二醇酯；己二胺与己二酸聚合的高聚物称为聚己二酰己二胺。

高聚物的各种不同名称详见表1-2-1。

表 1-2-1 高聚物的各种不同名称

高聚物的重复结构单元	通俗名称	系统名称	习惯或商品名称	英文缩写
$-CH_2-CH_2-$	聚乙烯	聚亚乙基	高密度聚乙烯 低密度聚乙烯	HDPE LDPE
$-CH_2-CH(CH_3)-$	聚丙烯	聚亚丙基	（丝用）丙纶	PP
$-CH_2-CH(Cl)-$	聚氯乙烯	聚（1-氯亚乙基）	（丝用）氯纶	PVC
$-CH_2-C(CH_3)-$ | $COOCH_3$	聚甲基丙烯酸甲酯	聚［1-甲氧基酰基）-1-甲基亚乙基］	有机玻璃	PMMA
$-CO-\bigcirc-OCO(CH_2)_2O-$	聚对苯二甲酸乙二酯	聚（氧亚乙基对苯二酰）	涤纶	PETP
$-NH-(CH_2)_5-CO-$	聚己内酰胺		锦纶-6或尼龙-6	PA-6

以上高聚物的命名具有简明的优点，但它不能充分反映出高聚物的结构；又由于采用不同的原料可制出同一种高聚物，这就容易造成混乱。为此国际化学联合会（IUPAC）制定了系统命名法。即从聚合物的组成和结构出发来命名。但因其繁琐，在此不再介绍（但若向世界性范围发表论文或专著就要按系统命名法来进行命名）。

1.2.3 高聚物的分类

高聚物的品种繁多，性能各异，可从不同角度进行分类。

1. 按高聚物的性能和用途分类

（1）塑料

塑料是指以高聚物为基础，加入某些助剂和填料混炼而成，制成各种制品。

① 塑料按塑料受热后的性能变化分类

热塑性塑料是指成型后再加热可重新软化加工而化学组成不变的一类塑料。其树脂在加工前后都为线型结构，加工中不发生化学变化，具有可溶、可熔的特点，如聚乙烯、聚丙烯、聚苯乙烯、聚氯乙烯、聚甲基丙烯酸甲酯等。

热固性塑料是指成型后不能再加热软化而重复加工的一类塑料。其树脂在加工前为线型预聚物，加工中发生化学交联反应，使制品内部成为三维网状结构，具有不溶、不熔特点，如酚醛树脂、脲醛树脂、环氧树脂、不饱和聚酯等。

② 按塑料的用途分类

通用塑料是产量大、应用范围广、成型加工好、成本低的一类塑料，其产量占整个树脂的 90% 以上。具体品种包括聚乙烯、聚丙烯、聚氯乙烯、聚苯乙烯、酚醛树脂、氨基树脂、不饱和聚酯及环氧树脂等。通用塑料主要用于包装、建筑、农业及日用领域。

工程塑料是指能在较宽温度范围和较长使用时间内，保持优良性能，并能承受机械应力作为结构材料使用的一类塑料，其用量约占树脂的 5%。它具有接近金属的性能，可用于结构制品，如机械、电子、汽车及航空等领域，其具体分类见表 1-2-2。

表 1-2-2 工程塑料分类

通用工程塑料					特种工程塑料							
聚酰胺	聚碳酸酯	聚甲醛	热塑性聚酯	聚苯醚	氟塑料	聚砜类	聚苯硫醚	聚酰亚胺	聚芳酯	聚醚酮类	聚醚类	液晶聚合物
PA	PC	POM	PBT	PPO	PIFT	PSU	PPS	PI	PAR	PEK	PSF	LCP

（2）橡胶

橡胶是一种高分子弹性体，它在外力作用下能发生较大的形变，当外力去除后，又能恢复其原来形状。

橡胶特性具有高弹性、耐腐蚀性、耐高低温性、气密性好等优点。例如：天然橡胶大量用于制造各种轮胎、工业制品（如胶布、胶管、密封圈）、日常用品（如雨衣、胶鞋）等；海底电缆、电线、高尔夫球皮层、医用夹板通常用异戊橡胶制造；氯丁橡胶主要制作耐油胶管、电缆护套、胶板、密封垫圈、化工设备防腐衬里及鞋类黏结剂等。

橡胶的硫化与增强：单纯天然橡胶或合成橡胶称为生胶，为线型或支链型高聚物，做成的制品性能很差，无使用价值。必须在橡胶中加入各种助剂，再经过加工成型和硫化过程形成网状结构或体型结构才有实用价值。为了增强制品的硬度、强度、耐磨性和抗撕裂性，在加工过程中加入惰性填料（如氧化锌、黏土、白垩、重晶石等）和增强填料（如炭黑）等。

（3）纤维

纤维是指柔韧、纤细，具有相当长度、强度、弹性和吸湿性的丝状物。

纤维特性具有强度高、耐摩擦、不被虫蛀、耐化学腐蚀等优点。缺点是不易着色，未经处理时易产生静电荷，多数合成纤维的吸湿性差。因此制成的衣物易污染，不吸汗。夏天穿着易感到闷热。

高聚物品种很多，但并不是所有高聚物都能用于纺丝，而只有具有如下特征的高聚物才能进行纺丝：成纤高聚物均为线型高分子；成纤高聚物具有适当的相对分子质量；成纤高聚物的分子链间必须有足够的次键力；成纤高聚物应具有可溶性和熔融性。

橡胶
├─ 天然橡胶
└─ 合成橡胶
　　├─ 通用橡胶
　　│　├─ 丁苯橡胶　高温丁苯橡胶、低温丁苯橡胶、低温丁苯橡胶炭黑母炼胶、低温充油丁苯橡胶、低温充油丁苯橡胶炭黑母炼胶、高苯乙烯、丁苯橡胶、液体丁苯橡胶、羧基丁苯橡胶、烷基锂溶液聚合丁苯橡胶、醇烯溶液聚合丁苯橡胶、锡偶联溶液聚合丁苯橡胶、高反式1，4丁苯橡胶
　　│　├─ 顺丁橡胶　高顺式顺丁橡胶、低顺式顺丁橡胶
　　│　├─ 异戊橡胶
　　│　├─ 乙丙橡胶　二元乙丙橡胶（充油和非充油）、三元乙丙橡胶（充油和非充油）、改性乙丙橡胶、热塑性乙丙橡胶
　　│　└─ 丁钠橡胶
　　└─ 特种橡胶
　　　　├─ 丁腈橡胶　极高丙烯腈丁腈橡胶、高丙烯腈橡胶、中高丙烯腈橡胶、中丙烯腈丁腈橡胶、低丙烯腈丁腈橡胶
　　　　├─ 氯丁橡胶　通用型氯丁橡胶、专用型氯丁橡胶、氯丁乳胶
　　　　├─ 丁基橡胶　硫黄硫化型、醌硫化型、树脂硫化型等橡胶
　　　　├─ 氟橡胶　含氟烯烃类橡胶、全氟醚类橡胶、氟化磷腈类橡胶
　　　　├─ 氯醚橡胶　环氧氯丙烷均聚氯醚橡胶、环氧氯丙烷与环氧乙烷共聚合氯醚橡胶
　　　　├─ 硅橡胶　热硫化型硅橡胶、室温硫化型硅橡胶、加成反应型硅橡胶
　　　　├─ 聚氨酯橡胶　浇注型聚氨酯橡胶、混炼型聚氨酯橡胶、热塑性聚氨酯橡胶
　　　　├─ 聚硫橡胶　液态、固态聚硫橡胶、聚硫橡胶乳胶
　　　　└─ 丙烯酸酯橡胶　含氯多胺类交联型、不含氯多胺交联型、自交联型、羧酸铵盐交联型、皂交联型

纤维
├─ 天然纤维棉花、亚麻、羊毛、蚕丝等
└─ 化学纤维
　　├─ 再生纤维
　　│　├─ 纤维素纤维
　　│　│　├─ 胶黏纤维
　　│　│　├─ 铜铵纤维
　　│　│　└─ 醋酸纤维
　　│　└─ 蛋白质纤维牛乳、大豆、花生、玉米等蛋白纤维
　　└─ 合成纤维
　　　　├─ 锦纶系列　聚酰胺-6、聚酰胺-66、聚酰胺-1010等纤维
　　　　├─ 涤纶系列　聚对苯二甲酸乙二醇酯、共聚酯等纤维
　　　　├─ 腈纶系列　聚丙烯腈纤维、氯乙烯-丙烯腈共聚纤维等
　　　　├─ 聚乙烯醇系列　聚乙烯醇系列缩甲醛纤维（维尼纶）、共聚纤维
　　　　├─ 聚烯烃纤维　聚乙烯纤维、聚丙烯纤维（丙纶）等
　　　　├─ 含氯纤维　聚氯乙烯纤维、过氯乙烯纤维、共聚纤维
　　　　├─ 耐高温纤维　聚四氟乙烯纤维、碳纤维、石墨纤维等
　　　　└─ 其他纤维　聚氨酯弹性纤维、聚甲醛纤维等

（4）涂料

涂料是指具有流动状态或粉末状态的有机物质，把它涂布在物体表面上，经干燥、固化或熔融固化形成一层薄膜，均匀地覆盖并良好地附着于物质表面上。

① 涂料分类

按成膜物质的分散形态分为无溶剂型涂料、溶液型涂料、分散性涂料、乳胶型涂料、粉末涂料等。

按是否含有颜料分为厚漆（含颜料，无溶剂型涂料）、磁漆（含颜料，溶液型涂料）、清漆（不含颜料，溶液型涂料）。

② 涂料应用的场合

涂料涂覆在金属、木材、混凝土、塑料、皮革、纸张等表面，从而使大气中的氧、水汽、微生物、污染物以及紫外线等不能直接接触到被涂覆的物体，起到保护或防腐作用；涂料广泛用于道路转向、路标、警示牌、信号牌，起标志作用，部分产品的包装、容器和输送管道甚至有标准规定的颜色标志，如氧气钢瓶涂天蓝色，氯气钢瓶涂墨绿色，危险物管道涂红色等。另外，涂料中加入其他添加剂后可制成具有特殊功能的涂料，如加入荧光染料可制成荧光涂料；加入导电性石墨可制成导电涂料；加入感温颜料或感温高分子材料可制成示温涂料等。

（5）黏合剂

通过表面黏结力和内聚力把各种材料黏合在一起，并且在结合处有足够强度的物质称为黏合剂，又称胶黏剂。它是一种非金属材料。其中最重要的是以聚合物为基本组成、多组分体系的高分子胶黏剂。

① 黏合剂分类

按黏合剂中主要组分分为：无机黏合剂（如磷酸盐型、硅酸盐型、硼酸盐型等）、有机黏合剂（如松香甘油酯、环氧树脂、聚氨酯等）。

按粘接强度特性分为：结构型黏合剂，用于结构部件的粘接，如飞机、金属材料等要求高强度；非结构型黏合剂，用于粘接强度要求不太高的非结构部件；次结构黏合剂，用于粘接强度介于结构型黏合剂与非结构型黏合剂之间。

按用途分为：通用胶与特种胶，如高温胶、厌氧胶、热熔胶、光敏胶等。

② 胶黏剂胶接方式的主要优点

可减轻构件重量。这一特点在航天、航空、航海领域尤其重要，如大型雷达采用胶接可减重 20%，重型轰炸机采用胶接可减重 34%，对提高航程、航速有极大帮助。

采用胶接方法，节省劳动力，降低成本。有人曾对某一军工产品进行对比，以粘接代替螺纹连接，其加工工序减少了一半，加工时间减少了 85%，制作成本降低了 60%。

胶接结构具有密封、绝缘和防腐作用。如屋面的防漏防渗；汽车、机械设备密封防止漏油；胶黏剂一般都是电绝缘体，故可防止金属发生电化学腐蚀。

可解决传统工艺不能或不易解决的技术难题。如粘接可以胜任焊接、表面处理、防腐、防火等传统工艺不能或不易解决的场合。

（6）功能高分子材料

功能高分子材料指具有物质能量、信息的传递、转换和贮存作用的高分子材料及其复合材料，与常规高分子材料（合成纤维、合成橡胶、涂料、塑料和高分子黏合剂）相比，在物理化学性质方面明显表现出某些特殊性（如电学、光学、生物学方面的特殊功能）。

功能高分子材料有时也被称为精细高分子材料，是因为其产品的产量小、产值高、制造工艺复杂。主要根据其物理化学性质和应用领域分类，包括反应型功能高分子材料、电活性高分子材料、光敏高分子材料、吸附型高分子材料、高分子液晶材料、高分子膜材料和医药用高分子材料等几大类。其研究与制备主要通过对功能型小分子的高分子化，或者对普通高分子的功能化过程来实现；有时复杂的功能高分子材料还需要通过多种功能材料的复合制备得到。

（7）绿色高分子材料

绿色高分子材料是指从生产到使用过程中能节约能源和资源，废弃物排放少，对环境污染少，又能再生循环利用的高分子材料，现日益受到人们关注。人们积极、合理地进行废弃物的再生利用，保护环境，节约能源，为高分子材料的可持续发展提供了保障。

2. 按高聚物主链化学结构分类

（1）碳链高聚物是指大分子主链完全由碳原子组成的高聚物，如聚乙烯、聚苯乙烯、聚氯乙烯、聚甲基丙烯酸甲酯、聚醋酸乙烯酯等。常见的碳链高聚物见表 1-2-3。

表 1-2-3　碳链高聚物

高聚物名称	重复结构单元	单体结构	英文缩写
聚乙烯	$-CH_2-CH_2-$	$CH_2=CH_2$	PE
聚丙烯	$-CH_2-CH(CH_3)-$	$CH_2=CH(CH_3)$	PP
聚苯乙烯	$-CH_2-CH(C_6H_5)-$	$CH_2=CH(C_6H_5)$	PS
聚氯乙烯	$-CH_2-CH(Cl)-$	$CH_2=CH(Cl)$	PVC
聚偏二氯乙烯	$-CH_2-C(Cl)_2-$	$CH_2=C(Cl)_2$	PVDC
聚四氟乙烯	$-CF_2-CF_2-$	$CF_2=CF_2$	PTFE
聚三氟氯乙烯	$-CF_2-CF(Cl)-$	$CF_2=CF(Cl)$	PCTFE
聚异丁烯	$-CH_2-C(CH_3)_2-$	$CH_2=C(CH_3)_2$	PIB
聚丙烯酸	$-CH_2-CH(COOH)-$	$CH_2=CH(COOH)$	PAA
聚丙烯酰胺	$-CH_2-CH(CONH_2)-$	$CH_2=CH(CONH_2)$	PAM
聚丙烯酸甲酯	$-CH_2-CH(COOCH_3)-$	$CH_2=CH(COOCH_3)$	PMA
聚甲基丙烯酸甲酯	$-CH_2-C(CH_3)(COOCH_3)-$	$CH_2=C(CH_3)(COOCH_3)$	PMMA

续表

高聚物名称	重复结构单元	单体结构	英文缩写
聚丙烯腈	$-CH_2-CH-$ $\quad\quad\ \ |$ $\quad\quad\ \ CN$	$CH_2=CH$ $\quad\quad\ |$ $\quad\quad\ CN$	PAN
聚醋酸乙烯酯	$-CH_2-CH-$ $\quad\quad\ \ |$ $\quad\quad\ \ OCOCH_3$	$CH_2=CH$ $\quad\quad\ |$ $\quad\quad\ OCOCH_3$	PVAC
聚乙烯醇	$-CH_2-CH-$ $\quad\quad\ \ |$ $\quad\quad\ \ OH$	$CH_2=CH$（假想） $\quad\quad\ |$ $\quad\quad\ OH$	PVA
聚丁二烯	$-CH_2-CH=CH-CH_2-$	$CH_2=CH-CH=CH_2$	PB
聚异戊二烯	$-CH_2-CH=C-CH_2-$ $\quad\quad\quad\quad\ \ |$ $\quad\quad\quad\quad\ \ CH_3$	$CH_2=CH-C=CH_2$ $\quad\quad\quad\quad\ |$ $\quad\quad\quad\quad\ CH_3$	PIP
聚氯丁二烯	$-CH_2-CH=C-CH_2-$ $\quad\quad\quad\quad\ \ |$ $\quad\quad\quad\quad\ \ Cl$	$CH_2=CH-C=CH_2$ $\quad\quad\quad\quad\ |$ $\quad\quad\quad\quad\ Cl$	PCP

（2）杂链高聚物是指大分子主链中除碳原子外，还含有氧、氮、硫等杂原子的高聚物，如聚酯、聚酰胺、聚甲醛、聚环氧乙烷、聚硫橡胶等。

（3）元素有机高聚物是指大分子主链中没有碳原子，主要由硅、硼、铝和氧、氮、硫、磷等原子组成主链，但侧基却由有机基团组成的高聚物，如聚硅氧烷、聚钛氧烷等。常见的杂链高聚物和元素有机高聚物见表 1-2-4。

表 1-2-4　杂链高聚物和元素有机高聚物

高聚物名称	重复结构单元	单体结构	英文缩写
聚甲醛	$-CH_2-O-$	$CH_2=O$	POM
聚环氧乙烷	$-CH_2-CH_2-O-$	CH_2-CH_2（带氧环）	PEOX
聚环氧丙烷	$-CH_2-CH_2-O-$	$CH_2-CH-CH_3$（带氧环）	PPOX
聚 2,6-二甲基苯醚	苯环（2,6位CH₃，对位—O—）	苯环（2,6位CH₃，对位—OH）	PPO
聚对苯二甲酸乙二醇酯	$-CO-$苯$-CO-OCH_2CH_2-$	$HOOC-$苯$-COOH$ $HO-CH_2-CH_2-OH$	PET
环氧树脂	$-O-$苯$-\overset{\underset{CH_3}{CH_3}}{C}-$苯$-O-CH_2\overset{\underset{OH}{}}{CH}CH_2-$	$HO-$苯$-\overset{\underset{CH_3}{CH_3}}{C}-$苯$-OH$ $CH_2-CH-CH_2Cl$（带氧环）	EP
聚碳酸酯	$-O-$苯$-\overset{\underset{CH_3}{CH_3}}{C}-$苯$-O-\overset{\underset{O}{}}{C}-$	$HO-$苯$-\overset{\underset{CH_3}{CH_3}}{C}-$苯$-OH$ $COCl_2$	PC
尼龙-6	$-NH(CH_2)_5CO-$	$-NH(CH_2)_5CO-$	PA-6

续表

高聚物名称	重复结构单元	单体结构	英文缩写
尼龙-66	$—NH(CH_2)_6NH—CO(CH_2)_4CO—$	$H_2N(CH_2)_6NH_2$ $HOOC(CH_2)_4COOH$	PA-66
聚氨酯	$—O(CH_2)_2O—CONH(CH_2)_6NHCO—$	$HO(CH_2)_2OH$ $ONC(CH_2)_6CNO$	PU
脲醛树脂	$—NH—CO—NH—CH_2—$	H_2NCONH_2 $CH_2=O$	UF
酚醛树脂	$\underset{}{\overset{OH}{\bigcirc}}CH_2—$	$\underset{}{\overset{OH}{\bigcirc}}$ $CH_2=O$	PF
聚硫橡胶	$—CH_2CH_2—\underset{S}{\overset{S}{S}}—\underset{S}{\overset{S}{}}—$	$ClCH_2CH_2Cl$ Na_2S_4	PSR
硅橡胶	$—O—\underset{CH_3}{\overset{CH_3}{Si}}—$	$Cl—\underset{CH_3}{\overset{CH_3}{Si}}—Cl$	SI

当高分子主链和侧基均无碳原子时，则为无机高聚物，如聚二硫化硅、聚二氟磷氮等。

3. 根据基本结构单元连接方式

高聚物单个高分子链的几何形状可分为线型、支链型、交联型三种，如图 1-2-1 所示。

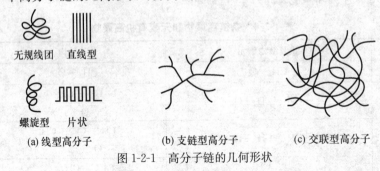

无规线团　直线型

螺旋型　片状

(a) 线型高分子　　　　(b) 支链型高分子　　　　(c) 交联型高分子

图 1-2-1　高分子链的几何形状

（1）线型高聚物是由许多链节彼此相连，没有支链的长链分子所组成的，且大多数呈卷曲状，如低压聚乙烯、聚苯乙烯、涤纶、尼龙、未经硫化的天然橡胶和硅橡胶等。

（2）支链型高聚物是指主链上带有长支链或短支链的高聚物，如高压聚乙烯、聚醋酸乙烯酯。

（3）交联型高聚物是指许多大分子由化学键连接而成的体形结构，是不溶不熔的，如固化后的酚醛树脂、脲醛树脂、环氧树脂等。

1.2.4　高聚物的合成反应

高聚物的合成反应是指由低分子单体合成高聚物的化学反应。广义还应包括利用高聚物的化学变化转化为另一种高聚物的反应。

高聚物合成反应的类型：

按元素组成和结构变化分类，可分为加聚反应、缩聚反应、高聚物化学转变等三种反应类型；按反应机理分类，可分为连锁聚合反应和逐步聚合反应两种反应类型。

1.3　聚合物生产化工设备

1.3.1　聚合物生产过程

聚合物生产过程，主要包括以下生产过程和完成这些生产过程的设备与装置。

（1）原料准备与精制过程

包括单体、溶剂、去离子水等原料的贮存、洗涤、精制、干燥、调整浓度等过程和设备。

（2）催化剂（引发剂）配制过程

包括聚合用催化剂、引发剂和助剂的制造、溶解、贮存、调整浓度等过程和设备。

（3）聚合反应过程

包括聚合和以聚合釜为中心的有关热交换设备及反应物料输送过程与设备。

（4）分离过程

包括未反应单体的回收、脱除溶剂、催化剂、脱除低聚物等过程与设备。

（5）聚合物后处理过程

包括聚合物的输送、干燥、造粒、均匀化、贮存、包装等过程与设备。

（6）回收过程

主要是未反应单体和溶剂的回收与精制过程与设备。

（7）辅助公用过程

主要是生产过程中的三废处理和供水、供气、供电等。

上述聚合物生产过程中，聚合反应过程是高分子合成工业中最核心的化学反应过程。对于某一品种的聚合物生产而言，由于生产工艺条件不同，可能不需要上述全部生产过程；而且各过程所占的比重也因品种不同，工业实施方法的不同而不同。聚合生产工艺流程如图1-3-1所示。

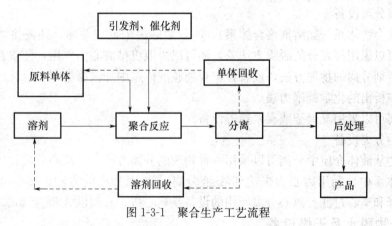

图 1-3-1　聚合生产工艺流程

1.3.2　聚合物生产设备

当聚合配方、生产工艺确定后，生产设备对聚合生产起主导作用。聚合生产主要设备：聚合反应设备、聚合物分离设备、聚合物脱水及干燥设备。

1. 聚合反应设备

聚合物生产过程中，聚合反应工序是关键工序，聚合设备也就是关键设备，聚合反应设备种类很多，按结构分类，有釜式聚合反应器、管式聚合反应器、塔式聚合反应器、流化床聚合反应器以及其他特殊型式的聚合反应器（如板框式聚合装置、卧式聚合釜、技术型反应器等）。

上述聚合设备中釜式反应器使用最为普遍，又称为反应釜，约占聚合反应设备的 80％～90％，聚氯乙烯、乳聚丁苯、溶液丁苯、乙丙橡胶等聚合物的合成均采用釜式聚合反应器。高压聚乙烯的生产和尼龙-66 的熔融缩聚的前期一般在管式聚合反应器中进行。塔式聚合反应器常用于一些缩聚反应，对于本体聚合（如苯乙烯本体聚合）和溶液聚合（乙酸乙烯酯的溶液法连续聚合）也有应用。流化床聚合反应器在丙烯液相本体聚合中有所应用，特殊型式反应器则多用于聚合反应后期。

2. 聚合物分离设备

聚合物生产过程中，聚合反应得到的物料主要为聚合物、未反应单体、引发剂（或催化剂）、反应介质（水或溶剂）等。为提高产品纯度、提高原料的利用率，必须将聚合物和杂质分开，并对溶剂和未反应单体进行脱除和回收。合成高聚物的分离主要包括：未反应单体的脱除和回收、溶剂的脱除和回收、引发剂（或催化剂）及其他助剂和低聚物的脱除。聚合物分离设备主要有脱挥发分分离设备、凝聚分离设备、离心分离设备。

（1）脱挥发分（残留单体、低沸点溶剂）分离设备

挥发分的脱除和回收在工业上主要有有两种方法，即闪蒸法和汽提法。

① 闪蒸法脱除单体即是将处于聚合压力的聚合物溶液（或常压下的聚合物溶液），通过降低压力和提高温度改变体系平衡关系，使溶于溶液中的单体析出。闪蒸操作在闪蒸器中进行，也可称闪蒸釜（图 1-3-2）。

② 汽提法是将聚合物胶液用专门的喷射器分散于带机械搅拌并以直接蒸汽为加热介质的内盛热水的汽提器中。胶液细流与热水接触，溶剂及低沸点单体被汽化，由汽提器顶部逸出，冷凝后收集。聚合物在搅拌下成为悬浮于水中的颗粒，或聚集为疏松碎屑。由汽提器侧部或底部导出。汽提器的结构分塔式结构（图 1-3-3）和釜式结构。

（2）凝聚分离设备

对有些聚合物体系（如溶液聚合体系），不仅要除去未反应单体，还需将溶剂脱除。除低沸点溶剂可以采用挥发分的脱除方法外，还可以采取机械离心力作用，使聚合物沉淀、分层，进而与溶剂分离的物理方法，或者在聚合物胶液体系中加入凝聚剂、沉淀剂等使固体聚合物从胶液中析出的化学凝聚力法。

凝聚分离可以采用凝聚釜或凝聚箱等设备。

（3）离心分离设备

将聚合物从液体介质中分离可以采用一种物理的分离方法——离心分离。离心分离是在液相非均匀体系中，利用离心力来达到液-液分离、液-固分离的方法。离心分离有两种方法：离心沉降和离心过滤。离心分离所用的设备是离心机，有间歇式和连续式。

3. 聚合物脱水及干燥设备

工业上，将水分从初始含量脱除到 5％～15％ 的过程称为脱水，进一步将剩余水分和少量其他挥发分脱除至 0.5％ 以下，使聚合物作为产品的过程称为干燥。

（1）脱水设备

对于粉状、块状的树脂产品，可采用离心机，通过离心脱水方式脱水，对于橡胶类产品，一般采用长网机脱水、挤压脱水、振动筛脱水、真空转鼓吸滤脱水等，其中挤压脱水目前最常用。

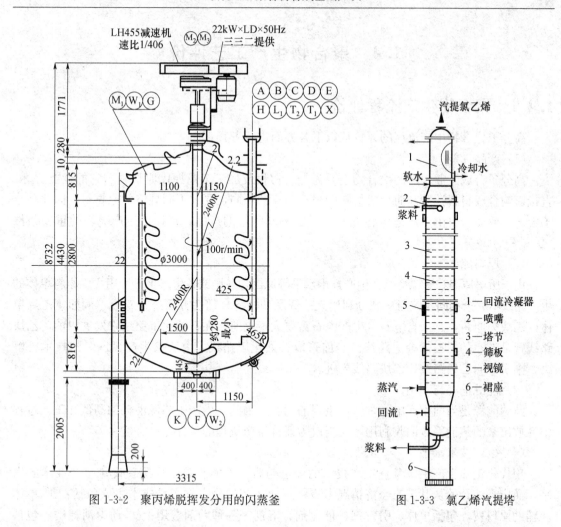

图 1-3-2　聚丙烯脱挥发分用的闪蒸釜

图 1-3-3　氯乙烯汽提塔

（2）干燥设备

聚合物生产中常用的干燥设备主要有厢式干燥器（图 1-3-4）、喷雾干燥器、气流干燥器、沸腾床干燥器（又称流化床干燥器，图 1-3-5）和螺旋挤压膨胀干燥机等。

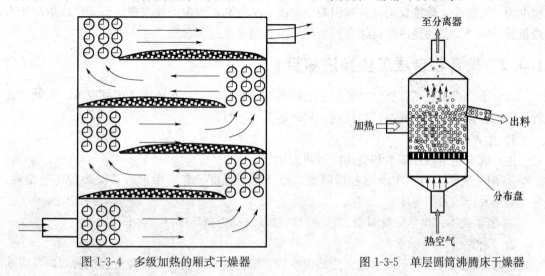

图 1-3-4　多级加热的厢式干燥器

图 1-3-5　单层圆筒沸腾床干燥器

1.4　聚合物生产工艺评价

1.4.1　聚合物生产流程评价

高分子化合物生产流程的评价从以下各方面进行考查：

（1）产品性能

高分子合成工业生产的聚合物主要为合成材料及加工工业提供原材料，它的性能好坏，直接影响合成材料性能。而合成材料则根据用途的不同，要求不同规格的原材料，因此高分子合成工业能否自由生产适应各方面需要的不同牌号的产品，是评价生产流程的重要条件之一。

（2）原料路线

由于历史原因和资源情况、生产技术水平等原因，各国或各生产工厂所用主要原料单体的生产路线不完全相同，应当从充分利用天然资源和经济合理性方面进行考查。例如氯乙烯单体以乙炔为原料，它来自电石，生产电石需要大量电能，在石油化工路线未发展以前，乙炔路线曾是唯一的氯乙烯合成路线。当前采取石油化工路线，由乙烯生产氯乙烯的技术已解决，事实证明乙烯路线比乙炔路线先进。

（3）能源消耗与利用

节约能源是当前生产中非常值得重视的问题。因此，生产中能源消耗的高低和工艺过程中释放出来的热能释放回收利用，应当成为评价生产流程的条件之一。

（4）生产技术水平

现代化工业生产中，考查生产技术的先进与否，不能着眼于采用现代化生产技术的水平，而应当综合的从其工艺经济情况考查。工业生产的聚合物产品成本主要包括：① 单体及辅助原料费，包括单体、引发剂、催化剂、溶剂等各种助剂费用；② 动力消耗费，包括水、电、蒸汽等动力消耗费用；③ 设备维修及折旧费；④ 企业费用管理及工资费用等。

从整个生产成本中减去单体费用，其数值是根据生产技术水平的高低变化的，此数值称为"生产技术费"。如果能够采用简单的设备和使用廉价的引发剂或催化剂以及其他助剂，较少的工人操作，单位反应设备容积的生产能力又较高，则生产技术费用低。所以生产技术费越低，生产工艺的经济性就越高，生产技术必然更先进、合理。

1.4.2　聚合物合成工业经济核算

高分子合成工业不仅要生产质量上乘的高分子化合物，而且还要考虑其成本，为此须进行经济核算。核算生产成本、纳税额、利润等基本项目。

1. 生产成本

生产成本包括固定成本和变动成本两大部分。

① 固定成本：包括生产设备折旧费、修理费、工资、劳动保护费、保险费、检验费、环保费以及行政费用等项目。

② 变动成本：包括原材料费、辅助材料费以及动力费等项目。

2. 利润

销售总收入减去固定成本费、变动成本费、银行贷款、利息、管理费、销售费以及应纳税款后的差价为利润，通常以每吨产品为计算单位。工业产品的生产应当有利润方具有生命力。为此，生产技术人员应经常考虑如何改进生产工艺、提高产品质量及劳动生产率、降低生产成本，从而提高产品的市场竞争力。

思 考 题

1. 下列产品中哪些属于高聚物：

(1) 水　　　(2) 棉花　　　(3) 羊肉　　　(4) 水泥　　　(5) 陶瓷

(6) 苯乙烯　　(7) 涂料　　　(8) 橡胶　　　(9) DNA　　　(10) 木材

2. 聚合物生产过程主要有哪些？聚合生产主要的设备有哪些？

3. 评价某一聚合物生产工艺过程的先进性、合理性，需从哪些方面进行评价？

项目二　单体的原料来源

教学目标

◎ 知识目标

1. 掌握聚合物基本原料的石油化工路线；

2. 了解煤炭路线和其他原料路线。

◎ 能力目标

能写出石油化工路线生产烯烃、芳烃及丁二烯的主要工艺过程。

高分子合成工业的任务是将基本有机合成工业生产的单体经过聚合反应合成聚合物，从而为高分子合成材料成型加工提供原料。高分子合成材料广泛应用于各工业部门或作为日常生活用品。要求原料来源丰富、成本较低。而原料单体的成本却占很大的比重，所以要求单体的生产路线要简单，而且经济合理。当前最重要的原料来源路线有以下三个。

1. 石油化工路线

原油经石油炼制得到汽油、石脑油、煤油、柴油等馏分和炼厂气，用它们作原料进行高温裂解，得到的裂解气经分离得到乙烯、丙烯、丁烯、丁二烯等。产生的液体经加氢后催化重整使之转化为芳烃，经萃取分离可得到苯、甲苯、二甲苯等芳烃化合物。然后可将它们直接用作单体或进一步经化学加工以生产出一系列单体。

石油化工路线是当前最重要的单体合成路线。

2. 煤炭路线

煤炭经炼焦生成煤气、氨、煤焦油和焦炭。由煤焦油经分离可得到苯、甲苯、苯酚等。焦炭与石灰石在电炉中高温反应得到电石，电石与水反应生成乙炔，由乙炔可以合成一系列乙烯基单体或其他有机化工原料。

20 世纪 50 年代以前高聚物单体的合成路线主要是乙炔路线，也就是煤炭路线，后来逐渐转变为石油化工路线。目前我国正处在向石油化工路线转变的过程中。

3. 其他原料路线

主要是以农副产品或木材工业副产品为基本原料，直接用作单体或经化学加工为单体。本路线原料不充足、成本较高，但它是在充分利用自然资源，变废为宝的基础上小量生产某些单体，其出发点还是可取的。

以木材或棉短绒等天然高分子化合物为原料经化学加工可得到纤维素塑料与人造纤维。

2.1　石油化工路线

2.1.1　石油的组成

自然界最丰富的有机原料是石油。从油田开采出来未经加工的石油称为原油，原油一般是褐红色至黑色的黏稠液体，比水轻，不溶于水，它的主要成分是碳氢化合物，还存在少量含氧、含硫、或含氮的有机化合物。在开采过程中可能混入一些水分，泥沙和盐分。不同产区生产的原油化学组成和物理性质也有所不同。根据所含主要碳氢化合物类别，原油可分为石蜡基石油、环烷基石油、芳香基石油以及混合基石油。我国所产石油大多数属于石蜡基石油。

原油经石油炼制工业的加工，主要是常压蒸馏（300～400℃以下）分出石油气、石油醚、汽油（石脑油）、煤油、轻柴油、重柴油等馏分。高沸点部分再经减压蒸馏得到柴油、变压器油、含蜡油等馏分。不能蒸出的部分称为渣油。各类油品的沸点范围、大致组成及用途见表 2-1-1。

表 2-1-1　各类油品的沸点范围、大致组成及用途

产品		沸点范围	大致组成	用途
石油气		40℃以下	$C_1 \sim C_4$	燃料、化工原料
粗汽油	石油醚	40～60℃	$C_5 \sim C_6$	溶剂
	汽油	60～205℃	$C_7 \sim C_{11}$	内燃机燃料、溶剂
	溶剂油	150～200℃	$C_9 \sim C_{11}$	溶剂（橡胶、油漆等）
煤油	航空煤油	145～245℃	$C_{10} \sim C_{15}$	喷气式飞机燃料
	煤油	160～310℃	$C_{11} \sim C_{18}$	煤油、燃料、工业洗涤油
柴油		180～350℃	$C_{16} \sim C_{18}$	柴油机燃料
机械油		350℃以上	$C_{16} \sim C_{18}$	机械润滑油
凡士林		350℃以上	$C_{18} \sim C_{22}$	制药、防锈涂料
石蜡		350℃以上	$C_{20} \sim C_{24}$	制皂、蜡烛、蜡纸、脂肪酸等
燃料油		350℃以上		船用燃料、锅炉燃料
沥青		350℃以上		防腐绝缘材料、铺路及建筑材料
石油焦				制电石、炭精棒等

2.1.2　石油裂解生产烯烃

原料：石油裂解所用原料，主要是液态油品和裂解副产物乙烷、C_4 馏分等。天然气、特别是含有乙烷、丙烷、丁烷可液化的湿性天然气，也可用作裂解原料。

装置：大规模装置多数是管式裂解炉。为了避免裂解管内结焦，必须采用沸点较低的油品，例如轻柴油、石脑油以及石油炼制过程中产生的副产品炼厂气。

过程：轻油在水蒸汽存在下，于 750～820℃高温热裂解为低级烯烃、二烯烃。为减少副反应，提高烯烃收率，液态烃在高温裂解区的停留时间仅 0.2～0.5s。水蒸汽稀释目的在于减少烃类分压，抑制副反应并减轻结焦速度。

液态烃经高温裂解生成的产品成分复杂，包括氢、甲烷、乙炔、乙烷、乙烯、丙烷、丙烯、裂解汽油等。

裂解装置可以分为以生产乙烯、丙烯、芳烃为主要产品的装置。其生产规模通常以年产的乙烯量为标准，因此石油裂解装置工业上称为"乙烯装置"，大型乙烯装置 60 万 t/年乙烯以上。

石油裂解装置：裂解炉及一系列用于气体物料压缩和冷冻的压缩机，一系列用来分离各种产品和副产品的蒸馏塔，热交换器，分离油和水的装置，气体干燥、脱酸性气体等装置。还有为利用回收能量的急冷锅炉和制冷装置冷箱。

精制过程：用 $3\%\sim15\%$ NaOH 溶液洗涤裂解气脱除酸性气体（CO_2、H_2S 等）。炔烃（乙炔和甲基乙炔）一般用钯催化剂进行选择性加氢转化为烯烃。大部分水蒸汽在气体压缩过程中已除去，少量的水则用分子筛进行干燥。

分离过程：裂解气除含低级烯烃、烷烃外，还有 H_2。它们在常温下是气体，分离提纯困难，必须用深度冷冻分离法（深冷分离法）处理，将裂解气冷冻到 $-100℃$ 左右，使除 H_2 和 CH_4 以外的低级烃全部冷凝液化，再用精馏方法分离。

2.1.3 石油裂解生产芳烃

苯、甲苯、二甲苯等芳烃是重要的化工原料，过去主要来自煤焦油，现在则开发了由石油烃催化重整制取芳烃的路线。

原料：用全馏程石脑油（由原油经常压法直接蒸馏得到的沸点 $<220℃$ 的直馏汽油）于管式炉中，$820℃$ 下裂解生产芳烃。

生产过程的裂解、分离与轻柴油裂解分离相似，同样得到聚合级乙烯和丙烯，不同的是裂解原料组成不同。

主要特点：截取石脑油中 $C_6\sim C_9$ 烃类（$65\sim145℃$ 馏分）进行加氢，使其中烯烃被氢所饱和，含 S、N、Cl 的化合物被加氢而脱除。

烯烃饱和 $\qquad R-CH=CH_2+H_2 \longrightarrow R \cdot CH_2-CH_3$

脱氮 $\qquad R-NH_2+H_2 \longrightarrow R \cdot H+NH_3$

脱硫 $\qquad R \cdot SH+H_2 \longrightarrow R \cdot H+H_2S$

脱氯 $\qquad 2R-Cl+H_2 \longrightarrow 2RH+2HCl$

在含铂催化剂作用下，重整反应器中于 $1.4\sim1.7$ MPa 和 $520℃$ 下反应。烃类发生脱氢、环化、异构化、裂解，生成芳烃、氢气、液化石油气和 C_5 馏分，经分离后得芳烃浓度近 50% 的重整生成油。

2.1.4 由 C_4 馏分制取丁二烯

在石油炼制高温裂解过程中都会产生易液化的 C_4 馏分（丁烷、丁烯和丁二烯等组成的混合物）。其中 1，3-丁二烯是最重要的合成橡胶原料；1-丁烯是合成塑料原料；异丁烯是丁基橡胶原料。

石油炼制得到的炼厂气 C_4 馏分中各种丁烯的含量超过 50%，丁烷 40%，不含有丁二烯。而轻柴油裂解得到的 C_4 馏分丁烷很少，主要是丁烯和丁二烯。

由 C_4 馏分制取丁二烯的途径：

(1) 由裂解气分离得到的 C_4 馏分中抽取丁二烯，萃取精馏方法。

(2) 用炼厂气或轻柴油裂解气 C_4 馏分分离出来的丁烯为原料进行氧化脱氢制取丁二烯。

萃取精馏是液体的混合物中加入较难挥发的第三组分溶剂，以增大液体混合物中各组分的挥发度的差异，使挥发度相对地变大的组分可由精馏塔顶馏出，挥发度相对地变小的组分则与加入的溶剂在塔底流出分离。溶剂有：二甲基甲酰胺、乙腈、二甲亚砜等。

2.2　煤炭路线

煤是自然界蕴藏量很丰富的资源。我国已探明煤炭储量为7650亿t，占世界第三位，煤矿伴生的矿并气储量也很丰富。

煤炭在高温下干馏则产生煤气、氨、煤焦油和焦炭。煤焦油经分离可以得到苯、甲苯、二甲苯、萘等芳烃和苯酚、甲苯酚等。

焦炭与生石灰在2500～3000℃电炉中强热则生成碳化钙（电石），碳化钙与水作用生成乙炔气体。乙炔是一种重要的工业原料，由它可以衍生出成千上万的化工产品，在化工领域占有相当重要的地位（图2-2-1）。目前我国大部分氯乙烯单体和部分醋酸乙烯、氯丁二烯单体均是以乙炔为原料生产的。由于生产电石需要大量的电能，因此以乙炔为原料，大规模生产高分子单体的路线在经济上并不合理。

$$3C + CaO \xrightarrow{2500～3000℃} CaC_2 + CO$$

$$CaC_2 + 2H_2O \longrightarrow Ca(OH)_2 + CH \equiv CH$$

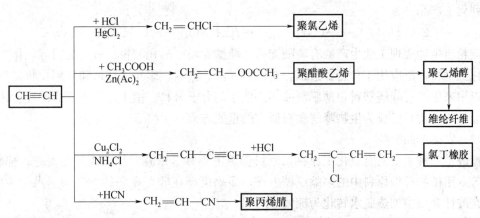

图 2-2-1　由乙炔得到的化工产品

目前可以采用石油裂解烯烃的方法生产乙炔，但是石油价格比较高，而且石油的世界储备量远远少于煤。考虑到历史原因和资源情况，乙炔仍是重要的高分子合成的基本原料。

2.3　其他原料路线

除了石油、煤炭外，其他的单体原料是自然界存在的植物，如农副产品。它们不仅可以用来提炼单体，还可以利用天然的高分子化合物，如木材或棉短绒为原料，经化学加工得到塑料和人造纤维。

（1）纤维素

植物的主要化学成分是天然高分子化合物——纤维素（图2-3-1）。所有的植物都含有纤维素，如稻麦草、高粱秆、玉米秆、棉子壳、花生壳、稻壳、棉花秆。以棉花纤维的纤维素含量最高。

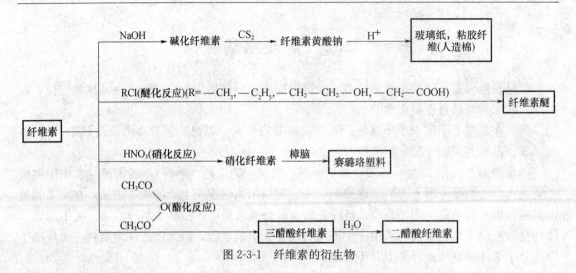

图 2-3-1　纤维素的衍生物

（2）淀粉

淀粉的来源主要有玉米、土豆、木薯、甘薯、小麦、大米等，其中产量最大的是玉米淀粉（80％）。由淀粉可生产乙醇、丙醇、丙酮、甘油、甲醇、甲烷、醋酸、柠檬酸、乳酸等一系列化工产品。

$$2(C_6H_{10}O_5)_n \longrightarrow C_{12}H_{22}O_{11} \longrightarrow 2C_6H_{12}O_6 \longrightarrow 2C_2H_5OH + 2CO_2$$

淀粉衍生物实现工业生产的有磷酸淀粉、醋酸淀粉、醚化淀粉、氧化淀粉等，作为一种新型化工材料广泛应用于食品、造纸、纺织、医药、涂料、塑料、环保和日用化妆品等。淀粉可以用来生产可降解塑料，薄膜制品等。鉴于高分子材料在使用过程中造成的环境污染问题，淀粉降解塑料已成为生物降解塑料研究的重要方面。

（3）农副产品糠醛

糠醛是一种重要的有机化工原料，原料资源主要有玉米芯、甘蔗渣、燕麦壳、棉籽壳、稻壳等。用植物纤维原料中的多缩戊糖生产，多缩戊糖在酸存在条件下经加热水解为戊糖，戊糖在酸性介质中加热脱水转化为糠醛。

如图 2-3-2 所示为由糠醛得到的化工产品。

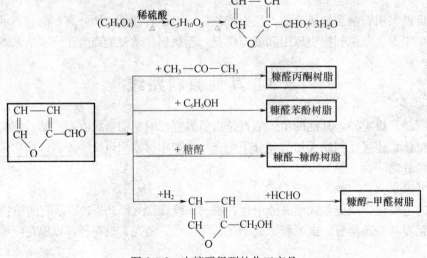

图 2-3-2　由糠醛得到的化工产品

思 考 题

1. 聚合物单体获得的最基础原料是哪些？
2. 高分子合成工业基础原料的获得有哪些要求？单体原料的来源有哪些？

下篇　聚合物产品生产技术

项目三　自由基聚合产品生产技术

 教学目标

◎ **知识目标**

1. 掌握自由基聚合反应的基本概念、基本计算；

2. 学习掌握自由基聚合反应的机理、影响因素。

◎ **能力目标**

1. 能初步运用自由基的特征分析自由基聚合反应；

2. 能初步分析单体的聚合能力与活性，并能合理选择单体；

3. 能正确运用自由基聚合反应机理，合理选择引发剂，分析机理对产物性能的影响；

4. 能分析自由基聚合工业实施方法的特点，在具体操作中正确合理选择；

5. 能正确分析自由基聚合反应的影响因素，合理确定工艺条件，合理选择阻聚剂。

◎ **实践操作**

1. 通过查找资料找出若干个均聚物、二元共聚物、三元共聚物，并说明它们的性能及用途；

2. 通过 PVC 仿真实训操作，分析在聚合各阶段对产品性能的影响；

3. 聚合反应外界条件如温度、压力对反应的影响，可通过相关实训及到企业实习或查询相关资料来说明聚合反应外界条件对产品质量的影响。

3.1　概　　述

自由基聚合反应在当前高分子合成工业中有极其重要的作用，是高分子合成工业中应用最为广泛的化学反应之一。它是指借助于光、热、辐射、引发剂等的作用，单体分子活化为活性自由基，再与单体分子连锁聚合形成高聚物的化学反应。这种聚合反应的活性种就是自由基。它主要适用于乙烯基单体和二烯烃类单体的聚合或共聚。到目前为止，自由基聚合反应是所有聚合反应中理论研究和工业应用都最为成熟透彻的。工业上，自由基聚合约占聚合物总产量的 60%，重要品种有高压聚乙烯、聚苯乙烯、聚氯乙烯、聚四氟乙烯、聚醋酸乙烯酯、聚甲基丙烯酸酯类、聚丙烯腈、丁苯橡胶、氯丁橡胶、丁腈橡胶、ABS 树脂等。

3.2　自由基聚合反应的特性

3.2.1　自由基的产生

自由基是带有孤电子的原子或原子团，它是由某些共价键化合物在光、热、辐射、微波、引发剂等的作用下，均裂而得。

$$R:R \longrightarrow R \cdot + R \cdot$$

自由基的活性与分子结构有关。共轭效应和位阻效应对自由基均有稳定作用，活性可以在很大范围内波动，一般自由基的相对活性顺序如下：

$$H \cdot > \cdot CH_3 > \cdot C_6H_5 > R\dot{C}H_2 > R_2\dot{C}H > R_3\dot{C} \cdot$$

$$> R\dot{C}HCOR > R\dot{C}HCN > R\dot{C}HCOOR$$

$$> CH_2 = CH\dot{C}H_2 > C_6H_5\dot{C}H_2 > (C_6H_5)_2\dot{C}H > (C_6H_5)_3\dot{C} \cdot$$

$H \cdot$、$CH_3 \cdot$ 属于高活性自由基，稳定性较差，易引起爆聚，故很少在自由基聚合中应用；后五种属于低活性自由基，如烯丙基自由基、苄基自由基，不能引发单体聚合，常用作阻聚剂。

3.2.2　自由基聚合反应的单体

自由基型聚合的单体一般要求单烯烃、共轭二烯烃或炔烃类化合物。到目前为止，较为常用的是乙烯基单体，下表 3-2-1 列出了典型的能进行自由基聚合的乙烯基单体。

表 3-2-1　典型的自由基聚合的乙烯基单体

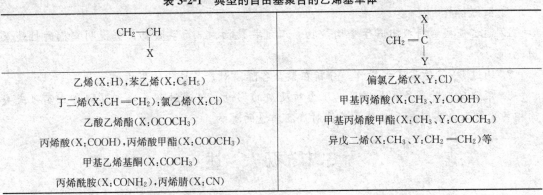

$\begin{array}{c}CH_2-CH\\ \vert\\ X\end{array}$	$\begin{array}{c}X\\ \vert\\ CH_2=C\\ \vert\\ Y\end{array}$
乙烯(X:H),苯乙烯(X:C$_6$H$_5$)	偏氯乙烯(X、Y:Cl)
丁二烯(X:CH=CH$_2$);氯乙烯(X:Cl)	甲基丙烯酸(X:CH$_3$、Y:COOH)
乙酸乙烯酯(X:OCOCH$_3$)	甲基丙烯酸甲酯(X:CH$_3$、Y:COOCH$_3$)
丙烯酸(X:COOH),丙烯酸甲酯(X:COOCH$_3$)	异戊二烯(X:CH$_3$、Y:CH$_2$=CH$_2$)等
甲基乙烯基酮(X:COCH$_3$)	
丙烯酰胺(X:CONH$_2$),丙烯腈(X:CN)	

上表中的各种单体都能进行自由基聚合，但是聚合的能力各不相同，主要取决于单体结构中取代基的种类、性质、位置、数量、大小。1，1 双取代烯类单体（CH=CXY），它结构不对称，极化程度增加，比单取代更易聚合，如偏二氯乙烯、偏二氟乙烯。若两个取代基均体积较大（如 1，2 苯基乙烯），只能形成二聚体；1，2 双取代单体（XCH=CHY），一般不能均聚，如马来酸酐；三、四取代，一般不能聚合，但氟代乙烯例外。并且，取代基的电子效应决定了单体接受活性种的进攻方式和聚合机理的选择。取代基的诱导效应和共轭效应可以改变双键上电子云密度和单体自由基的稳定性，如有吸电子取代基存在时，可使碳-碳双键电子云密度降低，易于与含有孤电子的自由基结合，形成自由基后，吸电子基团又与孤电子形成共轭体系，使体系能量降低，因此链自由基有一定的稳定性。

3.2.3 自由基聚合反应分类

自由基聚合反应的分类主要是根据参加聚合反应的单体种类不同，分为自由基型均聚合和自由基型共聚合。自由基均聚是指只有一种单体参加的自由基聚合反应，如聚氯乙烯、聚醋酸乙烯酯等。自由基共聚是指由两种或者两种以上的单体参加的自由基聚合反应，如丁苯橡胶、丁腈橡胶等。

3.3 自由基聚合反应的机理

自由基聚合机理，就是由单体小分子转变成高分子化合物的微观历程，它是对分子运动、能量转变过程的一种描述，主要由四个基元反应构成，即链引发反应、链增长反应、链终止反应、链转移反应。

3.3.1 链引发

链引发反应是形成单体自由基的反应。形成单体自由基的方法有多种，如引发剂引发、热引发、光引发、辐射引发等。常用的主要是以引发剂引发为主。形成单体自由基的基元反应，由两步组成：初级自由基的形成和单体自由基的形成。

第一步：初级自由基形成由引发剂（I）分解，形成初级自由基（R·）。分解反应如下：

$$I \xrightarrow{\text{分解}} R\cdot（\text{初级自由基}）$$

第二步：初级自由基与单体（M）加成，形成单体自由基（RM·），这是打开烯烃单体 π 键，生成 σ 键的过程。反应通式如下：

$$R\cdot + M_1 \xrightarrow{\text{引发}} RM_1\cdot（\text{单体自由基}）$$

上述两步反应，引发剂分解是控制反应速率的关键环节，整个链引发速率是由引发剂的分解反应速率所控制。但是，链引发反应必须包括第二步反应，因为只有形成单体自由基之后，才能和单体进行链增长反应。

3.3.2 链增长

链增长反应是单体自由基打开烯类单体的 π 键，形成新的自由基，新的自由基再与单体发生加成反应，这种加成反应反复多次可一直进行下去，形成越来越长的大分子链自由基的过程。

$$M_1\cdot + M \longrightarrow M_2\cdot$$
$$M_2\cdot + M \longrightarrow M_3\cdot$$
$$M_{n-1}\cdot + M \longrightarrow M_n\cdot（\text{链自由基}）$$

$$RCH_2-\overset{\cdot}{C}H + H_2C=CH \longrightarrow RCH_2-\underset{X}{C}H-CH_2-\overset{\cdot}{C}H \longrightarrow \cdots$$

$$\longrightarrow RCH_2-\underset{X}{C}H\left(CH_2-\underset{X}{C}H\right)_n CH_2-\overset{\cdot}{C}H$$

链增长反应特点：一是链增长反应的放热量大（聚合热约为 $56\sim96kJ/mol$）；二是链增长反应的活化能低（约为 $16\sim41kJ/mol$），链增长速率极快，在 $0.01\sim10s$ 内就可使聚合度达到 $10^3\sim10^4$，速率难以控制，因此聚合体系内往往由单体和聚合物两部分组成，不存在聚合度递增的一系列中间产物。链增长过程中存在链转移反应的竞争。

对于链增长反应，大分子的微观结构问题必须要考虑，对于 α-烯烃单体聚合时所形成的大分子链而言，主要存在"头—尾"和"头—头"或"尾—尾"三种链节连接形式。例如：

头—尾连接：　$\sim CH_2 \!-\! \underset{\displaystyle X}{CH} \!-\! CH_2 \!-\! \underset{\displaystyle X}{CH} \sim$

头—头连接：　$\sim CH_2 \!-\! \underset{\displaystyle X}{CH} \!-\! \underset{\displaystyle X}{CH} \!-\! CH_2 \sim$

尾—尾连接：　$\sim \underset{\displaystyle X}{CH} \!-\! CH_2 \!-\! CH_2 \!-\! \underset{\displaystyle X}{CH} \sim$

经实验证明，链增长反应主要是以头—尾方式连接。原因有两个：一是电子效应，按照头—尾方式连接时，取代基与独电子自由基在同一碳原子上，能与相邻亚甲基的超共轭效应形成共轭稳定体系，能量较低，若按照头—头（或尾—尾）方式连接，由于无共轭效应，能量高，则不稳定；二是位阻效应，因为亚甲基一端的空间位阻较小，所以综合极性效应和位阻效应的结果，大多数单烯类的链增长为头—尾方式连接。随着温度的提高，头—头连接的比例有所增加，但幅度不大。

3.3.3　链终止

链终止反应是高分子活性链失去活性，停止增长，成为稳定的高分子链的过程。高分子活性链的链终止有两种方式：双基偶合终止和双基歧化终止。

$$RM_n^\cdot \longrightarrow RM_n$$

$$R\sim CH_2\!-\!\underset{\displaystyle X}{CH}\cdot +\cdot \underset{\displaystyle X}{CH}\!-\!CH_2\sim R \underset{\substack{\text{歧化}}}{\overset{\substack{\text{偶合}}}{\longrightarrow}} \begin{cases} R\sim CH_2\!-\!\underset{\displaystyle X}{CH}\!-\!\underset{\displaystyle X}{CH}\!-\!CH_2\sim R \\[2ex] R\sim CH_2\!-\!\underset{\displaystyle X}{CH_2}+\underset{\displaystyle X}{CH}\!=\!CH\sim R \end{cases}$$

偶合终止是两链自由基独电子相互结合成共价键的终止反应。偶合终止的结果：大分子的聚合度为两个链自由基重复单元数之和；引发剂引发且无链转移时，大分子两端均为引发剂残基。

歧化终止是某链自由基夺取另一自由基氢原子或其他原子的终止反应。歧化终止的结果：聚合度与链自由基中的单元数相同；每条大分子只有一端为引发剂残基，另一端为饱和或不饱和（两者各半）。

单体在自由基聚合反应中以什么方式终止，取决于单体的种类和聚合条件。如苯乙烯在很宽的温度范围内都是以偶合终止为主。丙烯腈也是以偶合终止为主。甲基丙烯酸甲酯在 $60℃$ 以下聚合时，两种终止方式都有；$60℃$ 以上则以歧化终止为主。醋酸乙烯酯在 $90℃$ 以上聚合则以歧化终止为主。由于歧化终止需要夺取氢原子或其他原子，其活化能比偶合终止高，因此，升高温度会使歧化终止比例增加。另外，自由基碳原子带有侧烷基的歧化终止比例也有所增加。几种单体的终止情况见表 3-3-1。

表 3-3-1　几种单体的终止情况

单体	温度（℃）	偶合终止（％）	歧化终止（％）	单体	温度（℃）	偶合终止（％）	歧化终止（％）
苯乙烯	0～60	100	0	甲基丙烯酸甲酯	0	40	60
对氯苯乙烯	60，80	100	0		25	32	68
对甲氧基苯乙烯	60	81	19		60	15	85
	80	53	47	丙烯腈	40，60	92	8

除了双基终止外，活性链自由基与反应器壁金属自由电子之间也能发生偶合终止。在高黏度聚合体系或沉淀聚合中也会发生单基终止反应。

对链自由基而言，链终止与链增长是一对竞争反应。链终止反应活化能很低，仅 8～21kJ/mol，甚至于零。终止速率极高 $10^6 \sim 10^8$ L/（mol·s），仅从一对自由基终止与自由基或单体分子的增长进行比较，终止显然比增长快。但从整个聚合体系来看，反应速率还与反应物浓度成正比，在反应体系中单体浓度（1～10mol/L）远比链自由基浓度（10^{-8}mol/L）大得多，所以链增长速率远大于链终止速率。否则，将不可能形成高聚物。这也就是说，单体分子经引发形成单体自由基，就迅速地与单体分子进行链增长反应形成长链自由基，当两个长链自由基相遇，就以更迅速的速率进行终止反应形成稳定的高分子化合物。

3.3.4　链转移

对链自由基而言，链转移与链增长也是一对竞争反应。链转移是指链自由基与其他分子（AB）相互作用，结果使链自由基失去活性成为稳定的高分子链，而另一分子转变为新的自由基，并能继续进行链增长的过程，但不能发生副反应。实际链转移就是活性中心的转移。其通式可写为：

$$\sim CH_2-CH \cdot + AB \longrightarrow \sim CH_2-CHA + B \cdot（新自由基）$$
$$\qquad\quad | \qquad\qquad\qquad\qquad\quad |$$
$$\qquad\quad X \qquad\qquad\qquad\qquad\quad X$$

AB 可以是单体、引发剂、溶剂和高分子链。

1. 向单体转移

显然，向单体转移是以（b）的形式为主。

向单体转移的结果使原来的长链自由基终止形成稳定大分子，而单体则变成单体自由基，可以继续与单体作用进行链增长。原来的长链自由基因链转移而提前终止，造成聚合度降低，但因自由基的活性和数目不变，所以聚合速率不变。这种转移在氯乙烯聚合时最为严重。

2. 向引发剂转移

$$\sim CH_2-CH\cdot + R-R \longrightarrow \sim CH_2-CHR + R\cdot$$
$$\qquad\quad | \qquad\qquad\qquad\qquad |$$
$$\qquad\quad X \qquad\qquad\qquad\qquad X$$

向引发剂转移的结果使原来的长链自由基终止形成稳定大分子，引发剂由于发生诱导分解，浪费了一个自由基，造成引发效率降低，也使聚合度降低。此种转移主要发生在过氧化物类引发剂。

3. 向溶剂转移

向溶剂转移主要发生在溶液聚合中。其反应式为：

$$\sim CH_2-CH\cdot + SY \longrightarrow \sim CH_2-CHY + S\cdot$$
$$\qquad\quad | \qquad\qquad\qquad\qquad |$$
$$\qquad\quad X \qquad\qquad\qquad\qquad X$$

向溶剂转移的结果使长链自由基终止形成稳定大分子，聚合度降低，同时形成新的自由基。当 $S\cdot$ 活性大于 $M\cdot$ 活性，则聚合速率加快，相反就减小；两者活性相等，则聚合速率不变。

如果溶剂分子带有活泼氢原子或卤原子，则很容易发生这种转移，因此，工业上将这种溶剂称为相对分子质量调节剂或链转移剂。如在丁苯橡胶合成中常用十二硫醇调节产物的相对分子质量。

4. 向高分子链转移

向高分子链转移主要发生在聚合物浓度较高的聚合后期。其形式有长链自由基向稳定高分子链转移和向高分子活性链内转移两种。

（1）向稳定高分子链转移

$$\sim CH_2-CH\cdot + \sim CH_2-CH\sim \longrightarrow \sim CH_2-CH_2 + \sim CH_2-\overset{\cdot}{C}\sim$$
$$\qquad\quad | \qquad\qquad\quad | \qquad\qquad\qquad\qquad | \qquad\qquad\qquad |$$
$$\qquad\quad X \qquad\qquad\quad X \qquad\qquad\qquad\qquad X \qquad\qquad\qquad X$$

$$\sim CH_2-\overset{\cdot}{C}\sim + nCH_2=CH \longrightarrow \sim CH_2-\overset{\overset{X}{|}}{C}\sim$$
$$\qquad\quad | \qquad\qquad\qquad | \qquad\qquad\qquad\qquad\qquad |$$
$$\qquad\quad X \qquad\qquad\qquad X \qquad\qquad (CH_2-CH\overset{}{\longrightarrow})_{n-1}CH_2-CH\cdot$$
$$\qquad\qquad\qquad\qquad\qquad\qquad\qquad\qquad\qquad | \qquad\qquad\qquad |$$
$$\qquad\qquad\qquad\qquad\qquad\qquad\qquad\qquad\qquad X \qquad\qquad\qquad X$$

转移的结果是使长链自由基夺取稳定高分子链上某个氢原子而链终止，并在稳定高分子主链上产生新自由基，在该自由基上进行增长，即可形成长支链。

（2）向高分子活性链内转移

向活性链内转移是长链链端自由基夺取自身分子内第五个亚甲基上的氢原子，发生"回咬"转移。结果在大分子链上形成许多乙基、丁基等短支链。乙烯高压聚合就是如此。

自由基发生链转移后，如形成稳定自由基，就不能再引发单体聚合，最后失活终止，产生诱导期。这一现象称作阻聚作用。

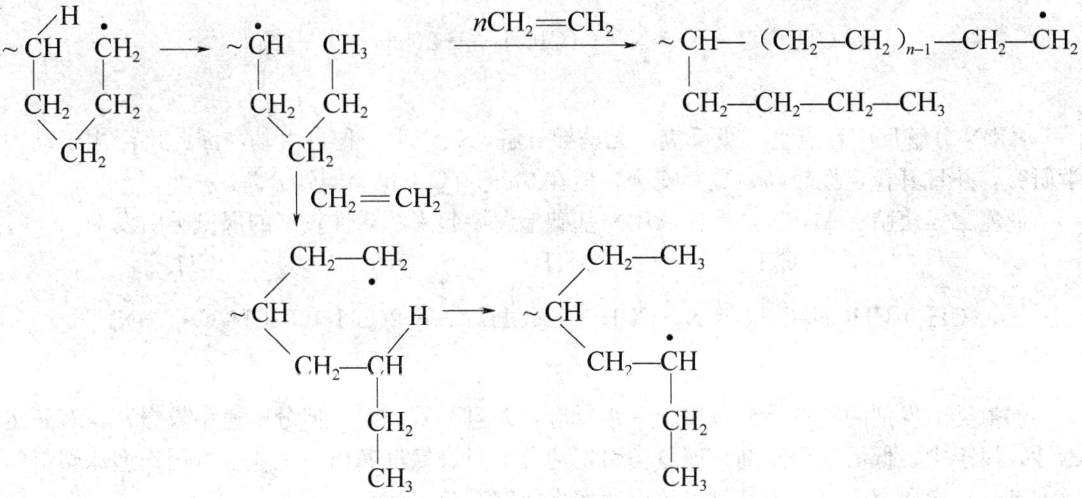

3.4　自由基聚合的引发剂、阻聚剂和缓聚剂

3.4.1　引发剂

在工业生产中，除了个别情况，自由基聚合反应是单体受热引发聚合外，都是在引发剂作用下进行聚合反应的。引发剂是一种在聚合温度条件下，引发分解产生自由基并引发单体使之聚合的物质。虽然引发剂是自由基聚合反应中的重要试剂，但是其用量很少，一般仅为单体量的千万分之几。

1. 引发剂种类

虽然很多有机化合物在一定的条件下可以产生自由基，但工业上可用作自由基聚合反应引发剂的化合物是有限的，主要是过氧化物，大多数是有机过氧化物，其次是偶氮化合物和氧化-还原引发体系。其原因是用作引发剂时应具备下述条件：在聚合温度范围内有适当的分解速度常数；所产生的自由基具有适当的稳定性，这样才能够有效的引发乙烯基或二烯烃单体发生链式聚合反应。

工业生产中，常采用的引发剂主要有三类：偶氮类、过氧化物类、氧化-还原体系。

（1）偶氮类

偶氮类引发剂的结构有对称型和不对称型两种：

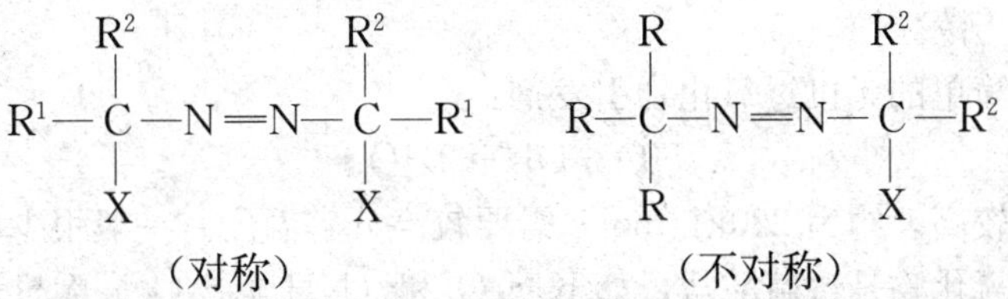

式中，X 为吸电子基团，最常见的是氰基；R、R^1、R^2 为烷基。偶氮类引发剂属于油溶性引发剂，但结构不同，溶解性也不一样，对称型的偶氮类引发剂为固体，在有机溶剂中的溶解度较小；不对称型的偶氮类引发剂为液体或低熔点固体，在有机溶剂中的溶解度较大。

偶氮二异丁腈（AIBN）是常用的偶氮类引发剂，一般在 45～75℃下使用，其分解反应式如下：

$$(CH_3)_2C-N=N-C(CH_3)_2 \longrightarrow 2(CH_3)_2\overset{\bullet}{C} + N_2$$
$$\quad\ \ |\qquad\qquad\qquad |\qquad\qquad\qquad\qquad |$$
$$\quad\ \ CN\qquad\qquad\quad\ CN\qquad\qquad\qquad\quad CN$$

AIBN 分解反应特点呈一级反应，无诱导分解，只产生一种自由基，因此广泛用于动力学研究，并且其稳定性较高，贮存安全，但在 80～90℃下也会剧烈分解。

偶氮二异庚腈（ABVN）是在 AIBN 基础上发展起来的活性较高的偶氮类引发剂。

$$\qquad\qquad CH_3\qquad\qquad\quad CH_3\qquad\qquad\qquad\qquad\qquad CH_3$$
$$\qquad\qquad |\qquad\qquad\qquad\ |\qquad\qquad\qquad\qquad\qquad\qquad |$$
$$(CH_3)_2CHCH_2C-N=N-CCH_2CH(CH_3)_2 \longrightarrow 2(CH_3)CHCH_2\overset{}{C}\cdot + N_2$$
$$\qquad\qquad |\qquad\qquad\qquad\ |\qquad\qquad\qquad\qquad\qquad\qquad |$$
$$\qquad\qquad CH_3\qquad\qquad\quad CH_3\qquad\qquad\qquad\qquad\qquad CH_3$$

偶氮类引发剂的特点是分解属于一级反应，并且分解均匀，但分解速率较慢，具有一定毒性，属于中、低活性引发剂。偶氮类引发剂分解时有氮气逸出，工业上可用作泡沫塑料的发泡剂，科学研究上可利用其氮气放出速率来研究其分解速率。

（2）过氧类

主要包括有机过氧化物类和无机过氧化物类。

① 有机过氧类引发剂

过氧化氢是过氧化合物的母体，过氧化氢中两个氢原子都被有机基团取代，就形成有机过氧类引发剂。可以用下面通式表示：

$$R-O-O-R'$$

式中，R、R'为 H、烷基、酰基、碳酸酯基等，两者可以相同，也可以不同。有机过氧类引发剂属于油溶性引发剂，热分解时均为—O—O—断裂，产生相应的初级自由基。过氧化二苯甲酰（BPO）是最常用的过氧类引发剂。BPO 按两步分解：第一步均裂成苯甲酸基自由基，有单体存在时，即引发聚合；无单体存在时，进一步分解成苯基自由基，并析出 CO_2。

过氧化十二酰（LPO）、过氧化二叔丁基和 BPO 同是常用的低活性引发剂。

为了提高聚合速率，工业上常采用高活性引发剂，如过氧化二碳酸二异丙酯（IPP）、过氧化二碳酸二环己酯（DCPD）等。

高活性引发剂的优点是可以提高聚合速率，缩短聚合周期，但须注意制备和贮存时的安全问题，一般多配成溶液和在低温下贮存。有机过氧化物不但可以用于自由基聚合，也可以用于不饱和树脂的固化，但在自由基聚合反应中经常有诱导分解发生，使引发效率降低。

偶氮类和有机过氧类引发剂，常用于本体聚合、悬浮聚合和溶液聚合。

常用的有机过氧类引发剂见表 3-4-1。

② 无机过氧类引发剂

过氧化氢是最简单的无机过氧化物引发剂：

$$HO-OH \longrightarrow 2HO\cdot$$

其分解活化能较高，约为 220kJ/mol，需要较高分解温度。一般很少单独使用。

常用的无机过氧化物是过硫酸盐，如 $K_2S_2O_8$ 和（NH_4）$_2S_2O_8$。无机过氧化物是水溶性引发剂，主要用于乳液聚合和水溶液聚合。其中 $K_2S_2O_8$ 的分解反应式如下：

$$\qquad\quad O\qquad\qquad\quad O\qquad\qquad\qquad\quad O$$
$$\qquad\quad \uparrow\qquad\qquad\quad\ \uparrow\qquad\qquad\qquad\quad \uparrow$$
$$KO-S-O-O-S-OK \longrightarrow 2KO-S-O\cdot$$
$$\qquad\quad \downarrow\qquad\qquad\quad\ \downarrow\qquad\qquad\qquad\quad \downarrow$$
$$\qquad\quad O\qquad\qquad\quad O\qquad\qquad\qquad\quad O$$

表 3-4-1 常用的有机过氧类引发剂

符号	结构式与分解反应	$t_{1/2}=10h$ 的分解温度（℃）
BPO	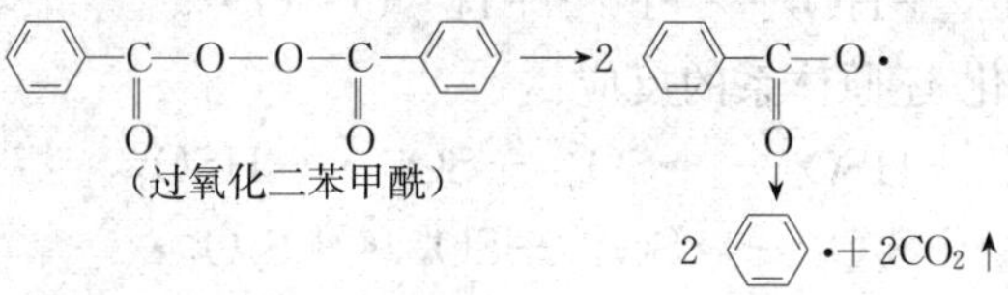 （过氧化二苯甲酰）	73
MBPO	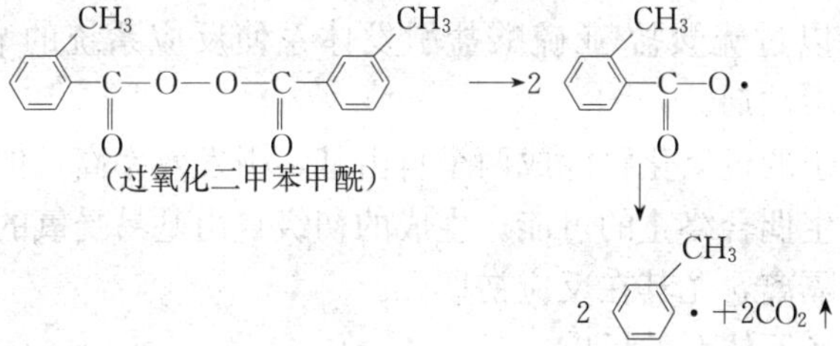 （过氧化二甲苯甲酰）	65
LPO	$CH_3(CH_2)_{10}C\!-\!O\!-\!O\!-\!C(CH_2)_{10}CH_3 \longrightarrow 2CH_3(CH_2)_{10}C\cdot$ （过氧化月桂酰） $\dot{C}_{11}H_{23}+2CO_3\uparrow$	69
BPP	$(CH_3)_3CC\!-\!O\!-\!O\!-\!C(CH_3)_3 \longrightarrow (CH_3)_3C\cdot+(CH_3)_3C\!-\!O\cdot+CO_2\uparrow$ （过氧化叔戊酸叔丁酯）	55
IPP	$(CH_3)_2CH\!-\!O\!-\!C\!-\!O\!-\!O\!-\!C\!-\!O\!-\!CH(CH_3)_2 \longrightarrow$ （过氧化二碳酸二异丙酯）　　$2(CH_3)_2CH\!-\!O\cdot+2CO_2\uparrow$	45
DCPD	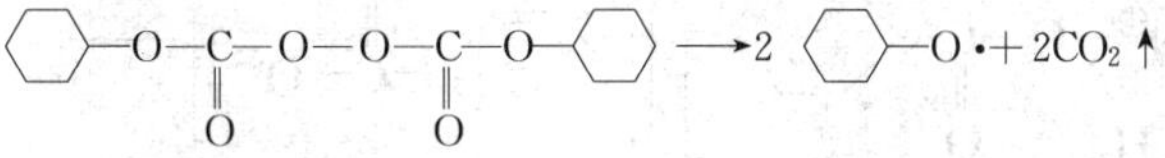 （过氧化二碳酸二环己酯）	44
TBCP	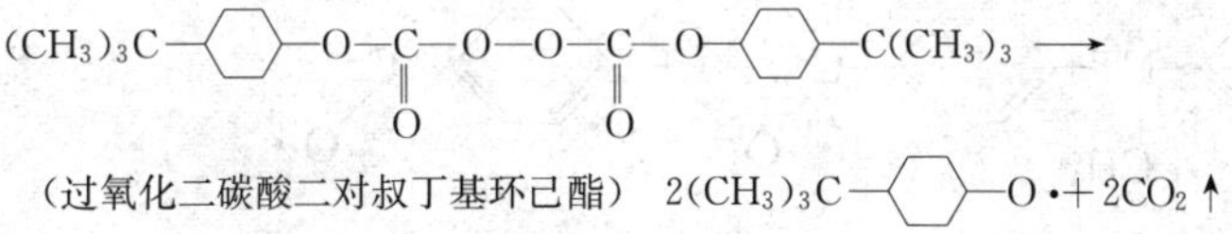 （过氧化二碳酸二对叔丁基环己酯）　　$2(CH_3)_3C\!-\!\bigcirc\!-\!O\cdot+2CO_2\uparrow$	43

这种引发剂的分解速率受体系 pH 值和温度的影响较大。

（3）氧化-还原体系

氧化-还原引发体系由过氧类引发剂和少量还原剂组成，它产生自由基的过程是单电子转移过程，即一个电子有一个离子或有一个分子转移到另一个离子或分子上去，因而生成自由基。氧化-还原引发体系的特点是活化能低（约为 40～60kJ/mol），可在较低温度下进行自由基聚合，且有较快的聚合速率。短时间内就能得到高转化率和相对分子质量较高的产物。

常用的氧化-还原体系的化学反应举例如下。

① 过氧化氢-亚铁盐氧化体系的反应：

$$Fe^{+2}+H_2O_2 \longrightarrow Fe^{+3}+OH^-+\cdot OH$$

H_2O_2 还可以将 Fe^{3+} 还原为 Fe^{2+}，同时生成 $H\text{—}O\text{—}O\cdot$

$$H_2O_2 \rightleftharpoons H^+ + HO_2^-$$

$$Fe^{3+} + HO_2^- \longrightarrow Fe^{+2} + H\text{—}O\text{—}O\cdot$$

② 过硫酸盐-亚硫酸盐氧化-还原体系的反应：

$$S_2O_8^{2+} + HSO_3^- \longrightarrow SO_4^{2+} + SO_4^- \cdot + HSO_3$$

$$S_2O_8^{2+} + S_2O_3^- \longrightarrow SO_4^{2+} + SO_4^- \cdot + S_2O_3 \cdot$$

$$S_2O_8^{2+} + RSH \longrightarrow HSO_4^- + SO_4^- \cdot + RS \cdot$$

反应中生成了硫酸，所以过硫酸盐-亚硫酸盐引发体系使反应系统的 pH 值显著降低，所以在聚合中往往需要加入缓冲剂。

该体系的特点是一个分子的过氧化物生成两个自由基，引发效率高，但两个初级自由基如果不能迅速扩散，任由发生偶合终止的可能。生成的初级自由基易受氧的作用而破坏，所以聚合反应必须用惰性气体隔离，尤其在反应初期。

③ 过硫酸盐-亚铁氧化-还原体系的反应：

$$S_2O_8^{2-} + Fe^{2+} \longrightarrow Fe^{+3} + SO_4^{2-} + SO_4^- \cdot$$

同样会使反应体系的 pH 值降低。

④ 金属离子催化下的氧化-还原体系的反应：

这种氧化还原体系在淀粉、纤维素、聚乙烯醇等作接枝主链的接枝共聚反应中用的较多。通过该体系的应用，可制得高分子絮凝剂和高分子吸水树脂。

⑤ 过氧化二苯甲酰-二甲苯胺引发体系的反应：

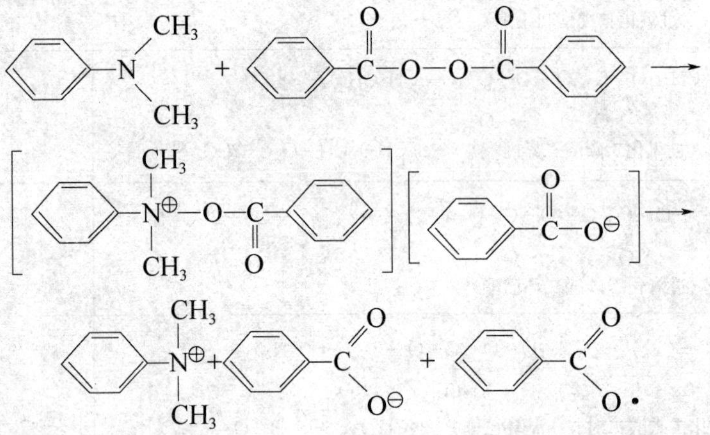

首先产生极性络合物，然后分解产生自由基。这一氧化-还原体系的引发效率较差，而且二甲苯胺的存在会使聚合物泛黄。通常不能用来生成线型高分子量聚合物，而用于分子中含有若干双键的线形低聚物，如不饱和聚酯树脂的室温固化过程。此时，液态的不饱和聚酯树脂（通常加有苯乙烯单体）经自由基共聚合反应转变为固态的体型结构高聚物。

2. 引发剂的活性

判断引发剂活性的指标主要是速率常数（k_d）、分解活化能（E_d）和半衰期（$t_{1/2}$）。引发剂分解速率常数越大，或半衰期越短，则引发剂的活性越高。

（1）分解速率常数

在自由基聚合各基元反应中，分解速率最小，是控制整个聚合反应的关键。引发剂的分解反应一般为一级反应，即引发剂分解速率 R_d 与引发剂浓度 $[I]$ 的一次方成正比，其表达式为：

$$R_d \equiv -\frac{d[I]}{dt} = k_d[I]$$

式中，k_d 为引发剂分解速率常数，S^{-1}。其物理意义是单位引发剂浓度时的分解速率。常见引发剂的 k_d 为 $10^{-6} \sim 10^{-4}S^{-1}$。

（2）半衰期

半衰期是指引发剂分解至引发剂起始浓度一半时所需的时间。以 $t_{1/2}$ 来表示：

$$t_{1/2} = \frac{\ln 2}{k_d} = \frac{0.693}{k_d}$$

工业上根据 $t_{1/2}$ 和 E_d 将引发剂分为高活性、中活性和低活性三种类型，见表 3-4-2。

表 3-4-2　工业上引发剂的分类

引发剂类型		$t_{1/2}$（h）	E_d（kJ/mol）	使用温度范围（℃）
低活性引发剂	高温引发剂	$t_{1/2} > 6$	>138	>100
中活性引发剂	中温引发剂	$1 < t_{1/2} < 6$	109～138	30～100
高活性引发剂	低温引发剂	$t_{1/2} < 1$	63～109	-10～30
	超低温引发剂		<63	<-10

常见引发剂的分解速率常数、半衰期和活化能，可在《合成树脂助剂手册》中查找。

（3）引发效率

引发剂分解后，只有一部分用来引发单体聚合，这部分引发剂占引发剂分解或消耗总量的分数称为引发剂效率（f）。另一部分引发剂则因诱导分解和笼蔽效应而损耗。

① 诱导分解

诱导分解是指在自由基聚合反应过程中，链自由基与引发剂发生的副反应。例如：

RM$_n$· + C$_6$H$_5$—CO—OC—C$_6$H$_5$ ⟶ RM$_n$—O—C—C$_6$H$_5$ + C$_6$H$_5$CO·

结果是原来的活性链变成了稳定分子，同时产生了一个新自由基。虽然体系中自由基数目并无增减，但却消耗掉一个引发剂分子，从而使引发剂的引发效率降低。这种反应主要发生在过氧化物引发剂场合，偶氮类引发剂无此种反应，这也是在相同条件下过氧化物引发剂引发效率比偶氮类引发剂引发效率低的原因。

② 笼蔽效应

聚合体系中引发剂浓度很低，引发剂分子处于单体或溶剂"笼子"包围之中，"笼子"内的引发剂分解成初级自由基后，必须扩散出"笼子"，才能引发单体聚合。并不是所有初级自由基都能扩散出"笼子"，这就使引发剂的引发效率降低，这种效应称为笼蔽效应。

例如，在溶液聚合中，采用偶氮二异丁腈作引发剂，由于溶剂的笼蔽效应，在"笼子"内分解成异丁腈自由基后，就有可能使初级自由基偶合成稳定分子，下式中方括号代表"笼子"。

(CH$_3$)$_2$CN=NC(CH$_3$)$_2$ ⟶ [2(CH$_3$)$_2$C· + N$_2$] ⟶ (CH$_3$)$_2$C—C(CH$_3$)$_2$ + N$_2$

⟶ (CH$_3$)$_2$C=C=N—C(CH$_3$)$_2$ + N$_2$

除了笼蔽效应和诱导分解造成引发效率降低外，还有其他因素，如单体的活性与浓度、溶剂的种类、反应介质的黏度等也影响引发效率，f 通常在 $0.1\sim0.8$ 之间波动。一般单体活性大，引发效率高。溶液聚合中单体浓度低时比浓度高时笼蔽效应严重。溶液聚合比本体聚合、悬浮聚合时的引发效率低。体系黏度高时，笼蔽效应明显，初级自由基扩散困难，使引发效率降低。AIBN 在不同单体中的 f 值见表 3-4-3。

表 3-4-3 偶氮二异丁腈引发剂的引发效率

单体	f	单体	f
丙烯腈	约 1.00	氯乙烯	$0.70\sim0.77$
苯乙烯	约 0.80	甲基丙烯酸甲酯	0.52
醋酸乙烯酯	$0.68\sim0.82$		

3. 引发剂的选择

在高分子合成工业中，正确、合理地选择和使用引发剂，对于提高聚合反应速度、缩短聚合反应时间提高生产率，具有重要意义。

首先，根据聚合操作方式和反应温度条件，选择适当分解速度的引发剂。聚合操作的不同，影响反应物料在反应区的停留时间，对于引发剂的选择应有不同。

第二，根据引发剂的分解速度随温度的不同而变化，所以要根据反应温度选择合适的引发剂。例如氯乙烯悬浮聚合采用间歇法生产，反应物料在反应区中的停留时间达数小时，反应温度要求 50℃左右。而乙烯本体气相聚合采用连续法生产，反应物料在反应器中停留的时间以秒计算，反应温度高达 200℃甚至更高些。表 3-4-4 是引发剂温度选用范围表。

表 3-4-4 引发剂温度选用范围

引发剂分类	使用温度范围（℃）	引发剂分解活化能（kJ/mol）	引发剂举例
高温	＞100	$138\sim188.2$	异丙苯过氧化氢，叔丁基过氧化氢，过氧化异丙苯，过氧化叔丁基
中温	$33\sim100$	$108.7\sim138$	过氧化苯甲酰，过氧化十二酰，过硫酸盐，偶氮二异丁酯
低温	$-10\sim+30$	$62.7\sim108.7$	氧化还原体系，过氧化氢-亚铁盐，过硫酸盐-酸性亚硫酸钠，异丙苯过氧化氢-亚铁盐，过氧化二苯甲酰-二甲基苯胺

第三，根据分解速度常数选择引发剂。在可比较条件下，如相同的反应介质和相同的分解温度，分解速度常数大者，其半衰期则短，分解速度快，因此引发活性高，反之则引发活性低。

第四，根据分解活化能选择引发剂。一般而言，具有高活化能的引发剂比具有低活化能的引发剂，其分解温度范围较狭窄。说明具有高活化能的引发剂在一定的温度下产生的自由基数目比低活化能者多。因此，如果要求引发剂分解温度狭窄，则选用高活化能；如果要求引发剂缓慢分解，则选择低活化能引发剂。

第五，根据引发剂的半衰期选择引发剂。工业生产中不希望在聚合物中残存有未分解的引发剂。因为残存的过氧化物引发剂可能使聚合物发生氧化作用的颜色变红，或者在连续聚合过程中反应物料在反应区停留的时间甚短，撤离反应区后仍继续反应，从而造成非控制性反应，影响正常生产。所以在间歇法聚合过程中反应时间应当是引发剂半衰期的 2 倍以上，其倍数因单位种类不同而不同。例如间歇法悬浮聚合过程中，氯乙烯聚合反应时间通常为所用引发剂在同一温度下半衰期的 3 倍；而苯乙烯聚合反应时间则应当是 6～8 倍。因此，当需要在一定温度下于一定时间内完成聚合反应时，可根据引发剂的半衰期来选择适当的引发剂。例如要求 8h 内完成苯乙烯聚合反应时，应当选择给定聚合温度下半衰期为 8/3≈3h 的引发剂。如果要求 5h 完成聚合反应，则应选择半衰期 3/5≈1.7h 的引发剂。如果无恰当引发剂则可用复合引发剂，即两种不同半衰期引发剂混合物，复合引发剂的半衰期可按下式进行计算：

$$t_{0.5m}\ [I_m]^{\frac{1}{2}}=t_{0.5A}\ [I_A]^{\frac{1}{2}}+t_{0.5B}\ [I_B]^{\frac{1}{2}}$$

式中，$t_{0.5m}$，$t_{0.5A}$，$t_{0.5B}$ 分别代表复合引发剂 m 和引发剂 A 与 B 的半衰期；$[I_m]$、$[I_A]$、$[I_B]$ 分别代表上述引发剂的浓度（mol/L）。

采用复合引发剂可以使聚合反应的全部过程保持在一定速度下进行。

在连续聚合过程中，引发剂的半衰期意义也非常重要。如果引发剂的半衰期远小于单体物料在反应器中的平均停留时间，则引发剂在反应区内近于完全分解；若引发剂的半衰期接近或等于平均停留时间，则将有相当多引发剂未分解，随同反应物料出反应器。这样不仅在反应器外仍有聚合的可能，而且单体的转化率会降低，影响正常生产，应当避免。所以连续聚合过程中应当根据物料在反应器中的平均停留时间选择适当引发剂。在搅拌非常均匀的反应器中，未分解的引发剂量与停留时间的关系可用经验公式计算：

$$V=\frac{\ln 2}{t/t_{\frac{1}{2}}+\ln 2}$$

式中，V 为残存的引发剂量，%；t 为物料在反应器中的平均停留时间；$t_{1/2}$ 为引发剂半衰期。

如果 $t_{1/2}=t$，则有 40% 未分解的引发剂带出反应器，$t_{1/2}=t/6$，则有 10% 未分解的引发剂带出反应器，后者是最经济合理的数值。

3.4.2 阻聚剂和缓聚剂

参加聚合反应的单体原料，纯度要求很高，有害杂质必须除去或者限制在一定含量以下，否则会抑制聚合反应的顺利进行和降低聚合反应速率。在高聚物的合成中，工业上正确选用阻聚剂是一个非常重要的问题。在单体精制和保存时，当加入一定数量的阻聚剂后，可以防止单体发生自聚，提高单体的稳定性，使用前再行脱除。在聚合过程中，当聚合反应达到一定转化率时，加入一定数量的阻聚剂可使聚合反应结束。

阻聚是使初级自由基或高分子活性链失去活性而导致聚合反应停止的过程。能使自由基失去活性的物质称为阻聚剂。通常将消灭初级自由基而阻止聚合反应发生的这段时间称为诱导期。

缓聚是使部分自由基失活或使自由基活性降低而减慢聚合反应的过程。能使部分自由基失活或降低自由基活性的物质称为缓聚剂。缓聚时，聚合反应并不完全被抑制，但聚合速率和平均聚合度均降低。

阻聚剂和缓聚剂实际上并无本质的差别，只是作用程度不同。如图 3-4-1 所示是苯醌、硝基苯和亚硝基苯对苯乙烯热聚合的影响。由图可知，苯醌是阻聚剂，硝基苯是缓聚剂，亚硝基苯则兼有阻聚和缓聚作用。

1. 阻聚剂的类型与作用

阻聚剂有很多种，但总体可以分为加成型阻聚剂、自由基型阻聚剂、电荷转移型阻聚剂。

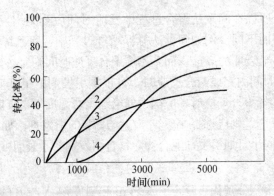

图 3-4-1 阻聚剂对苯乙烯 100℃热聚合的影响

1—无阻聚剂（无诱导期）；2—加入 0.1％苯醌（有诱导期，聚合速率不变）；3—加入 0.5％硝基苯
（无诱导期，聚合速率降低）；4—加入 0.2％亚硝基苯（有诱导期，聚合速率降低）

（1）加成型阻聚剂

加成型阻聚剂有苯醌、氧、硝基化合物，工业中最常用的是苯醌。

① 醌类阻聚剂

醌类阻聚剂加入量为 0.001％～0.1％就能达到阻聚效果。醌类的阻聚能力与醌类结构和单体性质有关。醌核具有亲电性，醌环上取代基对亲电性有影响，再加上位阻作用，使醌类阻聚剂阻聚效果不同。如苯醌对苯乙烯、醋酸乙烯酯是有效的阻聚剂，但对甲基丙烯酸甲酯和丙烯酸甲酯却是缓聚剂。醌类阻聚剂的阻聚作用形式如下：

$$M_x \cdot + O = \underset{}{\bigcirc} = O \begin{cases} \to M_x - O - \bigcirc - O \cdot \to \text{歧化终止或偶合终止} \\ \to O = \underset{H \quad M_x}{\bigcirc} - O \cdot \to HO - \underset{M_x}{\bigcirc} - O \cdot \\ \qquad\qquad \downarrow M_x \cdot \\ \qquad M_xH + O = \underset{M_x}{\bigcirc} = O \to \text{阻聚} \end{cases}$$

② 氧的阻聚作用

氧的来源主要是空气中的氧进入反应系统，与系统内的链自由基发生如下反应：

$$\sim M \cdot + O_2 \longrightarrow \sim MOO \cdot$$
$$\sim MOO \cdot + \cdot M \sim \longrightarrow \sim M-O-O-M \sim$$
$$2 \sim MOO \cdot \longrightarrow \sim M-O-O-M \sim + O_2$$

氧的阻聚作用主要是在低温下（100℃以下）体现出来，即低温下氧是阻聚剂（对氯乙烯、甲基丙烯酸甲酯等的聚合）；而在高温下氧与链自由基作用形成的过氧化物又能分解产生自由基，具有引发作用，即高温下氧是引发剂，如高压聚乙烯就是用氧作引发剂。正因如此，低温下进行的聚合，要将聚合设备中的空间事先抽成真空，并用惰性气体转换。在进行动力学研究时，对溶解在分散介质中（如悬浮聚合用的水）的氧也要脱除。

③ 芳香族硝基阻聚剂

芳香族硝基阻聚剂阻聚机理可能是向苯环或硝基进攻。自由基与苯环加成后，可以与另一个自由基再反应而终止。

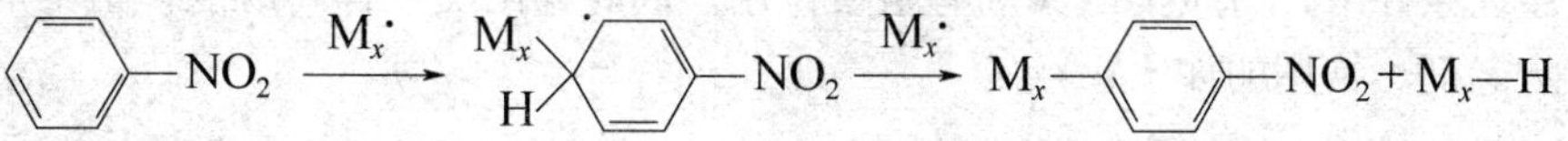

自由基与硝基加成后，也可能与其他自由基反应而终止；或均裂成亚硝基苯和 M_x－O·，而后再与其他自由基反应而终止。

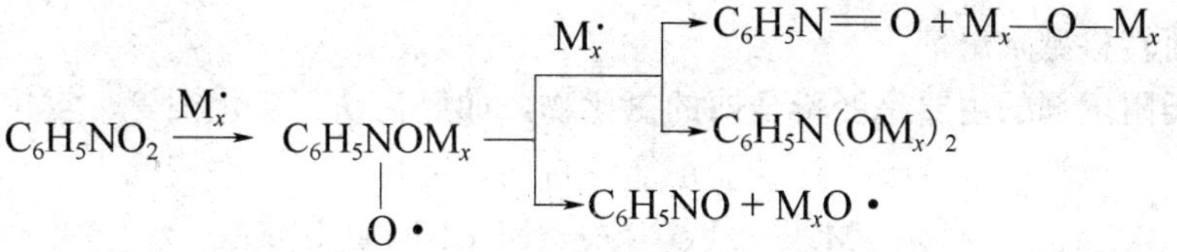

芳香族硝基化合物对比较活泼的富电自由基有较好的阻聚效果，对醋酸乙烯酯是阻聚剂，对苯乙烯却是缓聚剂，对甲基丙烯酸甲酯的阻聚作用很弱。

(2) 自由基型阻聚剂

自由基型阻聚剂本身是极稳定的自由基，它不能引发单体聚合，但能很快与链自由基或初级自由基作用形成无活性的分子。如浓度为 10^{-4} mol/L 的 2，2-二苯基-1-三硝基苯肼自由基（DPPH）就能使醋酸乙烯酯、苯乙烯、甲基丙烯酸甲酯等单体完全阻聚，因此称为自由基捕捉剂。

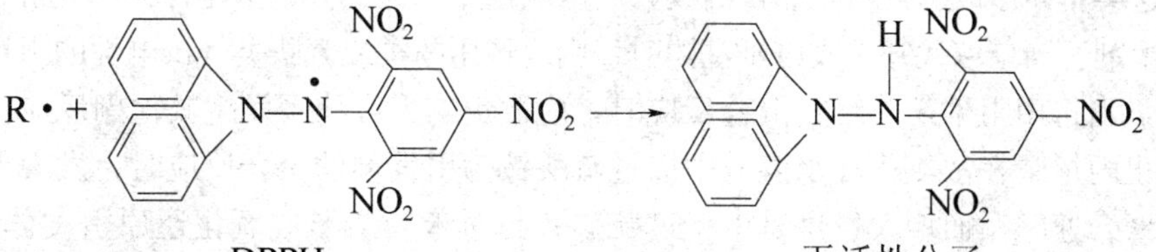

DPPH　　　　　　　　无活性分子
(紫色)　　　　　　　　(无色)

其他稳定的氮氧自由基也是有效的自由基型阻聚剂。例如下面几种：

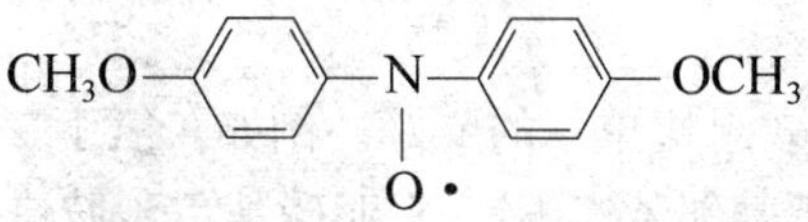

4, 4′-二甲氧基二苯基氮氧自由基

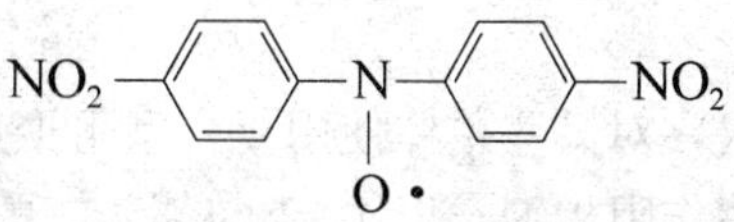

4, 4′-二硝基二苯基氮氧自由基

自由基型阻聚剂的阻聚效果虽好，但因制备困难，价格昂贵，所以单体精制、贮存、运输、终止反应等一般不用。仅用于测定引发速率。

① 酚类阻聚剂

酚类阻聚剂是阻聚效果良好、用途广泛的一类阻聚剂，同时又是抗氧剂和防老剂。但它的阻聚作用是在单体中有氧存在时才表现出来。常见的如下：

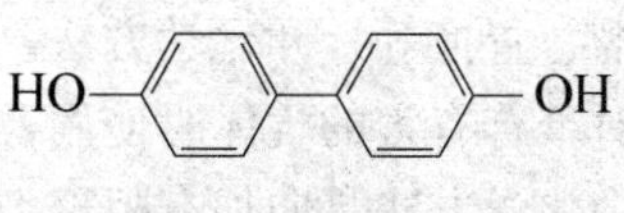

4, 4′-二羟基联苯

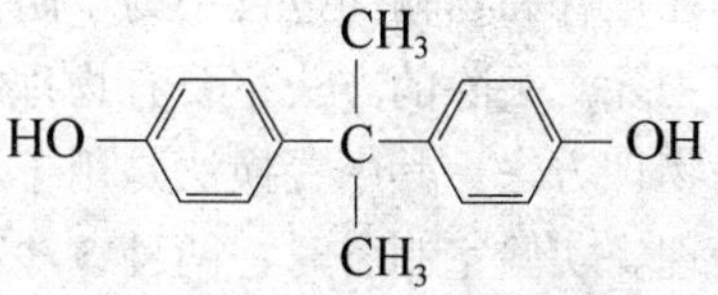

双酚A

② 芳胺类阻聚剂

在氧存在条件下，芳胺类阻聚剂有阻聚作用。同时与酚类一样，既能作阻聚剂，也能作抗氧剂和防老剂。常用的如下：

CH_3——〈苯环〉——NH_2

对甲苯胺

〈联苯环〉——NH_2

联苯胺

（3）电荷转移型阻聚剂

属于这类阻聚剂的主要是变价金属的氯化物，如氯化铁、氯化铜等。氯化铁的阻聚效率很高，能一对一地消灭自由基。亚铁盐也能使自由基终止，但效率较低。

$$M_x \cdot + FeCl_3 \longrightarrow M_xCl + FeCl_2$$

2. 阻聚剂的选用

阻聚剂有许多用途：防止单体在精制、贮运时自聚；使聚合在某一转化率下停止，抑制爆聚，防止高分子材料老化，确定聚合反应是否按自由基机理进行，测定引发速率等。因此阻聚剂的选用，其重要性并不亚于引发剂。

对阻聚剂的选用，除要求用量少、效率高、无毒、无污染、容易从单体中脱除、易制造、成本低廉外，还应考虑单体类型、副反应、复合使用和温度影响等。

首先，根据所用单体类型选用合适的阻聚剂。当所用烯烃类单体的单取代基为推电子基团时，由于这类单体形成的自由基非常活泼，所以应选用醌类、芳硝基化合物或变价金属盐等亲电性的阻聚剂。当单取代基为吸电子基团时，则应选用酚类或芳胺类等供电性的阻聚剂。

其次，当选用阻聚剂来终止聚合反应时，应避免与聚合体系发生其他副反应。如用对苯二酚来终止丙烯腈在浓氯化锌水溶液中以过硫酸铵为引发剂的聚合反应时，发现聚合不仅未被终止，聚合速率反而增大，这是由于过硫酸铵与对苯二酚形成氧化还原引发体系的缘故。相反，在丙烯腈用偶氮二异丁腈为引发剂的本体聚合中，却可用对苯二酚来抑制聚合。又如丙烯腈在浓硫氰酸钠水溶液中聚合时，加入对苯二酚虽能停止聚合，但硫氰酸钠水溶液中的钠离子与对苯二酚形成棕色的酚钠，影响聚合产物色泽。此时最好选用对甲氧基苯酚或氨作阻聚剂。

再次，对某些单体使用复合型阻聚剂，阻聚效果比单一的要好。例如，氯丁二烯单体选用吩噻嗪作阻聚剂，以 1:1 与邻苯二酚、对叔丁基邻苯二酚或 N-亚硝基二苯胺中的一种混用时，阻聚效果均比单一的优越得多。又如异戊二烯单体选用糠醛-亚硝酸钠、硝基苯-亚硝酸钠、间二硝基苯-糠醛等复合型阻聚剂均比单一的效果显著。另外，温度对阻聚剂的选用也有影响。如合成高温丁苯橡胶时，可用对苯二酚作终止剂，使聚合达到一定转化率时停止反应，但合成低温丁苯橡胶时，用对苯二酚终止效果较差，常选用低温有效的阻聚剂二甲基二硫代氨基甲酸钠作终止剂。

3. 阻聚剂的脱除办法

单体在贮存和运输的过程中为了防止单体自聚往往要加入一定量阻聚剂，因此在聚合之前必须要去除。去除的方法主要有物理方法（精馏、蒸馏、置换等）和化学方法。工业生产常用的是物理方法，其中置换法是用于清除氧气和其他对聚合有害的气体时使用，一般还要先减压处理。实验室制备时，两种方法都可以使用。其中化学方法是向加有阻聚剂的单体中加入某种化学物质，使阻聚剂变成可溶于水的物质，再用蒸馏水洗涤单体，并干燥。

3.5　自由基聚合的影响因素

3.5.1　压力的影响

压力对聚合反应有很大影响，如乙烯高压聚合反应。如图 3-5-1、图 3-5-2 及表 3-5-1 所示分别表示聚合压力对数均分子量等的影响。乙烯高压聚合是气相反应，提高反应系统压力，促使分子间碰撞，加速聚合反应，提高聚合反应的产率和分子量，同时使聚乙烯分子链中的支链及乙烯基含量降低。因提高压力即提高反应物的浓度，有利于链增长及链转移反应，但对链终止却无明显影响。压力增加，将导致产品密度增大。实践证明，当其他条件不变时，压力每增加 10MPa，聚合物的密度将增加 $0.0007g/cm^3$。

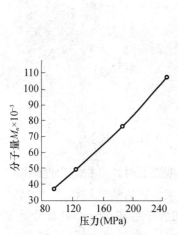

图 3-5-1　聚合压力与分子量的关系

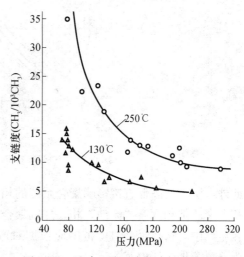

图 3-5-2　聚合压力对产物支链度的影响

乙烯的聚合压力也不能过高，否则设备制造困难，所以工业上一般采用 $150\sim200$MPa 的聚合条件。

表 3-5-1　聚乙烯中甲基和不饱和基团的含量

压力（MPa）	温度（℃）	每 1000 个碳原子中含量		
		$—CH_3$	$C=CH_2$	$CH=CH_2$
80	130	15	0.08	<0.015
80	250	35	0.5	约为 0.04
300	130	5	0.03	<0.015
300	250	10	0.05	0.03

3.5.2　温度的影响

反应温度的确定与所用引发剂类型有密切关系，一般采用引发剂半衰期为 1min 时的温度。因此反应温度只允许在一定范围内调节。

在一定温度范围内，聚合反应速率和聚合物产率随温度的升高而升高，当超过一定值后，聚合物产率、分子量及密度降低。由于反应温度升高，聚合速率加快，但链转移反应速率增加比链增长反应速率更快，所以聚合物的分子量相应降低，即熔体指数增大。同时反应温度升高，支化反应加快，如图 3-5-3 所示，导致产物的长支链及短支链数目增加，因此产物密度降低。同时大分子链末端的乙烯基含量也有所增加，降低产品的抗老化能力。

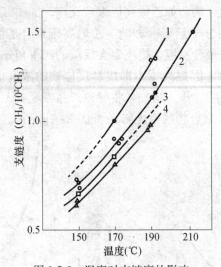

图 3-5-3　温度对支链度的影响

1—121.6MPa；2—141.9MPa；3—152MPa；4—162.1MPa

此外，温度的高低直接影响聚合系统的相态。当温度降低时，可相溶程度降低，将出现乙烯相、聚乙烯相两个"流动"相，加剧聚合反应器中聚合物的粘壁现象。

在生产中，选择聚合温度范围应根据对产物要求的分子结构、分子量及分子量分布而定，当然也和聚合压力有关。

3.5.3　引发剂的影响

乙烯高压聚合反应中，使用的引发剂有氧、有机过氧化物及偶氮化物，当今主要以前两者为主，这些引发剂可单独使用亦可混合使用。

氧是常用的一种引发剂，近来也有直接用空气作引发剂的，特点是处理容易，反应较平稳，原料来源丰富。

管式反应器过去多用氧为引发剂，它在 200℃ 以上才有足够的活性，但由于在循环乙烯中配入微量的氧在操作上很难稳定，故近年逐渐采用有机过氧化物。

引发剂的选择视反应区聚合温度而定。单区操作常用引发剂如过氧化月桂酰、过氧化二特丁基、过氧化苯甲酸特丁酯等。近年管式反应器有采用混合引发剂的趋势，即将不同比例的低、中、高活性引发剂分两点加入，减少反应中温度变化，易于操作，提高转化率，降低成本。如果是多区操作，低温区以活性较高的引发剂为主，高温区则以活性较低的为主。

在釜式反应法中，引发剂可在压缩段开始加入或直接注入反应釜。当使用固态引发剂时，必先配成与聚合物混溶的溶液，以免发生事故。

引发剂的用量将影响聚合物反应速率和分子量。引发剂用量增加，聚合反应速率加快，分子量降低。生产上，引发剂用量通常为聚合物质量的万分之一左右。

3.5.4 链转移剂的影响

调节剂就是链转移剂，丙烷是较好的调节剂，若反应温度＞150℃，它能平稳地控制聚合物的分子量，氢的链转移能力较强，但只适于反应温度低于170℃的聚合反应。反应温度高于170℃，反应很不稳定。丙烯和乙烯可共聚，因此丙烯起到调节分子量和降低聚合物密度的作用，且会影响聚合物的端基结构。丙烯调节会使某些聚乙烯链端出现 $CH_2=CH-$ 结构。丙醛作调节剂在聚乙烯链端部出现羰基。

3.5.5 单体纯度影响

单体中杂质越多，则聚合物的分子量越低，且会影响产品的性能。有的杂质如乙炔还可能引起爆炸。乙烯的杂质一般有甲烷、乙烷、一氧化碳、二氧化碳、硫化物等。其中一氧化碳和硫化物的存在会影响产品的电绝缘性能。工业上，乙烯的纯度要求超过 99.95%。

3.6 自由基聚合的实施方法

聚合反应需要通过一定的聚合方法来实施，在高分子合成工业中，自由基聚合的实施方法有四种，即本体聚合、溶液聚合、悬浮聚合和乳液聚合。这些实施方法各有其不同的工艺特点。为适应产品不同的用途可选择不同的聚合实施方法。四种实施方法的工艺特点比较见表 3-6-1。

表 3-6-1 四种实施方法的工艺特点比较

聚合实施方法		本体聚合	溶液聚合	悬浮聚合	乳液聚合
聚合场所		本体内	溶液内	液滴内	胶束或乳胶粒内
聚合过程特征	主要操作方式	连续	连续或间隙	间隙	连续或间隙
	热传递	难	易	易	易
	反应温度控制	难	易	易	易
	单体转化率	高（低）	不太高	高	可高可低
分离回收及后处理	工程复杂程度	单纯	溶液不处理则单纯	单纯	复杂
	动力消耗	小	溶液不处理则小	稍大	大，产品为乳液则小
产品特性		宜生产透明浅色产品，分子量分布较宽	一般直接使用聚合液	比较纯净，可能残留有少量分散剂	留有少量乳化剂及其他助剂
三废		很少	含溶剂废水，如聚合溶液直接用（如作涂料成膜物、黏合剂）则废水少	废水	乳胶废水

3.6.1 本体聚合

1. 本体聚合简介

本体聚合是在不加溶剂和介质，仅有单体和少量引发剂（有时也不加）或在光、热、辐

43

射的作用下进行的聚合反应。在实际生产中，根据产品需要有时往往还加入其他助剂，如色料、增塑剂、防老剂及相对分子质量调节剂等。该法适用于自由基聚合反应和离子聚合反应。缩聚都可选用本体聚合，如聚酯、聚酰胺熔融本体聚合。

本体聚合中使用单体可为气相、液相或固相进行，但大多数是液相本体聚合。本体聚合按高聚物在其单体中的溶解情况又可分为均相本体聚合和非均相本体聚合。均相本体聚合是指高聚物可溶于单体中，聚合体系始终是均相。非均相本体聚合是指高聚物不溶于单体中，高聚物不断从单体中沉析出来，又称沉淀聚合，不同类型的本体聚合详见表 3-6-2。

表 3-6-2　本体聚合示例

单体相态	均相聚合	非均相聚合
气相	乙烯自由基高压聚合	乙烯配位聚合
液相	丙烯酸酯类自由基聚合	氯乙烯自由基聚合
	苯乙烯自由基聚合	丙烯腈自由基聚合
		丁二烯阴离子聚合
		丙烯配位聚合
		丙烯酰胺自由基聚合

2. 本体聚合特点

本体聚合是四种聚合方法中最简单的一种。但由于该反应无介质随着反应进行，体系黏度不断增大，加上自动加速作用，放热激烈，热量不能及时移走，故易产生局部过热，使部分单体气化产生气泡，致使产品受热分解变色，严重的则因放热猛烈，聚合温度失控，引起爆聚生产事故发生。由于反应体系黏度高，分子扩散困难，反应温度不易恒定，因此所得聚合物多分散性程度大，相对分子质量分布宽。

解决本体聚合散热的方法在工艺和设备设计上应采取以下措施：① 选择聚合热比较小的单体，加入少量引发剂或不加；② 反应在较低的转化率，就分离出高聚物；③ 将聚合过程采用分段聚合：第一阶段是使单体在较大的聚合釜中预聚合，控制在较低的转化率（10％～40％）范围内，以保证在可搅拌较低黏度下进行聚合，散热较好；第二阶段可在薄型（如管型、板型、槽型）设备中继续聚合直至完成聚合；④ 选择散热比较好的聚合设备。

本体聚合优点是：产品纯度高，工艺流程短，设备少，工序简单，尤其适用于制作板材、型材等透明制品，而且聚合和成型可同时进行，直接造粒得粒状树脂。

3.6.2　溶液聚合

1. 溶液聚合简介

溶液聚合是将单体和引发剂溶解于适当溶剂中进行聚合的方法。按高聚物在溶剂中的溶解情况，可分为均相溶液聚合和非均相溶液聚合。均相溶液聚合是参加反应单体和形成高聚物均被溶于溶剂中。而非均相溶液聚合，单体可溶于溶剂而高聚物不溶于溶剂，随着聚合反应进行，高聚物不断从溶剂中沉析出来，又称沉淀聚合。经脱除单体、过滤、洗涤、干燥即得产品。

2. 溶液聚合特点

溶液聚合与本体聚合相比，温度较易控制。因为有溶剂存在，聚合热容易移走，体系中聚合物溶液浓度较低，能消除自动加速现象，相对分子质量控制容易。相对分子质量分布窄，不易发生向大分子链转移而生成支化或交联的产物，所得产物可直接应用。但溶液聚合也有不足之处：单体浓度低，聚合速率慢，设备利用率低。由于有溶剂存在，易发生向溶剂分子转移，使得聚合物相对分子质量下降，需要溶剂回收，分离单体、后处理工序复杂。

溶液聚合所用的溶剂为水和有机溶剂。用水为溶剂制得聚合物水溶液具有广泛的用途，根据聚合物的不同而有洗涤、增稠剂、皮革处理剂、絮凝剂及水质处理剂等。用有机溶剂得到的聚合物溶液主要用作黏合剂和涂料。

溶液聚合广泛用于自由基型聚合，特别是自由基型均相溶液聚合适宜生产高分子溶液。如丙烯腈与第二、第三单体在二甲基甲酰胺或硫氰化钠的水溶液中聚合生产腈纶纤维的纺丝液，丙烯酸酯类在乙酸乙酯或乙酸丁酯和甲苯中聚合生产黏合剂、涂料和浸渍剂。

溶液聚合广泛用于离子型聚合和配位聚合，该法选择有机溶剂。其中，均相溶液聚合，用于中压聚乙烯、顺丁橡胶、异戊橡胶、乙丙橡胶等生产；非均相溶液聚合，用于低压聚乙烯、结晶聚丙烯、丁基橡胶等生产。

3. 溶剂选择和作用

溶液聚合常用的溶剂有水、有机溶剂（醇、酯、酮以及苯、甲苯等）。此外脂肪烃、卤代烃、环烷烃等也有应用。工业上应用溶液聚合生产聚合物的各种单体及所用溶剂类别见表 3-6-3。

表 3-6-3　用于溶液聚合生产聚合物的各种单体及所用溶剂类别

单体种类	溶剂		单体种类	溶剂	
	有机溶剂	水		有机溶剂	水
丙烯酸	√	√	丙烯腈	√	√
甲基丙烯酸	√	√	苯乙烯	√	×
丙烯酰胺	×	√	醋酸乙烯酯	√	√
甲基丙烯酰胺	×	√	甲基乙烯基醚	√	√
甲基丙烯酸甲酯	√	×	丁二烯	√	—
丙烯酸甲酯	√	√	α-甲基苯乙烯	√	×
丙烯酸乙酯	√	×	乙烯基吡咯烷酮	√	—
丙烯酸丁酯	√	×	氯乙烯	√	×
顺丁烯二酸	√	√	偏二氯乙烯	—	×
衣康酸	√	√			

注："√"表示溶解；"×"表示不溶解。

实现溶液聚合的最关键的因素是溶剂的选择直接影响聚合速率、高聚物结构、相对分子质量大小以及聚合过程、溶剂回收、产品成本等。因此在选择溶剂时应从以下几方面考虑：

（1）溶剂的溶解性

均相聚合选择高聚物良溶剂对高聚物溶解性好，在单体浓度不高时，可消除自动加速现象；非均相聚合选择高聚物不良溶剂，则对高聚物溶解性不好造成沉淀聚合，自动加速现象显著。

（2）溶剂的活性

对自由基型溶液聚合，选择溶剂有芳香烃、烷烃、醇类、醚类、胺类，常选用引发剂偶氮双腈体系或过氧化物体系，极性溶剂和可极化的溶剂对过氧化物的分解有促进作用，因而可加快聚合反应速率，偶氮二异丁腈则不显诱导分解作用。对离子型溶液聚合、配位溶液聚合，一般不能选择水和醇、酸等含有氢质子的溶剂，以防止破坏催化剂的活性。因此常选用烷烃、芳香烃、二氧六环、四氢呋喃、二甲基酰胺等非质子性有机溶剂。

（3）溶剂 Cs 值

溶液聚合选择溶剂时应考虑溶剂的 Cs 值，作为溶剂 Cs 值应远低于 0.5，若 Cs 值接近 0.5 或更高时，则可作为相对分子质量调节剂，所以要求提高较高相对分子质量产品则应选择 Cs 值甚小的溶剂。如果所选溶剂仍达不到降低相对分子质量的要求，则应加入链转移剂。溶剂链转移常数见表 3-6-4。

表 3-6-4　溶剂链转移常数（在 60℃ 下）

溶剂	转移常数		
	苯乙烯（$\times 10^{-5}$）	甲基丙烯酸甲酯（$\times 10^{-5}$）	醋酸乙烯酯（$\times 10^{-5}$）
环己烷	0.24	1.0	65.9
甲苯	1.25	5.2	178
异丙苯	10.4	19.2	1000
乙苯	6.7	13.5	
二氯甲烷	1.5		
四氯化碳	1000	2.4	10000
丙酮	41.0	1.95	117
乙醇	16.1	4.0	250
异丙醇	30.5	5.8	446（70℃）
甲醇	3.0	2.0	22.6

3.6.3　悬浮聚合

1. 悬浮聚合简介

单体在机械搅拌和悬浮剂作用下，以液滴状悬浮于水中，经引发剂引发的聚合反应在液滴中完成。体系组成有单体、水、引发剂、悬浮剂。

悬浮聚合可分为均相悬浮聚合和非均相悬浮聚合。聚合结束后，高聚物经洗涤、分离、干燥，即得粒状或粉状树脂产品。均相悬浮聚合可得透明珠状体——小圆珠，粒径一般为 0.01～5mm，常见的有 PS、PMMA 的均相悬浮聚合。非均相悬浮聚合产品则呈现不透明粉状，粒径为 50～100μm，如 PVC 非均相悬浮聚合。

2. 悬浮聚合特点

（1）优点

① 由于体系中水作为介质，聚合反应热容易除去，生产安全，体系黏度变化不大，温度易控制。

② 产物相对分子质量比本体聚合和溶液聚合都高，颗粒能控制在一定要求内。

③ 后处理比溶液聚合简单，生产成本低。

（2）缺点

① 悬浮聚合工业生产只能间歇生产，不能实现连续化生产（粘釜问题尚未解决）。虽有人进行连续法生产研究，但尚未工业化。

② 悬浮聚合产品中附有少量悬浮剂残留物，影响产品存放，制品透明性和产品绝缘性差。

悬浮聚合优点比本体聚合和溶液聚合多，而缺点少，在工业上广泛应用。

3. 聚合物粒子形成过程

聚合物粒子形成过程根据聚合物在单体中的溶解情况,可分为均相粒子形成过程(PS、PMMA)和非晶相粒子形成过程(PVC)。

(1) 均相粒子形成过程

悬浮聚合反应是在每个单体小液滴中进行的,若形成的聚合物能溶于自己的单体中,反应始终为一相,称为均相反应或珠状聚合。产品为均匀、坚硬、透明的珠状粒子。均相粒子形成过程基本分为三个阶段。

① 聚合初期,单体在搅拌剪切力的作用下,形成 0.5~5mm 的小液滴,在分散剂的保护下和适当的分解温度下,在小液滴内引发剂分子分解产生初级自由基,与单体分子作用经过链引发、链增长和链终止形成高聚物。

② 聚合中期,生成的聚合物能溶于自身单体中而使反应液滴保持均相。但随着聚合物浓度的增加,液滴黏度增大,液滴内放热量增大,液滴间黏合的倾向增大,同时液滴体积开始减小。此时,如果散热不良,单体会因局部过热气化,使液滴内产生气泡。当转化率达到 70% 以后,反应速率开始下降,单体浓度减少,液滴内大分子越来越多,活动也越受到限制,粒子弹性增加。

③ 聚合后期,转化率达到 80% 时,单体浓度明显减少,液滴体积收缩,粒子中未反应单体继续与大分子作用,相对提高温度有利于残存单体分子进行聚合,最后液滴全部被大分子占有,完成由液滴转变为固相的全过程,最终形成均匀、坚硬、透明的固体球粒,均相粒子形成过程详如图 3-6-1 所示。

单体液滴　　聚合初期　　聚合中期　(转化率20%~70%)　聚合后期　　透明粒子

图 3-6-1　均相粒子形成示意图

均相粒子形成过程特点是:聚合物粒子形成过程始终保持一相,无相变,如典型产品苯乙烯、甲基丙烯酸甲酯、丙烯酸酯类的悬浮聚合。

(2) 非均相粒子形成过程

如形成的聚合物不溶于自己的单体中,在每个小液滴内,一生成聚合物就发生沉淀,而形成液相单体和固相聚合物两相,则称为非均相悬浮聚合,产品为不透明、外形不规则的粉状粒子,这种聚合又称"粉状聚合"。

非均相粒子形成过程特点是:非均相粒子形成过程有相变化,即液相—液、固两相—固相,如典型产品氯乙烯、偏二氯乙烯悬浮聚合。

如图 3-6-2 所示为非均相悬浮聚合的颗粒形成过程中,单体油珠内的相态变化和各种粒子的出现与转化率的关系。

① 转化率为 0~0.1%,由于树脂在单体中微量地溶解(50℃时溶解度为 0.03%),体系为均相。

② 转化率为 0.1%~1%,是粒子形成阶段,开始出现白色的絮状沉淀,沉淀出来的高分子链或链自由基合并形成 0.1~0.6μm 的初级粒子。

③ 转化率为 1%~70%,是粒子生长阶段,随着聚合反应的进行,液滴内初级粒子逐渐

增多，并合并成次级粒子，次级粒子又相互凝结成一定的颗粒骨架。颗粒内部即"皮膜"，逐渐成熟固化并基本定形。

④ 转化率为 70%～85%，液态单体相消失，单体自气相及悬浮液中扩散凝缩进入颗粒中，反应压力开始下降。

⑤ 转化率为 85%～100%，直至残余单体聚合完毕，聚合釜内气相中的部分氯乙烯单体在压力作用下重新凝结，并扩散入高聚物固体粒子的微孔中聚合，最终形成坚实而不透明的高聚物粉状粒子。

有人证实，转化率为 10%～30% 范围内，由于次级粒子及"皮膜"尚未成熟固化，内部呈黏稠状"糖浆"，遇搅拌碰撞时容易破裂而流出，并形成新粒子并粒，黏附于原来颗粒外面或粘釜等。

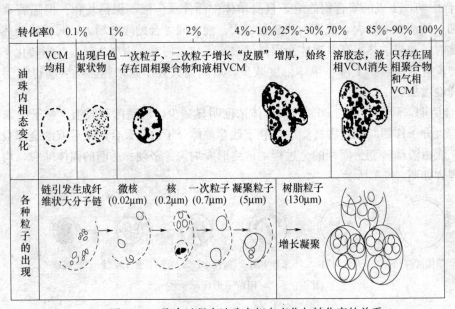

图 3-6-2　聚合过程中油珠内相态变化与转化率的关系

图 3-6-2 上面部分给出了形态学中各种粒子的出现与转化率的关系。显然，随着聚合反应转化率的提高，一次粒子逐渐充实和增长，直至转化率达到 70%～90% 时才趋于"成熟"。因此，颗粒的形成是受到如下因素的影响：① 搅拌越强烈，由剪切所形成的油珠越细微，但也越容易发生临界破裂的并粒；② 保胶能力和界面张力越大的分散剂上，保护膜或"皮膜"越不容易破裂而发生并粒（也越不容易粘釜），体系也越稳定；③ 单体与水的用量比，要求最佳比值为 1～3。

3.6.4　乳液聚合

1. 乳液聚合简介

乳液聚合是液态的乙烯基单体或二烯烃单体在乳化剂存在下分散于水中成为乳状液，此时是液-液乳化体系；然后在引发剂分解生成的自由基作用下，液态单体逐渐发生聚合反应，最后生成了固态的高聚物分散在水中的乳状液，此时转变为固-液乳化体系。这种固体微粒的粒径一般在 1μm 以下，静置时不会沉降析出。典型的乳液聚合体系中，主要组分有单体、水、引发剂和乳化剂。

2. 乳液聚合特点

(1) 优点

在乳液聚合过程中水作为分散介质，它具有较高的比热，对于聚合反应热的清除十分有利；聚合反应生成的高聚物呈高度分散状态，反应体系的黏度始终很低；分散体系的稳定性优良，可以进行连续操作。产品乳液或称为胶乳（液）可以直接用作涂料、黏合剂、表面处理剂等。胶乳涂料称为水分散性涂料。这种涂料不使用有机溶剂，干燥过程中不会有发生火灾的危险，无毒，不会污染大气，是近年来涂料工业发展方向之一。

(2) 缺点

聚合物分离析出时，需要加破乳剂，如食盐溶液、盐酸或硫酸溶液等电解质，因此分离过程较复杂，并且产生大量的废水；如果直接进行喷雾干燥以生产固体合成树脂（粉状），则需要大量热能，而且所得聚合物的杂质含量较高。

乳液聚合法不仅用于合成树脂的生产，合成橡胶中产量最大的品种丁苯橡胶，目前绝大部分也是用乳液聚合方法进行生产。因此乳液聚合方法在高分子合成工业中具有重要意义。

合成树脂生产中采用乳液聚合方法的有：聚氯乙烯及其共聚物、聚醋酸乙烯及其共聚物、聚丙烯酸酯类共聚物等。合成橡胶生产中采用乳液聚合方法的有丁苯橡胶、丁腈橡胶、氯丁橡胶等。

3. 乳化现象、乳状液的稳定和乳状液的变型与破乳

(1) 乳化剂

乳化剂是一种由亲水极性基团和疏水（亲油）非极性基团的分子所组成的物质。通常可表示为亲油基团和亲水基团。它可以使不溶于水的液体与水形成稳定的胶体分散体系。乳化剂浓度很低时，是以分子分散状态溶解在水中，达到一定浓度后，乳化剂分子开始形成聚集体（约为 $50\sim150$ 个分子），称为胶束。形成胶束的最低乳化剂浓度，称为临界胶束浓度（CMC）。不同乳化剂的 CMC 不同，CMC 越小，表示乳化能力越强。胶束的形状、胶束的大小和数目取决于乳化剂的用量，乳化剂用量多，胶束的粒子小，数目多（图 3-6-3）。

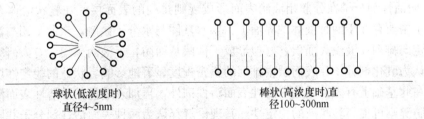

球状(低浓度时)　　　　　　　　棒状(高浓度时)直
直径4~5nm　　　　　　　　　径100~300nm

图 3-6-3　乳化剂分散

(2) 乳化剂的分类

乳化剂的种类很多，大致可分为以下几种。

① 表面活性剂：

a. 阴离子型：烷基羧酸盐、烷基芳基羧酸盐，如硬脂酸钠；硫酸盐，如十二烷基硫酸钠 $C_{12}H_{25}SO_4Na$；磺酸盐，如十二烷基磺酸钠、十四烷基磺酸钠 $C_{14}H_{30}SO_3Na$。

b. 阳离子型：极性基团为胺盐，乳化能力不足，乳液聚合一般不用。

c. 两性型：兼有阴、阳离子基团，如氨基酸盐。

d. 非离子型：环氧乙烷聚合物，或与环氧丙烷共聚物 PVA。

② 某些天然产物或其加工产品，例如海藻酸钠、松香皂、蛋白质、糖及纤维素衍生物等。

③ 高分散性粉状固体，如碳酸镁、磷酸钙等。上述第②类乳化剂实质上也是表面活性剂，但它是来源于天然原料。因此从广义上说，乳液聚合工业所采用的乳化剂全部是表面活性剂。

表面活性剂在化学结构上有它的共同性：分子中都含有亲水基团和亲油基团两部分。

(3) 乳化现象和乳状液的稳定性

当两种不互溶的液体，例如油-水型，在一容器中经激烈搅拌后，可以得到非常细小的油珠（当油的体积小于水的体积时）分散在水中的乳状液。但停止搅拌后恢复为两层液体。即此时的乳状液不稳定。如果水相中加入少量乳化剂，用量超过其临界胶束浓度所需要，经搅拌生成的乳状液，停止搅拌后不再分层，即获得了稳定的乳状液。

稳定的乳状液由不互溶的分散相和分散介质所组成。在乳液聚合过程的起始阶段，单体是分散相，水是分散介质，属于油-水型乳状液。稳定的乳状液放置后不分层，分散相液滴的直径为 $0.1\sim1\mu m$ 左右。

乳状液的稳定性是有条件的，分散相有聚集在一起的倾向，而乳化剂的存在则抑止或阻碍了分散相的聚集因而使乳状液在相当久的时间内表现了稳定不分层的现象。乳化剂所起的作用因乳化剂种类的不同而不同。

高分散性粉状固体物作为乳化剂时，主要作用是它被吸附于分散相液滴的表面，好似形成了固体薄层因而阻止了液滴聚集。

某些不是表面活性剂的可溶性天然高分子化合物作为乳化剂时，例如蛋白质、糖类等，它们的主要作用是在分散相液滴表面形成了坚韧的薄膜，因而阻止了液滴聚集。

表面活性剂作为乳化剂时，它的作用比上述两种情况复杂，主要有三点。

① 使分散相和分散介质的界面张力降低，也就是降低了界面自由能，从而使液滴自然聚集的能力大为降低。例如将鱼肝油分散在浓度为 2% 的肥皂水溶液中，其界面自由能比纯水降低了 90% 以上，因而使体系的稳定性提高。但这样仅使液滴的聚集倾向降低，而不能防止液滴的聚集。

② 表面活性剂分子在分散相液滴表面形成规则排列的表面层。在乳状液体系中，表面活性剂分子主要存在于两种液体的界面上，亲水基团与水分子接触，亲油基团与油相分子接触，因而定向排列在液滴表面层，好似形成了薄膜从而防止了液滴聚集。有人研究了表面层的性质，认为乳化剂分子在表面层中排列的紧密程度显著地影响乳状液的稳定性以及乳状液的性质。在此基础上有人证明除水溶性表面活性剂外，再加入适量的油溶性表面活性剂，例如高级脂肪醇则可提高乳状液的稳定性。其理论解释认为两种表面活性剂分子共同形成了液滴的表面层。如果表面活性剂选择适当，水溶性表面活性剂与油溶性表面活性剂等分子配合，可形成紧密的复合表面层，所以提高了乳状液的稳定性。

两种表面活性剂组成的混合乳化剂的乳化效果高于任一种的理论解释，就是基于上述理由。

③ 液滴表面带有相同的电荷而相斥，所以阻止了液滴聚集。乳状液的液滴表面都带有电荷。用离子型表面活性剂为乳化剂时，油-水型乳化液的液滴表面吸附了乳化剂分子。乳化剂的亲水基团即离子基团向着水分子排列，因为正负离子是伴生存在的，所以理论上每个液滴的表面存在着双离子层（又称双电子层）。内层离子与亲油基团直接结合，相对来说是固定的，外层离子是伴生存在的。乳状液的液滴不是静止的，而产生布朗运动。在不停地运动过程中，因为内层离子与液滴是结合在一起的，外层离子运动的速度落后于内层离子的运

动速度。因此液滴的表面层电荷不是中性的，而表现了"动电位"又称 ξ 电位。显然动电位的存在阻止了液滴聚集。动电位越高，液滴之间斥力越大，因而乳状液稳定性越高。如图 3-6-4 所示为油-水界面双电子层示意图。

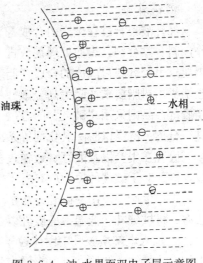

图 3-6-4　油-水界面双电子层示意图

用非离子型表面活性剂或天然高分子化合物为乳化剂，以及用离子型表面活性剂为乳化剂形成水-油型乳状液时，液滴的表面也带有电荷。产生这种电荷的原因是液滴吸附了水相中的离子或由于液滴与分散介质相摩擦而产生静电荷。在此情况下可以用经验规则预测液滴表面电荷正负性：当两物体接触时，介电常数较高的物质带正电荷。因为水的介电常数一般说来高于其他液体，所以油-水型乳状液的液滴通常具有负电荷；而水-油型乳状液的液滴则通常具有正电荷。

乳液聚合过程中如果其他组分可以提供对胶乳粒子产生稳定作用的基团时，甚至可以不用乳化剂进行乳液聚合。以下两种情况的乳液聚合可以不用乳化剂：

a. 依靠过硫酸盐引发剂分解生成的 $-SO_4-$ 基团（位于端基）而生成稳定的胶乳。

b. 水溶性单体在不存在表面活性剂胶束的条件下，也可生成稳定的胶乳。其理论解释认为这是由于增长的聚合物自由基发生了成核作用而形成了非常微小的胶体态聚合物颗粒。

以上讨论了液-液乳化体系的稳定问题。在乳液聚合过程中反应体系的早期是液-液乳化体系，而在后期是固-液乳化体系。固-液乳化体系的稳定原因基本上与液-液乳化体系相同。

（4）乳状液的变型与破乳

① 乳状液的变型

在乳液聚合过程的初期反应物料是油-水乳化体系，后期转变为固-水乳化体系。在外界条件影响下，特别是后期的固-水乳化体系可能发生变型现象，即由固-水乳化体系转变为水-固乳化体系。此时物料呈现黏稠的雪花膏状态，不能够进一步处理而造成生产事故。因此对于乳状液发生变型的原因应有所了解。

a. 两相体积比的影响

如果将相同半径的圆球堆集在一起，使它具有最紧密的结构，根据立体几何计算可知，此情况下圆球占据的空间为总体积的 74.02％，其余的 25.98％ 是空隙。实践证明，如果乳状液的分散相体积超过总体积的 74％，则乳状液就要被破坏或变型。其理论解释的依据就是两相体积比应在一定范围。当分散相的体积为总体积 26％～74％ 之间时，可以形成油-水或水-油乳化体系。若低于 26％ 或超过 74％ 则仅有一种类型的乳化体系存在。

b. 乳化剂的影响

改变乳化剂的类型会引起乳状液变型。乳化剂浓度不同则发生变型的两相体积比也不同。例如用一价金属皂为乳化剂制得乳状液如转化为多价金属皂为乳化剂，则可使乳状液由油-水型转变为水-油型。

c. 其他条件的影响

除以上条件外，加入适当的电解质、温度的变化、pH 的变化甚至搅拌情况以及用过快的速度脱除单体，都可能使乳状液发生变型。

② 破乳

经乳液聚合过程生产的合成橡胶胶乳或合成树脂胶乳是固-水体系乳状液。如果直接用作涂料、黏合剂、表面处理剂或进一步化学加工的原料时，要求胶乳具有良好的稳定性。如果要求由胶乳获得固体的合成树脂或合成橡胶，则应当采取适当的处理方法。例如生产聚氯乙烯糊用树脂要求产品为高分散性粉状物，就应采用喷雾干燥的方法。生产丁苯橡胶、丁腈橡胶等产品则采用"破乳"的方法，使胶乳中的固体微粒聚集凝结成团粒而沉降析出，然后进行分离、洗涤以脱除乳化剂等杂质。

胶乳在生产以及贮存、运输过程中可能发生非控制性破乳现象，此情况下会造成生产事故，因此对于破乳的原理应有所了解。

工业生产中采用的破乳方法主要是在胶乳中加入电解质并且改变 pH 值。其他破乳的方法有：机械破乳、低温冷冻破乳以及稀释破乳等，其原理如下。

a. 加入电解质胶乳中固体粒子存在有动电位，它对于电解质是敏感的。乳液聚合体系中加有少量的电解质，可以起增大胶乳粒径，降低胶乳黏度的作用。但用量超过临界值，则产生胶乳微粒凝结起破乳的作用。各种电解质使胶乳凝结的临界值与胶乳的固含量、电解质浓度以及电解质离子的价数有关。加入电解质后，微粒凝聚析出的原因是：胶体微粒在水相中不断运动而表现了动电位，因此相互排斥而不沉降析出。当胶乳液中加入电解质以后，使液相中离子浓度增加，因此相对而言，双离子层之间的距离缩短，即动电位下降。当电解质达到足够浓度时，微粒的动电位等于零，相斥力消失，而微粒之间的相吸力表现突出，则胶体微粒大量凝聚而沉降析出。

b. 改变 pH 值的破乳有些表面活性剂，例如脂肪酸皂、松香酸皂等，当 pH 值降至 6.9 以下时，转化为脂肪酸失去乳化作用而破乳。用高分散性粉状固体物为乳化剂时，例如碳酸镁则与酸作用生成可溶性镁盐而破乳。

c. 冷冻破乳多数胶乳经冷冻后产生破乳现象。其原因在于冷冻至冰点以后，水相首先析出冰晶，由于冰的密度低于水所以逐渐形成覆盖层。由于冰晶的继续增长被封闭在覆盖层下面的胶乳液受到压力，而且相对而言胶乳体系中的电解质浓度加大，因而产生破乳现象。

d. 机械破乳。胶乳液遭受强烈搅拌时，由于粒子的碰撞速度加快，可能使乳化剂的动电位不足以克服碰撞时的结合力即其效力降低，因而破乳。

3.7　自由基聚合产品生产技术介绍

3.7.1　聚乙烯生产技术

聚乙烯是以乙烯单体聚合而成的聚合物，简称 PE。聚乙烯乃 1922 年由英国 ICI 合成，1939 年开始工业生产，在美国正式工业性生产，大战中为重要的雷达用绝缘材料和军需用品，战后日本三井石油化学、住友化学（1958 年）开始正式生产。1933 年，英国卜内门化学工业公司发现乙烯在高压下可聚合生成聚乙烯。此法于 1939 年工业化，通称为高压法。

1953 年联邦德国 K. 齐格勒发现以 $TiCl_4 - Al (C_2H_5)_3$ 为催化剂，乙烯在较低压力下也可聚合。此法由联邦德国赫斯特公司于 1955 年投入工业化生产，通称为低压法聚乙烯。20 世纪 50 年代初期，美国菲利浦石油公司发现以氧化铬-硅铝胶为催化剂，乙烯在中压下可聚合生成高密度聚乙烯，并于 1957 年实现工业化生产。

20 世纪 60 年代，加拿大杜邦公司开始以乙烯和 α-烯烃用溶液法制成低密度聚乙烯。1977 年，美国联合碳化物公司和陶氏化学公司先后采用低压法制成低密度聚乙烯，称作线型低密度聚乙烯，其中以联合碳化物公司的气相法最为重要。线型低密度聚乙烯性能与低密度聚乙烯相似，而又兼有高密度聚乙烯的若干特性，加之生产中能量消耗低，因此发展极为迅速，成为最令人瞩目的新合成树脂之一。

聚乙烯（PE）作为通用的聚合物产品，已形成高密度聚乙烯（HDPE）、低密度聚乙烯（LDPE）、超高相对分子质量聚乙烯（UHMWPE）、线性低密度聚乙烯（LLDPE）和茂金属聚乙烯等产品。此外，还有改性品种如乙烯-醋酸乙烯酯（EVA）和氯化聚乙烯（CPE）等。

聚乙烯（PE）是中国通用合成树脂中应用最广泛的品种，主要用来制造薄膜、容器、管道、单丝、电线电缆、日用品等，并可作为电视、雷达等的高频绝缘材料。随着石油化工的发展，聚乙烯生产得到迅速发展，产量约占塑料总产量的 1/4。中国国民经济的持续高速发展，为合成树脂工业营造了有利的发展氛围，聚乙烯（PE）产业更是以较快的速度增长。

1. 主要原料

乙烯（$CH_2=CH_2$）是最简单的烯烃，常温下略带芳香气味的无色可燃性气体，其物理常数见表 3-7-1。

表 3-7-1 乙烯的物理参数

相对分子质量	28.05	临界温度（℃）	9.90
熔点（℃）	−169.4	临界压力（MPa）	4.97
沸点（℃）	−103.8	自燃点（℃）	537
密度（g/L）	0.5699	聚合热（kJ/mol）	95
（液态，−103.8℃）		爆炸极限（%）	3.02～34

乙烯几乎不溶于水，化学性质活泼。与空气混合能形成爆炸性混合物。是石油化工的一种基本原料。

乙烯可由液化天然气、液化石油气、石脑气、轻柴油、重油或原油等经裂解产生的裂解气中分出，也可由焦炉煤气分出；还可以由乙醇催化脱水制得。

2. 生产工艺

（1）乙烯高压聚合生产工艺

乙烯高压聚合是以微量氧或有机过氧化物为引发剂，将乙烯压缩到 147.1～245.2MPa 的高压，在 150～290℃的条件下，经自由基聚合反应转变为聚乙烯的聚合方法，也是在工业上采用自由基型气相本体聚合的最典型方法，还是工业上生产聚乙烯的第一种方法，至今仍然是生产低密度聚乙烯的主要方法。

① 聚合原理

乙烯在高温高压下按自由基聚合反应机理进行聚合。由于反应温度高，容易发生向大分子的链转移反应，产物为带有较多长支链和短支链的线性大分子。同时由于支链较多，造成高压法聚乙烯的产物结晶度低，密度较小，故高压聚乙烯称为低密度聚乙烯。经测试所得大分子链中平均 1000 个碳原子的主链上带有 20～30 个支链。

② 主要工艺条件

a. 乙烯纯度

聚合级乙烯气体的规格要求，纯度不低于 99.9%，其他杂质含量见表 3-7-2。

表 3-7-2　聚合级乙烯气体的规格要求

乙烯含量（%）	≥99.9	CO_2（cm^3/m^3）	<0.5
甲烷·乙烷（cm^3/m^3）	<50	H_2（cm^3/m^3）	<0.5
乙炔（cm^3/m^3）	<0.5	S（按 H_2S 计，cm^3/m^3）	<0.1
氧（cm^3/m^3）	<0.1	H_2O（cm^3/m^3）	<0.1
CO（cm^3/m^3）	<0.5		

如果纯度低，杂质多，则聚合缓慢，产物的相对分子质量低。其中应特别严格控制对乙烯聚合有害的乙炔和一氧化碳的含量，因为这两种物质参加反应后会降低产物的抗氧化能力，影响产物的介电性能等。

b. 引发剂

以氧为引发剂时，用量必须严格控制在乙烯量的 0.003%～0.007% 之内，防止气体高压下发生爆炸；以有机过氧化物为引发剂时，将有机过氧化物溶解于液体石蜡中，配制成 1%～25% 的引发剂溶液。

c. 相对分子质量调节剂

工业生产中为了控制聚乙烯的相对分子质量（或熔融指数），适量加入调节剂（如烷烃中的乙烷、丙烷、丁烷、己烷、环己烷；烯烃中的丙烯、异丁烯；氢；丙酮和丙醛等），最常用的是丙烯、丙烷、乙烷等。

纯度要求为：丙烯纯度>99.0%（体积）；丙烷纯度>97%（体积）；乙烷纯度>95%（体积）；它们的杂质含量：炔烃<$40cm^3/m^3$；S 含量<$0.3cm^3/m^3$；氧含量<$0.2\%cm^3/m^3$。

d. 聚合温度

聚合温度主要取决于引发剂种类。以氧为引发剂温度控制 230℃ 以上；以有机过氧化物为引发剂时，温度控制在 150℃ 左右。

e. 聚合压力

聚合压力控制在 108～245MPa 范围，高低依据聚乙烯的生产牌号确定。压力越大，产物相对分子质量越大。

f. 聚合转化率与产率

聚合转化率为 16%～27%（单程），即采用低转化率聚合，未转化的乙烯经冷却器冷却后循环使用，总产率高达 95%。聚合时进料温度为 40℃，乙烯-聚乙烯的混合物出料温度 160～280℃。大部分反应热被离开反应器的物料带走，反应器夹套冷却只能除去部分热量。

g. 聚合产物的相对分子质量测定

测定方法采用"熔融指数（MI）法"，以熔融指数的大小表示其相应的相对分子质量及流动性。一般生产控制的熔融指数为 0.3、0.4、0.5、0.7、2.0、2.5、5.0、7.0、20 等，相应的数均相对分子质量见表 3-7-3。

表 3-7-3　低密度聚乙烯熔融指数与数均相对分子量的对照表（部分）

MI	$\overline{M}_n$	MI	$\overline{M}_n$	MI	$\overline{M}_n$
20.9	24000	1.8	32000	0.005	53000
6.4	28000	0.25	48000	0.001	76000

③ 乙烯高压聚合生产工艺流程

乙烯高压聚合生产工艺流程如图 3-7-1 所示。主要生产过程分为压缩、聚合、分离和掺合四个工段。

来自于总管的压力为 1.18MPa 的聚合级乙烯进入接收器（1），与来自辅助压缩机（2）的循环乙烯气混合。经一次压缩机（3）加压到 29.43MPa，再与来自低聚物分离器（4）的返回乙烯一起进入混合器（5），由泵（6）注入调节剂丙烯或丙烷。气体物料经二次压缩机（7）加压到 113~196.20MPa（具体压力依据聚乙烯的牌号确定），然后进入聚合釜（8），同时，由泵（9）连续向反应器内注入微量配制好的引发剂溶液，使乙烯进行高压聚合。

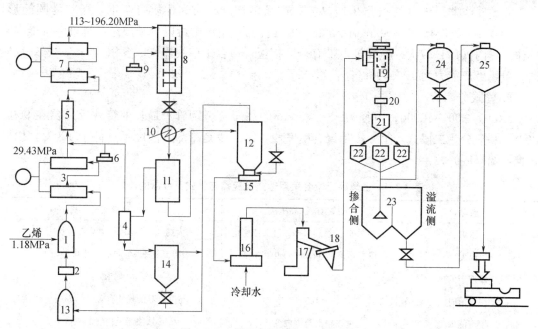

图 3-7-1　高压聚乙烯生产工艺流程

1—乙烯接收器；2—辅助压缩机；3—一次压缩机；4—低聚物分离器；5—气体混合器；6—调节剂注入泵；

7—二次压缩机；8—聚合釜；9—引发剂泵；10—产物冷却器；11—高压分离器；12—低压分离器；

13—乙烯接收器；14—低聚物分液器；15—齿轮泵；16—切粒机；17—脱水贮槽；

18—振动筛；19—旋风分离器；20—磁力分离器；21—缓冲器；22—中间贮槽；

23—掺合器；24—等外品贮槽；25—合格品贮槽

从聚合釜出来的聚乙烯与未反应的乙烯经反应器底部减压阀减压进入冷却器（10），冷却至一定温度后进入高压分离器（11），减压至 24.53~29.43MPa，分离出来的大部分未反应的乙烯与低聚物，经过低聚物分离器（4），分离出低聚物后，乙烯返回混合器（5）循环使用；低聚物在低聚物分离器（14）中回收夹带的乙烯后排出。由高压分离器（11）出来的聚乙烯物料（含少量未反应的乙烯），在低压分离器（12）中减压至 49.1kPa，其中分离出来的残余乙烯进入乙烯接收器（13）。在低压分离器底部加入抗氧剂、抗静电剂等后，于熔融状态的聚乙烯一起经挤压齿轮泵筛（18）过筛后，将物料粒用气流送到掺合工段。

用气流送来的料粒首先经过旋风分离器（19）经气固分离后，颗粒落入磁力分离器（20）以除去夹带的金属粒子，然后进入缓冲器（21）。缓冲器中料粒经过自动磅秤和三通换向阀进入三个中间贮槽（22）中的一个，取样分析，合格产品进入掺合器（23）中进行气动循环掺合；不合格产品送至等外品贮槽（24）进行掺合或贮存包装。

掺合均匀后的合格产品——聚乙烯颗粒气流送至合格品贮槽（25）贮存，然后用磅秤称量，装袋送入成品仓库。

高压法生产聚乙烯的流程比较简单，产品性能良好，用途广泛，但对设备、自动控制要求较高。

④ 聚合反应设备

现在采用的乙烯高压聚合反应器可分为釜式反应器和管式反应器两种。不同反应器聚合情况比较见表 3-7-4。

a. 釜式反应器

此类反应器最大的特点是生产易控，产品多样。材质为优质合金钢，形状为圆筒形，L/D 为 4～20，带有 1000～2000rpm 的高速搅拌器。生产中可以单釜操作，也可以两釜串联操作。釜内（L/D 较大）搅拌轴上带有分区挡板，适合于单线操作。容积为 1m³ 的釜式反应器，单线生产能力为 1000000t/a。

b. 管式分离器

L/D 为 300～40000、内径为 25～75mm 的高压合金钢管。最长的管式反应器在 900m以上。一般分为二段式，第一段是聚合引发段，第二段是冷却（温度不能低于 130℃，以防止聚乙烯凝固）段。

表 3-7-4 乙烯高压聚合采用釜式反应器与管式反应器的比较

比较项目	釜式反应器高压法	管式反应器高压法
压力	大约 108～245.2MPa，可保持稳定	大约 323.6MPa，管内产生压力降
温度	可严格控制在 130～280℃范围	可高达 330℃，管内温度差较大
反应器带走的热量	<10%	<30%
平均停留时间	10～120s 之内	与反应器的尺寸有关，约 60～300s
生产能力	可在较大范围内变化	取决于反应管的参数
物料流动状况	在每一反应区内充分混合	接近柱塞式流动，中心至管壁表面为层流
反应器内表面清洗方法	不需要特别清洗	用压力脉冲法清洗
共聚条件	可在广泛范围内共聚	只可以与少量第二种单体共聚
能否防止乙烯分解	反应容易控制，可防止乙烯分解	难以防止偶然的分解
产品相对分子质量的分布	窄	宽
长支链	多	少
微粒凝胶	少	多

(2) 乙烯中压聚合工艺

采用中压法生产聚乙烯有两条路线。第一条路线是乙烯单体，以乙烷为溶剂，以 CrO_3-Al_2O_3-SiO_2 引发剂，在 150℃，4.91MPa 下聚合。第二条路线是乙烯单体，以脂肪烃或芳香烃为溶剂，以 MoO_2-Al_2O_3 或氧化镍-活性炭为引发剂，在 200～260℃，6.87MPa 下聚合。下面主要介绍第一条生产路线。

① 主要工艺条件

a. 单体

单体中对引发剂有害的杂质如水、氧、一氧化碳及含硫、氮、卤素等化合物都要控制在万分之一以下；为了防止乙烯与其他烯烃共聚，单体中不能含有其他烯烃。单体中含有饱和烷烃对聚合没有影响。

b. 引发剂

引发剂最好采用以 CrO_3 分散于 Al_2O_3-SiO_2 组成的载体上的固体引发剂。其中铬的含量为 2%～3%。载体 Al_2O_3-SiO_2 中二者的用量在 90∶10 范围内效果较好。同时，要求载体的表面积要小，孔穴较大为好。反之，生成的聚乙烯容易连有引发剂。

c. 溶剂

溶剂主要采用饱和的石蜡烃和环烷烃。其中 C5～C12 是最好的。

② 聚合的主要控制条件

a. 温度

一是引发剂的活化温度。引发剂的活化温度越高，所得聚乙烯的相对分子质量越低，如图 3-7-2 所示。适宜的引发剂活化温度为 550℃ 左右。二是聚合反应的温度。产物中相对分子质量随聚合温度的升高而降低，如图 3-7-3 所示。

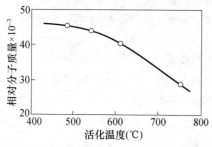

图 3-7-2　引发剂活化温度对聚乙烯
相对分子质量的影响

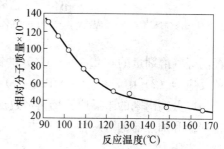

图 3-7-3　聚合温度对聚乙烯相对
分子质量的影响

b. 聚合压力

聚乙烯的相对分子质量随压力的升高而增加，如图 3-7-4 所示。

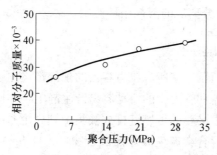

图 3-7-4　聚合压力对聚乙烯相对分子质量的影响

③ 乙烯中压法聚合工艺流程

以铬为引发剂的乙烯中压法聚合工艺中最普遍采用的是浆液法，此外，还有固定床、移动床、沸腾床法等。

浆液法是将固体引发剂分散于反应介质悬浮液中。乙烯开始聚合时，生成的聚乙烯大部分分散在反应介质中，由于反应物料呈浆液状，故称为浆液聚合。这种反应得到的聚乙烯相对分子质量可达到 40000 以上。其工艺流程如图 3-7-5 所示。

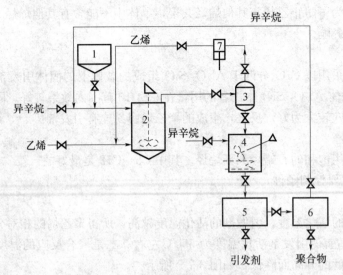

图 3-7-5　乙烯中压聚合工艺流程图

1—引发剂贮槽；2—反应器；3—气液分离器；4—溶解槽；5—固体分离器；6—分离器；7—压缩机

配制好（溶剂量的 0.2%～0.6%）的铬引发剂悬浮液（1）与原料乙烯先后进入带有搅拌器的反应器（2）中，在 3.43MPa、100℃下，进行反应。反应后生成的浆液送入气液分离器（3），分离出来的未反应乙烯再经过压缩机（7）压缩后循环使用；分离后的浆液送入具有搅拌器和加热器的溶解槽（4）中，在搅拌下进行加热，使物料高于反应温度约 14℃，并保持适当压力。

加热后，聚乙烯溶解于异辛烷中，必须时可以用异辛烷稀释。然后送入固体分离器（5），用过滤和离心的方法，在高温和一定压力下，将引发剂与聚乙烯异辛烷溶解分离。将分离出来的引发剂回收后循环使用或再生后使用。将脱出引发剂的聚乙烯异辛烷溶液在分离器（6）中进行蒸馏，蒸馏出溶剂后即得聚乙烯；或者将溶液冷却到 20℃以下，使聚乙烯沉淀析出，经过滤得聚乙烯。分离后的溶剂循环使用。

3. 聚乙烯的安全生产

（1）设计中采取的安全技术

① 为防止压力容器的超压，在所有压力容器的顶部都设立了安全阀。

② 由于有机介质在容器和管道中的流动容易产生静电，为此广泛采取了接地措施。

③ 绝大部分生产过程中必要的可燃气排放被集中到火炬系统。

④ 聚乙烯粉尘与空气混合会产生爆炸性混合物，为此在易产生粉尘的工序设置了必要数量的粉尘捕捉器。

⑤ 低压系统采取微正压操作以防止空气进入系统。

⑥ 设置了间隙回收系统以处理废催化剂，使之水解并中和。

⑦ 为防止关键设备的超温、超压及超负荷设置了联锁保护。

⑧ 为及时发现装置泄漏的可燃气，设置了 37 处可燃气监测器。

（2）生产操作过程及安全生产的特殊要求

① PZ 和 AT 催化剂制备过程使用的设备、容器及其管线，必须用氮气充分吹扫、置换，使系统中氧含量≤0.2%（体积），露点≤-50℃。

② PZ 催化剂必须贮存在化学品仓库，防止日晒，催化剂的贮存量要控制（不超过配制一批的量）。

③ 维持系统的压力在 0.02MPa，严防泄压或负压。

④ 在接受罐加入 PZ 催化剂，应小心操作，防止不纯物质如氧气、硫化物等进入系统。

⑤ 当加完 PZ 催化剂时，必须用己烷冲洗残留在容器中的催化剂，然后用氮气吹扫 3min。

⑥ AT 催化剂在空气中会燃烧，遇水剧烈反应而发生爆炸，因此在装卸 AT 催化剂时，一定要佩戴好防护用品，在操作前，准备好干粉灭火器，同时必须有两人在场方可操作。

⑦ 装卸 AT 催化剂的连接管线应事先用氮气吹扫干净，密封填料应是新的，连接好的管线、法兰和螺纹接头都必须以氮气试压，确认无泄漏。

⑧ 压送结束时，应使管内的残留压送干净，AT 催化剂装卸现场切不可堆放易爆物品。

⑨ 加料系统停车，切勿忘记用己烷洗涤管线。

⑩ 严格按工艺操作规程所规定的聚合釜加料速度、原料配比、反应温度、压力及液位进行操作。

⑪ 当聚合釜压力达 1.08MPa 时，安全阀应起跳，若安全阀失灵，应采取有效的安全措施，并及时汇报工段长或车间主任。

⑫ 严格控制聚合温度，防止聚合物熔融粘壁和爆聚事故的发生。

⑬ 搅拌器的开停必须严格按操作法进行，防止物料沉淀堵塞，并确保密封油压力大于釜内压力。

⑭ 在催化剂注入口、循环气体出口和浆液溢流管等处，必须按规定进行己烷冲洗，防止聚合物沉积造成堵塞。

⑮ 沉积物堵塞时，不得用铁棒锤击堵料，不得带压处理堵料。

⑯ 所有设备、容器的排放点在排放物料时都必须接地或用导线进行电气连接，并控制排放速度，以免产生静电引起火灾。

⑰ 催化剂去活时，必须首先用己烷稀释，在去活罐控制 pH 值在 8～9 之间，密切监视加料速度、温度和压力，一般来说，此操作必须在班长指导下进行。

⑱ 离心机的进料速度必须稳定，禁止在超电流、超扭矩情况下进行操作。

⑲ 注意母液管线的蒸汽保温，防止低聚物堵塞。

⑳ 为防止干燥部分的含己烷可燃性气体进入粉料输送系统，粉料输送管中的压力应比干燥系统压力高 0.05～0.1kPa。

㉑ 为防止聚合物在干燥器内管表面的粘接，管子温度不得超过 115℃，蒸汽压力必须低于 0.06MPa。

3.7.2　聚氯乙烯生产技术

聚氯乙烯（PVC）是由氯乙烯聚合而制得的一种热塑性树脂。自 20 世纪 30 年代首先在德国开始生产，由于原料来源丰富、用途广泛，在通用塑料中占有重要地位，产量在塑料中仅次于聚乙烯居第二位。中国从 1958 年开始工业化生产，目前生产能力最大的装置是齐鲁石化和上海氯碱厂。PVC 生产装置的技术路线多种多样，PVC 及其改性树脂、专用料约有 2000 种以上。PVC 塑料制品种类繁多，从不同角度进行分类（表 3-7-5）。

表 3-7-5　聚氯乙烯的分类

分类方法	种　类	特　征
按生产方法	悬浮聚合(SPVC)	颗粒大小为 $60\sim150\mu m$，称为粉状树脂，占 PVC 总产量的 90%
	溶液聚合	主要用于制造特殊的涂料
	本体聚合(MPVC)	颗粒大小为 $30\sim80\mu m$，主要进行探索性试验，适宜制造高度透明制品
	乳液聚合(UPVC)	颗粒大小为 $1\sim509\mu m$，用于糊状物塑料
按聚合度	低聚合度 PVC	n 为 $350\sim360$
	通用树脂	SG-1～SG-9
	特种树脂	交联树脂、掺混树脂氯化、聚氯乙烯树脂(CPVC)、偏氯乙烯树脂(PVAF)
	高聚合度 PVC	n 为 $1700\sim4000$
	超高聚合度 PVC	n 在 4000 以上
按软硬度	软质制品 SPVC	增塑剂含量大于 25%
	半硬质制品 PVC	介于二者之间
	硬质制品 UPVC	增塑剂含量在 5% 左右
按单体种类	均聚物	疏松型树脂
	共聚物	无规共聚物 接枝共聚物

聚氯乙烯分子链中含有强极性的氯原子，分子间作用力大，使聚氯乙烯制品的刚性、硬度、力学性能高，并赋予优异的难燃性能，但其介电常数和节电损耗角正切值比 PE 大。

聚氯乙烯树脂含有聚合反应中残留的少量双键、支链及引发剂残基，加上两相邻碳原子之间含有氯原子和氢原子，容易脱氯化氢，在光、热作用下发生降解反应。

聚氯乙烯分子链上的氯、氢原子空间排列基本无序，所以制品的结晶度低，一般只有 $5\%\sim15\%$。

聚氯乙烯具有较高的硬度和力学性能，并随相对分子质量的增大而提高，但随温度的升高而下降。聚氯乙烯中加入的增塑剂数量多少对力学性能影响很大，一般随增塑剂含量的增大，力学性能下降。硬质聚氯乙烯的力学性能好，其弹性模量可达 $1500\sim3000MPa$；而软质聚氯乙烯的弹性模量仅为 $1.5\sim15MPa$，但断裂伸长率高达 $200\%\sim450\%$。聚氯乙烯的耐磨性一般，硬质聚氯乙烯的静摩擦因数为 $0.4\sim0.5$，动摩擦因数为 0.23。

1. 主要原料

氯乙烯结构式为：$H_2C=CHCl$。

氯乙烯在常温常压下是带有乙醚香味的无色气体，容易液化。其基本物理常数见表 3-7-6。

表 3-7-6　氯乙烯的物理常数

相对分子质量	62.5	临界温度（℃）	156.5	熔点（℃）	-153.6
沸点（℃）	-13.8	闭口闪点（℃）	-78	折光指数	1.38
临界压力（MPa）	5.59	爆炸极限（%，体积）	$4\sim22$	聚合热（kJ/mol）	95.6

氯乙烯微溶于水，易溶于脂肪族和芳香族的碳氢化合物、醇、醚、酮、含氯溶剂等有机溶剂中。

氯乙烯与空气混合能形成爆炸性混合物，爆炸极限为 $4\%\sim22\%$（体积）。当空气中氯乙烯的含量达 75% 时，对人体有麻醉作用，室内空气中，允许浓度为 $10cm^3/m^3$。

氯乙烯是带有极性基团的卤代烯烃，偶极距为 $1.44D$，化学性质活泼，容易发生加成反应。在光、热和引发剂的作用下，能聚合成聚氯乙烯树脂。能与丁二烯、丙烯腈、醋酸乙烯酯、丙烯酸酯、马来酸酐等进行共聚合。

氯乙烯的来源，一是乙炔电石法路线，二是联合法路线，三是乙烯氧氯化法，其中第二条路线是目前生产氯乙烯的主要路线。目前还有一条新的路线是乙烷氧氯化法。

2. 生产工艺

氯乙烯的聚合属于自由基型聚合反应。聚合时采用的引发剂为油溶性的偶氮类、有机过氧化物类和氧化-还原引发体系。反应迅速，同时放出大量的反应热。链增长的方式为头-尾相连。聚合反应过程存在着严重的向单体转移反应。这是影响产物相对分子质量的主要因素，且这种转移随温度的升高而加快。

氯乙烯聚合实施方法要根据产品的用途、劳动强度、成本高低等进行合理选择。下面重点介绍氯乙烯的悬浮聚合方法。

（1）氯乙烯悬浮聚合的特点与技术进步

氯乙烯的悬浮聚合是生产聚氯乙烯的主要方法，具有操作简单、生产成本低、产品质量好、经济效益高、用途广泛等特点，适合大规模的工业生产。

在树脂质量上，用悬浮聚合生产的 PVC 树脂的孔隙率提高了 300％以上，经过适当处理的树脂，其单体氯乙烯的残留量由原来的 0.1 降到了 0.0005％以下。同时，设备结构改进、大型化和采用计算机数控联机质量控制，使批次之间树脂质量更加稳定。

另外，清釜技术、大釜技术和残留单体回收技术的发展，减少了开釜次数，进而减少了氯乙烯单体的释放量；采用烧结、冷凝或吸收方法汽提产品和处理废气，进一步减少了氯乙烯单体的消耗。

（2）氯乙烯悬浮聚合工艺条件

① 单体纯度

用于悬浮聚合的氯乙烯单体纯度在 99.9％以上，其他杂质的含量见表 3-7-7。

表 3-7-7　氯乙烯单体杂质含量要求

组分	含量（％）	组分	含量（％）
乙烯	<0.0002	乙醛	0
丙烯	<0.0002	二氯化合物	<0.0001
乙炔	<0.0002	水	<0.005
丁二烯	<0.0005	HCl	0
1-丁烯-3-炔	<0.0001	铁	<0.00001

乙炔参与聚合后，形成不饱和键使产物热稳定性变坏。不饱和多氯化物存在，不但降低聚合速率、降低产物聚合度，还容易产生支链，使产品性能变坏，"鱼眼"增多。

② 引发剂

多用有机过氧化物和偶氮类引发剂，其中有机过氧化物为过氧化二碳酸酯、过氧化酯类。他们可以单独使用，也可以两种或两种以上引发活性不同的引发剂复合使用。复合使用的效果比单独使用好，其优点是反应速度均匀，操作更加稳定，产品质量好，同时使生产安全。如图 3-7-6 和图 3-7-7 所示。

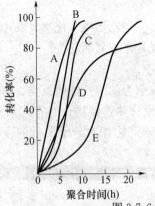

图 3-7-6 几种引发剂单独使用时的氯乙烯聚合曲线

曲线	引发剂	用量(%)	聚合温度(℃)
A	过氧化乙酰基环己烷磺酸	0.05	50
B	过氧化二碳酸二异丙脂	0.05	50
C	过氧化二碳酸二环己脂	0.05	50
D	偶氮二异庚腈	0.02	55
E	过氧化十二酰	0.1	55

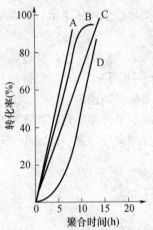

图 3-7-7 引发剂复合使用时的氯乙烯聚合曲线

曲线	引发剂	用量(%)	聚合温度(℃)
A	过氧化二碳酸二异丙脂 偶氮二异庚腈	0.02 0.02	55
B	过氧化乙酰基环己烷磺酸 过氧化十二酰	0.02 0.2	50
C	偶氮二异庚腈 过氧化十二酰	0.02 0.03	55
D	过氧化二碳酸二环己脂 过氧化十二酰	0.02 0.2	50

引发剂的用量可以采用下式进行估算，在通过少量实验进行调整，即可以确定。

$$I(\%) = \frac{N_r M \times 10^{-4}}{\left[1 - \exp(-0.693 t / t_{\frac{1}{2}})\right]}$$

式中 I（％）——工业上引发剂用量（质量百分数）；

N_r——引发剂理论消耗量，等于 1 ± 0.1 mol/t PVC；用 AIBN 时，取 0.9；用 DCPD、EHP 等过氧化二碳酸酯时，取 1.1；

M——引发剂的相对分子质量；

t——聚合时间（h）；

$t_{1/2}$——引发剂分解半衰期（h）。

工业生产中聚合时间一般控制在 $5 \sim 10$ h，应用选择 $t_{1/2}$ 为 $2 \sim 3$ h 的引发剂。如果采用复合型引发剂，最好是一种引发剂的 $t_{1/2}$ 为 $1 \sim 2$ h，另一种引发剂的 $t_{1/2}$ 为 $4 \sim 6$ h。

③ 分散剂

工业上常用的主要有明胶、聚乙烯醇、羟丙基甲基纤维素、甲基纤维素、苯乙烯-顺丁烯二酸酐等。

用明胶作分散剂，用量为单体量的 $0.05\% \sim 0.2\%$，所得树脂的颗粒为乒乓球状，不疏松，粒度大小不均，"鱼眼"多。

用聚乙烯醇作分散剂，所得聚氯乙烯为疏松型棉花球状的多孔树脂，吸收增塑剂速度快，加工塑化性能好，热稳定性好，"鱼眼"少。

工业上常以纤维素类（如羟丙基甲基纤维素、甲基纤维素等）和醇解度75%～90%的聚乙烯醇为主分散剂，以非离子山梨糖醇，如一月桂酸酯、一硬脂酸酯、三硬脂酸酯等为助分散剂，两者进行复合使用效果也很好。

④ 水质与水量

氯乙烯悬浮聚合用水应是去离子水，其规格要求见表3-7-8，尤其水中的氯离子、铁和氧等的含量要严格控制，其中氯离子超过一定含量会造成树脂颗粒不均，"鱼眼"增多；水中的铁会降低树脂的热稳定性，并能终止反应。

表 3-7-8　去离子水的规格

项目	数值	项目	数值
导电率（$\mu\Omega$）	0.5	SO_2（%）	0.00001
pH 值	7.0	氯（%）	0
氧含量（%）	0.00001	蒸发残留物（%）	0
硬度（H）	0		
SiO_2（%）	0		

水的用量与树脂内部结构有关，紧密型树脂（以明胶为分散剂）的生产，单体与水的质量比1:1.1～1:1.3；疏松型树脂（以聚乙烯醇为分散剂）的生产，单体与水的质量比为1:1.4～1:2.0。

⑤ 系统中的氧

因为氧对聚合有缓聚和阻聚作用，在单体自由基存在下，氧能与单体作用生成过氧化高聚物，该类物质易水解成酸类，破坏悬浮液和产品的稳定性。所以，无论从聚合角度还是从安全的角度都应将各种原料中的氧和系统中的氧彻底清除干净。

⑥ 链终止剂

链终止剂是为了保证聚氯乙烯树脂的质量，使聚合反应在设定的转化率终止或防止发生意外停电事故，必须临时终止反应时使用，工业上常用丙酮缩氨基硫脲（ATSC）、双酚A等。

终止剂的配制方法与使用：

a. 双酚 A 的配制方法

双酚 A 属于塑化加工的抗氧剂，能提高产品白度和热稳定性，用量为0.02%。由于不溶于水，使用时宜配成1:1的酒精或丙酮溶液。

b. ATSC 的配制

为了保证釜内反应体系的 pH 值在7～8之间，常采用30%的液碱和丙酮缩氨基硫脲（ATSC）加无离子水配制成溶液，少数厂家利用氮气或高压水加压自釜上加料小罐送入釜内，大多数厂家都是采用自动控制程序按批量加入釜内。

终止剂 ATSC 的配制步骤：加入配方量的水，加完水后启动搅拌；把配方量的 ATSC 加入配制槽内，混合搅拌30min；把配方规定量的30%液碱加到配制槽中；连续搅拌直到所有 ATSC 全部溶解为止。

终止剂能与引发剂发生自由基反应，使引发剂的自由基失去活性，达到终止聚合反应的目的。根据氯乙烯聚合反应机理，当聚合转化率达到80%～85%时，大分子自由基之间的歧化终止增加，易生成较多的支链结构，影响产品的热稳定性。因此，在聚合反应结束（即根据树脂型号，当压力下降0.1～0.15MPa）时立即加入终止剂，以使自由基连锁反应停止进行，从大分子结构上减少支链来提高树脂的热稳定性。消除反应结束后树脂内残存的自由基和引发剂，保证产品质量，防止氯乙烯回收系统及 VCM 贮存发生自聚而堵塞；聚合后期易生成支链 PVC，易脱 HCl，影响树脂的热稳定性，加入终止剂后立即停止反应，将转化率控制在 80%～85%，出现紧急情况，可以立即终止反应，提供生产安全的保证。

加终止剂的最佳时机是当釜内压力的压降达到 0.5～0.1MPa 时加入终止剂，搅拌 10min 左右再进行聚合釜的出料操作，可使终止剂和残留引发剂充分反应，终止引发剂的活性。另外为了避免回收系统自聚，可在 VCM 的回收单元选择合适的气相管道在回收气体进入回收系统前加入适量的终止剂，可有效地防止回收的 VCM 气因夹带引发剂而造成的回收系统自聚现象。

⑦ 其他助剂

a. pH 调节剂

氯乙烯悬浮聚合的 pH 控制在 7～8，即在偏碱性的条件下进行聚合。这样可确保引发剂的分解速率、分散剂的稳定性，防止因产物裂解产生 HCl，造成悬浮液不稳定，进而造成传热困难甚至粘釜、清釜，并影响产品质量。为此需要加入水溶性碳酸盐、磷酸盐、醋酸钠等起缓冲作用的 pH 调节剂。

b. 防止粘釜剂

在氯乙烯的悬浮聚合中，存在粘釜现象，它不但影响聚合的传热，也影响产品的质量。另外，人工清釜劳动强度大，条件恶劣，影响工人健康。常用的防止粘釜的方法有选择合适的引发剂；在水相中，加入水相阻聚剂如次甲基蓝、硫化钠等；在釜壁、搅拌器等设备上喷涂一定量的防粘釜剂，常见的防粘釜剂如水域黑、亚硝基 R 盐，还有多元酚的缩合物等。一旦发现有粘釜现象，采用高压（14.7～39.2MPa）水冲洗法清除。

c. 泡沫抑制剂（消泡剂），如邻苯二甲酸二丁酯、C_6～C_{20}羧酸甘油酯等。

d. 还有热稳定剂、润滑剂等。

⑧ 聚合温度与压力

a. 聚合温度

氯乙烯悬浮聚合温度的高低决定着聚合产物的相对分子质量的大小，因此，当配方确定以后，必须严格控制聚合的温度。在实际生产中，一般控制在制定温度的±0.5℃范围内，最好是控制在±0.2℃范围内。并且，要确保温度控制平稳，要有降温处理手段，防止出现异常现象，一般采用大流量地温差循环方式，最好采用计算机数控联机质量控制系统。

b. 聚合压力

在聚合温度下，氯乙烯有相应的蒸汽压力，只有在聚合末期，大量单体聚合后，压力才明显下降，如图 3-7-8 所示。

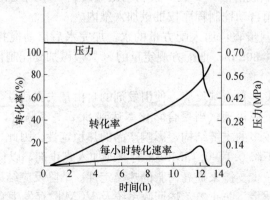

图 3-7-8　氯乙烯悬浮聚合压力、转化率与时间的关系

（3）聚乙烯悬浮聚合生产工艺

① 工艺配方（质量分数）

去离子水	100	氯乙烯	50～70
悬浮剂（聚乙烯醇）	0.05～0.5	引发剂（过氧化二碳酸二异丙酯）	0.02～0.3
缓冲剂（磷酸氢二钠）	0～0.1	消泡剂（邻苯二甲酸二丁酯）	0～0.002

② 主要工艺参数

a. 聚合

聚合温度	50～58℃（依 PVC 型号而定）
聚合压力	初始 0.687～0.981MPa 结束 0.294～0.196MPa
聚合时间	8～12h
转化率	90%

b. 碱处理

NaOH 浓度	36%～42%
加入量	聚合浆液的 0.05%～0.2%
温度	70～80℃
时间	1.5～2.0h

c. 脱水

紧密型树脂含水率	8%～15%
疏松型树脂含水率	15%～20%

d. 干燥

第一段气流干燥管干燥	
干燥温度	140～150℃
风速	15m/s
物料停留时间	1.2s
含水率	＜4%
第二段沸腾床干燥	
干燥温度	120℃
物料停留时间	12min
含水率	＜0.3%

③ 工艺流程

氯乙烯悬浮聚合的典型工艺流程如图 3-7-9 所示。

悬浮聚合的过程是先将去离子水用泵打入聚合釜中，启动搅拌器，依次将分散剂溶液、引发剂及其他助剂加入聚合釜内。然后，对聚合釜进行试压，试压合格后用氮气置换釜内空气。单体由计量罐经过滤器加入聚合釜内，向聚合釜夹套内通入蒸汽和热水，当聚合釜内温

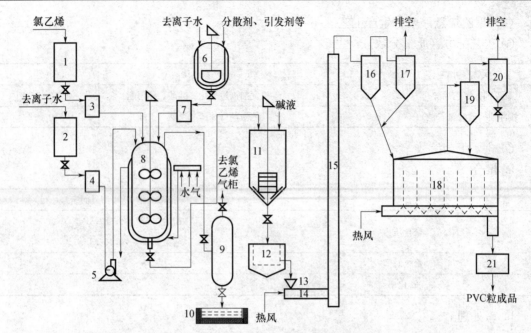

图 3-7-9　氯乙烯悬浮聚合工艺流程简图

1—氯乙烯计量罐；2—去离子水计量罐；3、4、7—过滤器；5—多级水泵；6—配制釜；8—聚合釜；

9—泡沫捕集器；10—沉降池；11—碱处理釜；12—离心机；13—料斗；14—螺旋输送器；

15—气流干燥管；16、17、19、20—旋风分离器；18—沸腾床干燥器；21—振动筛

度升高至聚合温度 50～58℃后改通冷却水，控制聚合温度不超过规定温度的±0.5℃。当转化率达 60%～70%，有自加速现象发生，反应加快，放热现象激烈，应加大冷却水量。待釜内压力从最高 0.687～0.981MPa 降到 0.294～0.196MPa 时，可泄压出料，使聚合物膨胀。因为聚氯乙烯粒的疏松程度与泄压膨胀的压力有关，所以要根据不同要求控制泄压压力。

聚合物悬浮液送碱处理釜，用浓度为 36%～42% 的 NaOH 溶液处理，加入量为悬浮液的 0.05%～0.2%，用蒸汽直接加热至 70～80℃，维持 1.5～2.0h，然后用氮气进行吹起降温至 65℃ 以下，再送入过滤和洗涤。

在卧式刮刀自动离心机或螺旋沉降式离心机中，先进行过滤，再用 70～80℃ 热水洗涤两次。经脱水后的树脂具有一定含水量，经螺旋输送器送入气流干燥管，以 140～150℃ 热风为载体进行第一段干燥，出口树脂含水量小于 4%；再送入以 120℃ 热风为载体的沸腾床干燥器中进行第二段干燥，得到含水量小于 0.3% 的聚氯乙烯树脂。再经筛分、包装后入库。

④ 碱处理的目的

破坏残存的引发剂、分散剂、低聚物和挥发性物质，使其变成能溶于热水的物质，便于水洗清除。

⑤ 树脂的干燥方法

聚氯乙烯树脂的干燥方法多采用二段式干燥法，即气流干燥管与沸腾床干燥器结合进行使用。其中气流干燥管脱除的是树脂表面的非结合水，沸腾床干燥器脱除的是树脂内部结合水。这里的第二段干燥过程由于物料停留时间长，投资较大，热效率较差，费用较高。因此，国内外工业生产改进较大，如赫司特公司采用的 MST 旋风干燥器，具有停留时间适中，热效率

利用好的特点。其干燥原理如图 3-7-10 所示。

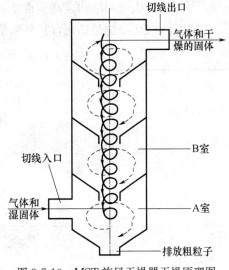

MST 旋风干燥器在旋转流动中使热气体和固体树脂接触。干燥器为一个垂直的圆柱形塔，其中用环形挡板分成若干个干燥室，将热气和湿树脂切向高速输入最下面的 A 室。在 A 室利用离心力将固体树脂颗粒与气体分离开来。粉粒在 A 室的旋转流动中通过挡板的中心开口流入上一层 B 室。同时，新的树脂进入 A 室，过一段时间后，这个室开始充满树脂，这时，树脂粒子开始经挡板的中心开口逸入 B 室，先是最细颗粒，最后是最粗的颗粒进入 B 室。用这样的方法使树脂充满每一个干燥室，完成树脂的干燥过程。携带着树脂粉粒的气体离开干燥室的顶部输送到气-固分离器。利用这种旋风分离干燥器干燥的高度疏松聚氯乙烯树脂，干燥前含水量为 30%，干燥后的含水量下降到 0.2% 以下。

图 3-7-10　MST 旋风干燥器干燥原理图

（4）聚合设备

氯乙烯悬浮聚合采用的是釜式聚合反应器。聚合釜的材质有复合钢板、全不锈钢和搪瓷三种，具体的参数见表 3-7-9。

聚合釜的趋势是大型化，国内普遍采用的是 33m³ 复合钢板釜。国外采用的聚合釜容积更大，如日本采用 127m³ 聚合釜，德国采用 200m³ 聚合釜。

表 3-7-9　国内氯乙烯悬浮聚合釜的主要参数

材质	复合钢釜						搪瓷釜	
体积（m³）	13.5	仿朝 33	LF-30	80	国产 33	日立 127	7	14
直筒高（mm）	6150	5400	5000	5000	5400	7900	3050	3700
内径（mm）	1600	2600	2600	4000	2600	4200	1600	2000
高径比	3.85	2.08	1.92	1.25	2.08	1.88	1.9	1.85
传热面 夹套（m²）	34.5	52	50	90	52	90	17.5	28
传热面 内冷管（m²）	—	28	20	16	15	16		
夹套比传热面（m²/m³）	2.55	1.58	—	1.12	1.85	1.12	2.5	2
搅拌桨叶形状和数量	3 层斜桨、3 层螺旋	2 层三叶桨加一小桨	3 层斜桨、3 层螺旋	6 层 45° 斜桨叶	底伸式三叶后掠	3 层二叶平桨	3～4 层一枚指形	5～6 层一枚指形
挡板	无	8 组 U 形管	8 根圆管	3 组 12 根圆管	4 组圆管	一块矩形	挡板	挡板

3. 聚氯乙烯安全生产

（1）职业性接触毒物

在聚氯乙烯生产过程中，所使用的部分原、辅材料及中间产品、副产品等均属于工业毒物，这些物质进入人的机体后累积到一定的量就会与体液组织发生生物学作用或生物物理学变化，扰乱或破坏机体的正常生理功能，进而引起暂时性或持久性的病理状态，甚至危及生命。

（2）PVC大气污染物最高允许排放限值

PVC大气污染物最高允许排放限值见表3-7-10。

表 3-7-10　PVC大气污染物最高允许排放限值

序号	污染物	最高允许排放浓度（mg/m³）	排气筒高度（m）	最高允许排放速率（kg/h）		无组织排放监控浓度限值	
				二级	三级	监控点	浓度（mg/m³）
1	颗粒物	120（其他）	15	3.5	5.0	周界外浓度最高点	1.0
			20	5.9	8.5		
			30	23	34		
			40	39	59		
			50	60	94		
			60	85	130		
2	氯乙烯	36	15	0.77	1.2	周界外浓度最高点	0.60
			20	1.3	2.0		
			30	4.4	6.6		
			40	7.5	11		
			50	12	18		
			60	16	25		

（3）水污染物最高允许排放限值

聚氯乙烯企业水污染物最高允许排放限值见表3-7-11。

表 3-7-11　聚氯乙烯企业水污染物最高允许排放限值

项　目		最高允许排放浓度（mg/L）							吨产品排水量（m³/t）	pH 值
生产方法		级别	总汞	氯乙烯	化学需氧量（COD）	生化需氧量（BOD）	悬浮物	硫化物		
电石法	电石废水	一级	—	—	—	—	70	1		—
		二级	—	—	—	—	200	1	5	—
		三级	—	—	—	—	400	2		—
	聚氯乙烯废水	一级	0.005	2	100	30	70	—		—
		二级	0.005	2	150	60	150	—	4	6～9
		三级	0.005	2	500	250	250	—		—
乙烯氧氯化法	聚氯乙烯废水	一级		2	80	30	70	—		—
		二级		2	100	60	150	—	5	—
		三级		2	500	250	250	—		—

（4）PVC生产中的安全管理

聚氯乙烯在整个生产过程中，无论是原料、中间产品还是各种助剂，大部分为有毒易燃易爆的物质，属于甲级防火防爆单位，各生产岗位的安全管理均应符合规范要求。

① 在工厂范围30m距离以内严禁烟火，严禁携带易燃易爆品和穿钉鞋进入生产区域，生产所用的易燃品（棉纱、油类等）应放在指定地点，并妥善保管。

② 盛装和输送易燃易爆物料的设备、管道应该严密无泄漏，发现泄漏应及时检修，若开车无法检修，又严重威胁安全生产，应立即停车检修。

③ 所有盛装易燃易爆物料的设备和运输管道，均应有良好的静电接地装置。厂房和装置的避雷装置应保持良好，不得损坏，每年要检测校验一次，接地线的测试必须合格，测试报告要记录备查。

④ 所有的电动机和电气设备均应有良好的接地装置，机械传动设备应有完整的安全防护罩。

⑤ 当班工人，不得任意脱离工作岗位，传动设备合闸前，要按操作法规定，严格细致检查，注意设备内外是否有人工作。

⑥ 下釜、下槽和进入其他设备容器工作应做到：切断电源，拿下保险，并挂上严禁合闸的警示牌；物料管道断开和堵盲板，切断物料，容器内用 N_2 或水置换。进行取样分析，易燃易爆或有毒物质含量小于规定范围，氧含量≥20％，方可进行工作；如需动火处理，应按规定办理动火手续；进入设备容器内工作，应系好安全带和戴好安全帽；外面应至少留一人监护，监护人应高度负责，不得随意离开岗位。

⑦ 登高作业 3m 以上，有毒区 2m 以上，应系好安全带和戴好安全帽，并携带好材料、工具，切勿落下伤人。

⑧ 安全阀、防爆膜、压力表要经常保持灵活好用，均应按照受压容器管理规范要求按期进行校验，并做好记录，打好铅封，记录上应有检验人签字存档备查，聚合釜安全阀正常情况下要一季度校验一次，如遇特殊情况，例如安全阀误操作跳开，低改高型号树脂生产，要随时调校安全阀。

⑨ 系统设备，管道开车，应用 N_2 置换，分析氧含量在 3％以下，方可进行开车。

⑩ VCM 单体贮槽、计量槽的 VCM 填充系数不大于 85％。

（5）原材料及中间体的燃烧、爆炸性能及防护

① 原料中间体的闪点、自燃点、爆炸范围见表 3-7-12。

表 3-7-12 原料中间体的闪点、自燃点、爆炸范围

序号	名称	闪点（℃）	自燃点（℃）	爆炸范围	其他特性
1	VCM	−78	390～415	3.8％～29.3％（空气中） 2.5％～93％（O_2 中）	—
2	PVC 粉末	—	分解 130～160	上限 63～86g/m³ 下限 500g/m³	点火后属自燃

闪点，指危险品与空气混合物在接近火源或因大量外泄时引起的内燃（即燃烧不蔓延并立即熄灭）的最低温度，是确定化合物火灾危险性的重要指标。

自燃点，指危险品未与火源（火或火星）接触而着火时的温度。

爆炸范围，指该气体在空气中（或 O_2 中）的可能发生爆炸的范围，有上下限之分。

危险度，$H=$（爆炸上限−爆炸下限）/爆炸下限。

爆炸延滞时间，指气体混合物刚点燃时，初压升高到最高爆炸压力的时间，如果管道能在此时间内放空泄压，则可防止其爆炸。

② 由于生产过程中都有可燃性气体向空气排放的可能，故在房顶均置有防雷装置，各易燃气体放空管上应装阻火器，以防雷击起火倒抽入设备内。空气抽入，从而易于形成爆炸性混合物。

③ 加强设备维护检修管理，设备和管道内易燃易爆气体的"跑、冒、滴、漏"是防毒也是防爆防火的重点。

（6）PVC 生产过程中的"三废"综合利用

聚氯乙烯生产中存在"三废"污染，聚氯乙烯生产中的环境保护管理工作的核心就是要最大限度地减少或消除这些污染物在生产过程中的流失，实现综合利用。

① 排空尾气中的氯乙烯回收及氯乙烯的中毒机理和综合治理

a. 氯乙烯外逸产生的 VCM 外逸到空气中，以分馏尾气排空最为严重，约为 10%，聚合釜、聚合压缩冷凝（回收）系统也有不同程度的泄排，其次合成的压缩机岗位也存在泄漏的可能。VCM 泄入空气中，增加了产品成本，更重要的是 VCM 是世界上公认的致癌物质，严重危及了人民的身体健康和安全生产。

b. 中毒机理 VCM 经呼吸道进入人体内，液体接触皮肤时也可吸收一部分 VCM，约有 82% 又经肺呼出，其余参与体内代谢，氧化成氯乙醇、氯乙醛以尿的形式排出，一部分 VCM 在肝微粒体的作用下形成氧化氯乙烯。现已证明 VCM 的致病突变作用主要是其代谢产物氧化氯乙烯和氯乙醛引起的。氧化氯乙烯属于高活性的烷化剂。它与细胞内羟基蛋白和核糖核酸形成共价键，干扰了脱氧核糖核酸的碱基，使染色体断裂，氯乙醛与肝内谷胱甘肽和半胱氨酸结合使人体对毒物和致癌气的抵抗能力降低；VCM 及其代谢物，使肝细胞增生，导致肝纤维化网状内皮系增生、肝血管肉瘤等。

② VCM 泄漏的综合治理

a. 聚合釜采用密闭加料工艺，助剂采用全自动计量加料程序，减少排气、开釜盖的次数，减轻粘釜，延长清釜周期。

b. 选用新型高效的防粘釜剂，减少粘釜物及人工清釜的次数。

c. 精馏系统、聚合压缩冷凝回收排空尾气。大多数厂家经过治理和改造，基本上采用了以上技术，特别是精馏尾气的变压吸附，效果明显。这两部分尾气可集中到一起，经变压吸附（或膜吸附）回收其中的 VCM 或 C_2H_2，其他惰性气体排空。

③ 离心母液水的综合利用

离心母液水可作为冲洗料浆管线的用水，部分替代聚合加料水，经生化处理后，可部分或全部替代聚合釜加料用水，作为循环冷却水的补充用水。PVC 生产中的环境保护必须落实管理措施，对所有环保装置要求开工率大于 95%，执行环保装置停开申报制度，不得无故停开。同时要强化生产工艺和设备管理，工艺控制合格率在 98% 以上，设备完好率大于 95%，杜绝"跑、冒、滴、漏"，才能减少"三废"的排放，有效地保护好环境。

3.7.3 聚苯乙烯生产技术

聚苯乙烯（PS）是由苯乙烯单体经自由基型或离子型聚合反应合成的聚合物，是一种无色透明的热塑性塑料。目前世界上苯乙烯系列的树脂品种已有 30～40 种，如普通聚苯乙烯（GPPS）、可发性聚苯乙烯（EPS）、高抗冲聚苯乙烯（HIPS）、间规聚苯乙烯（SPS）及共聚物 ABS 树脂和聚苯乙烯型离子交换树脂等。

通用聚苯乙烯树脂为无毒、无臭、无色的透明颗粒，似玻璃状脆性材料。其制品具有极高的透明度，透光率可达 90% 以上，电绝缘性好，易着色，加工流动性好，刚性及耐化学腐蚀性好等。

可发性聚苯乙烯（EPS）为在普通聚苯乙烯中浸渍低沸点的物理发泡剂制成，加工过程中受热发泡，专用于制作泡沫塑料产品。高抗冲聚苯乙烯为苯乙烯和丁二烯的共聚物，丁二烯为分散相，提高了材料的冲击强度，但产品不透明。

间规聚苯乙烯为间同结构，采用茂金属催化剂生产，是近年来发展的聚苯乙烯新品种，性能好，属于工程塑料。

高抗冲聚苯乙烯（HIPS）是通过在聚苯乙烯中添加聚丁基橡胶颗粒的办法生产的一种抗冲击的聚苯乙烯产品。这种聚苯乙烯产品会添加微米级橡胶颗粒并通过接枝的办法把聚苯乙烯和橡胶颗粒连接在一起。受到冲击时，裂纹扩展的尖端应力会被相对柔软的橡胶颗粒释放掉。因此裂纹的扩展受到阻碍，提高冲击强度。

1. 主要原料

苯乙烯的结构式为：CH_2＝CH—⟨○⟩，苯乙烯的基本物理参数如下：

熔点	$-30.6℃$	相对密度	0.901
沸点	145.2℃	折射率	1.5463
闪点	31℃	临界温度	373℃
临界压力	4.1MPa		

苯乙烯为无色或微黄色易燃液体。有芳香气味和强折射性。不溶于水，溶于乙醇、乙醚、丙酮、二硫化碳等有机溶剂。

由于苯乙烯分子中的乙烯基与苯环之间形成共轭体系，电子云在乙烯基上流动性大，使得苯乙烯的化学性质非常活泼，不但能进行均聚合，也能与其他单体如丁二烯、丙烯腈等发生共聚合反应，是合成塑料、橡胶、离子交换树脂和涂料等的主要原料。

苯乙烯单体在贮存、运输过程中，需要加入少量的间苯二酚或叔丁基间苯二酚等阻聚剂以防止其发生自聚。

聚合级苯乙烯的规格要求见表 3-7-13。

表 3-7-13　聚合级苯乙烯规格要求（企业参考标准）

外观	清洁无悬浮物	醛（以苯甲醛计,%)	≤0.005
相对密度（30℃）	0.897	硫（%)	≤0.005
黏度（25℃，cP）	≤0.75	氢（%)	≤0.0005
折射率	1.5435~1.5445	过氧化物（以 H_2O_2 计,%)	≤0.001
色度（APHA）	≤15	乙苯（%)	≤0.1
聚合物（%)	≤0.001	α-甲基苯乙烯	≤0.05
纯度（%)	≥99.7	二乙苯（%)	≤0.0005
水（%)	≤0.02	对叔丁基邻苯二酚（%)	≤0.001~0.0015
聚合热（kJ/mol）	69.9		

苯乙烯的来源主要有乙苯脱氢、苯乙酮法、共氧化法和氧化脱氢法。

2. 生产工艺

苯乙烯能按离子型聚合（包括配位离子型）、自由基型聚合机理进行聚合，并可以按各种工业实施方法进行聚合。但应用较多的是本体聚合和悬浮聚合。

（1）苯乙烯的本体聚合

苯乙烯的本体聚合是最早的工业化生产通用聚苯乙烯的方法。该反应可以加入引发剂，也可以通过单体的热引发进行聚合。

用于苯乙烯本体聚合的反应器有塔式、釜式、槽式和管式等各种形式，一般采用两个或更多反应器串联。先在预聚釜中使 10%～50% 的苯乙烯聚合，然后，在后面的反应器中使其他单体全部聚合。最早的本体聚合装置是由两个釜和一个塔串联组成，其流程如图 3-7-11 所示。

预聚釜是带搅拌的铝质釜，内部有传热盘管。搅拌转速为 300～360r/min，温度保持 80℃，釜中物料停留时间为 60～70h。由预聚釜出来的混合物转化率为 30%～35%。然后，物料进入高 6m，内径 0.8m，内衬不锈钢的内部分为六个尺寸基本相同部分的钢塔中。用夹套、内部盘管和外部电加热控制温度，每个区域的温度大致是：100～110℃，100～110℃，150℃，150℃，180℃，180℃，最后 200℃。转化率为 95% 的反应产物经挤出机拉条和切粒，得聚苯乙烯产品。该装置传热效率较低，由于塔中无搅拌，反应温度颇不均一，物料返混现象还常有发生，加之装置无脱挥设备，结果所得聚苯乙烯不仅性质差，且含有单体及低聚物高达 3%～4%。

后来，对该工艺流程进行了改进，如图 3-7-12 所示，预聚釜温度控制在 115～120℃，物料停留时间 4～5h。转化率约为 50% 的物料进入改进后的塔式反应器中，塔顶温度保持 140℃，塔底为 200℃。物料在塔中的停留时间为 3～4h，出口产物含聚苯乙烯 97%～98%。从该塔顶可以蒸出部分苯乙烯，以维持塔温。蒸出的苯乙烯经冷凝，循环至预聚釜重复使用。为此这个装置比早期装置极大地提高了产率。

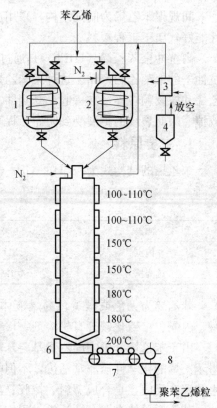

图 3-7-11 最早苯乙烯本体聚合装置简图
1，2—预聚釜；3—冷凝器；4—分离器；
5—塔式反应器；6—挤出机；
7—输送带；8—切粒机

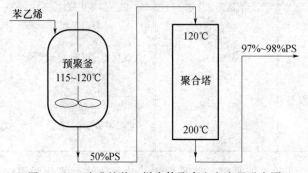

图 3-7-12 改进的苯乙烯本体聚合生产流程示意图

早期普遍采用的连续化塔式高聚合率流程如图 3-7-13 所示。反应物料中加有 5%～20%（一般为 10%）的乙苯作溶剂。在串联的三个塔中，第一个通常是一带夹套的玻璃衬里聚合釜，配有 S 型刀片状搅拌器。平均聚合时间为 3h，出料中含的 11% 聚合物。第二个聚合塔比较特殊，装有两个垂直的叶轮轴，两个叶轮轴按相反方向旋转，起到交叠作用和进行有效的搅拌。此塔不仅能通过夹套进行传热，还能通过其内部用冷剂进行循环的叶轮进行热交换。物料在此塔约停留 7h，出料中聚合物含约 37%。第三个塔是内部装有叶轮轴的垂直聚合塔。聚合时间 4h，出料聚合物浓度为 85% 左右。因为有 10% 左右溶剂残存，故塔内反应基本上是完全的。在聚合物离开最后的聚合塔后，便进行脱挥发组分的操作，以除去对聚苯乙烯性质产生有害影响的苯乙烯残留单体、溶剂及低聚物（包括二聚物和三聚物）。脱除挥发组分后的聚苯乙烯再按通常的技术进行挤出造粒和包装。

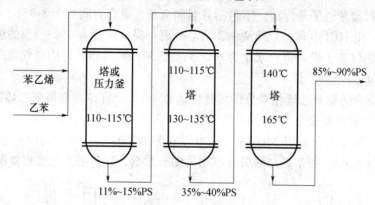

图 3-7-13　连续塔式苯乙烯本体聚合流程示意图

随着苯乙烯本体聚合工艺的不断改造，还出现了五釜串联、三釜一管串联、一立一卧串联等生产工艺。

（2）苯乙烯的悬浮聚合

苯乙烯悬浮聚合可以分为低温悬浮聚合和高温悬浮聚合两种。

① 苯乙烯低温悬浮聚合

苯乙烯低温悬浮聚合的单体与水的比值为 1：1.4～1：1.6，水为去离子水。单体的纯度在 99.5％以上，各种杂质如甲苯、乙苯、甲基苯乙烯、二乙烯基苯等要控制规定指标之内。有二乙烯苯存在时，还会使聚合产物呈凝胶状，表面粗糙而不透明，熔融指数可能下降为零，致使产品无法使用，因此更要严格控制。含阻聚剂的单体在聚合前，可以用 5％ NaOH 洗涤 3～4 次，再用水洗涤至中性。分散剂一般为磷酸三钙，引发剂为过氧化苯甲酰（占总引发剂的 80％～90％）和过氧化叔丁基苯甲酸酯（占总引发剂的 10％～20％）复合型引发剂，另外，聚合温度对聚合影响较大，一般是温度越高，反应速率越快。聚合转化率一般控制在 90％左右。典型的苯乙烯低温悬浮聚合工艺流程如图 3-7-14 所示。

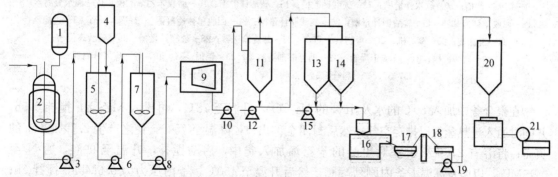

图 3-7-14　低温悬浮聚合工艺流程

1—配制釜；2—聚合釜；3，6，8—输送泵；4—配碱槽；5—中和槽；7—浆料槽；
9—脱水器；10，12，15，19—风机；11—干燥器；13，14—中间贮槽；
16—挤出机；17—冷却；18—切粒；20—制品贮槽；21—包装

向聚合釜内加入单体、水、分散剂、引发剂及内部润滑剂（石蜡）、离型剂（硬脂酸盐）等。为了控制聚合产物的相对分子质量及分布和转化率，聚合时先升温到 90℃，反应 6h；然后再升温到 110℃ 和 135℃ 两个阶段进行聚合，共约 2～3h。釜内压力为 0.3MPa，聚合后降温到 60℃，得聚苯乙烯悬浮液。不包括升温和清釜，聚合时间约为 8～9h。然后将此悬浮液送至中和槽，用 HCl 中和。后经洗涤、离心分离，得含水量为 2%～3% 的聚苯乙烯珠粒。最后经 80℃ 的热气流干燥，得含水量为 0.05% 的聚苯乙烯树脂，再用空气输送至成品贮槽，经挤出切粒，包装成袋。

一般低温聚合的聚苯乙烯相对分子质量可达 20×10^4，宜作发泡聚苯乙烯的材料。

② 苯乙烯高温悬浮聚合

苯乙烯高温悬浮聚合采用 $MgCO_3$（也可以在聚合釜中直接用 Na_2CO_3 与 $MgSO_4$ 制备）为主分散剂，以苯乙烯-顺丁烯二酸酐共聚物为助分散剂。其典型工艺流程如图 3-7-15 所示。

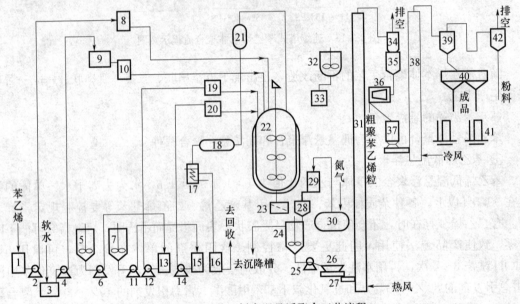

图 3-7-15　苯乙烯高温悬浮聚合工艺流程

1—苯乙烯贮槽；2，4，6，11，12，14—输送泵；3—软水池；5—碳酸钠溶解釜；7—硫酸镁溶解釜；8—苯乙烯计量槽；9—软水高位槽；10—软水计量槽；13—碳酸钠贮槽；15—硫酸镁贮槽；16—回收苯乙烯贮槽；17—油水分离器；18—回收单体冷却器；19—碳酸钠计量槽；20—硫酸镁计量槽；21—回收单体冷凝器；22—聚合釜；23—过滤器；24—洗涤釜；25—离心机；26—湿物料中间仓；27—螺旋输送器；28—硫酸计量槽；29—硫酸高位槽；30—硫酸贮槽；31—气流干燥管；32—助分散剂溶解釜；33—铝桶；34，39，42—旋风分离器；35，37，40—料仓；36—圆筛；38—冷风气升管；41—磅秤

在聚合釜中加入 60℃ 的水及 16% 的 Na_2CO_3，升温至 78℃，再投入 $MgSO_4$，搅拌 0.5h，并同时通入过热蒸气以排走空气；然后封闭全部出口，降温至 75℃，使之产生 2.7×10^4 Pa 的负压；将溶有 2,6-叔丁基对甲酚的苯乙烯加入釜中，启动搅拌，升温至 90℃，通 N_2 至 0.15MPa，以防止高温下釜内剧烈翻腾；然后升温至 150℃，釜内压力为 0.6MPa，搅拌 2h；这时，聚苯乙烯颗粒已硬，继续升温至 155℃，釜内压力为 0.7～0.75MPa，维持 2h；为防止液料暴沸，降温至 125℃，维持 0.5h。再升温 140℃ 熟化 4h，促使颗粒内残留单体进一步聚合，并赶出系统内未聚合的单体，然后降温出料至洗涤釜。在洗涤釜用 98% 的 H_2SO_4 维持 pH 在 3～4，先洗掉分散剂，再洗涤至中性。然后经过离心分离、干燥、筛分等得聚苯乙烯粒状树脂。

3.7.4　丁苯橡胶生产技术

丁苯橡胶（SBR）是以丁二烯和苯乙烯为单体，采用自由基引发的乳液聚合或阴离子溶液聚合工艺制得的，是目前世界上产量最高、消费量最大的通用合成橡胶（SR）品种，其物理性能、加工性能和制品的使用性能接近于天然橡胶（NR），但耐磨性、耐热性、耐老化性优于 NR，可与 NR 以及多种 SR 并用，广泛用于生产轮胎与轮胎制品、鞋类、胶管、胶带、医疗器械、汽车零部件、电线电缆以及其他多种工业橡胶制品。

按生产工艺，丁苯橡胶（SBR）通常可分为乳液聚合丁苯橡胶（ESBR）和溶液聚合丁苯橡胶（SSBR）两大类。采用乳液聚合生产的丁苯橡胶（ESBR）属于无定形聚合物，具有较好的综合性能，其物理机械性能、加工性能和制品使用性能都与天然橡胶接近，其中耐磨性、耐热性、耐自然老化性、气密性、永久变形和硫化速度等性能优于天然橡胶，只是撕裂强度、耐寒性和回弹性等较天然橡胶差。可使丁苯橡胶与天然橡胶以及多种合成橡胶并用，扩大其应用范围。通过塑炼、混炼、压延与压出硫化工艺加工制成各种橡胶制品，因此丁苯橡胶在汽车、电器、制鞋等行业已获得了广泛的应用。采用溶液聚合生产的丁苯橡胶（SSBR）的工业化生产通常使用烷基锂，主要是以丁基锂作为引发剂，使用烷烃或环烷烃为溶剂，醇类为终止剂，四氢呋喃为无规剂。但由于 SSBR 的加工性能较差，其应用并没有得到较快的发展。20 世纪 70 年代末期，对轮胎的要求越来越高，对橡胶的结构和性能也提出了更高的要求，加之聚合技术的进步，使 SSBR 得到较快的发展。

1. 主要原料

（1）苯乙烯

苯乙烯为无色至黄色的油状液体，具有特殊的芳香气味。不溶于水，溶于乙醇、乙醚等。暴露在空气中会发生氧化和聚合反应。主要性质见表 3-7-14。单体在聚合前需要精制。

表 3-7-14　苯乙烯性质

沸点(℃)	凝固点(℃)	闪点(℃)	自燃点(℃)	密度(20℃,kg/m³)	爆炸极限(空气中体积分数,%)
145	−30.6	34.4	490	905.9	1.1～7.0

精制后成分见表 3-7-15。

表 3-7-15　精制后苯乙烯规格

项　　目	控制指标	项　　目	控制指标
纯度(%)	≥99.7	TBC(mg/kg)	≤30
聚合物(mg/kg)	≤10	水分(mg/kg)	≤24

（2）丁二烯

丁二烯是一种无色气体，微溶于水，室温下带有一种适度甜感的芳香烃气味。丁二烯在加压下常作为液体处理。丁二烯是最简单的共轭二烯烃。它本身可在几个不同位置进行反应，如对烯烃体系的 1，2-加成反应和对共轭二烯烃体系的 1，4-加成反应。生产合成橡胶主要是利用丁二烯的 1，4-加成反应。主要性质见表 3-7-16。

表 3-7-16　丁二烯性质

沸点(℃)	凝固点(℃)	闪点(℃)	自燃点(℃)	密度(20℃,kg/m³)	爆炸极限(空气中体积分数,%)
−4.413	−108.92	<−6	450	656.8	2.0～11.5

精制后成分见表 3-7-17。

表 3-7-17　精制丁二烯规格

项　　目	控制指标	项　　目	控制指标
1,3-丁二烯(%)	≥99.3	TBC(mg/kg)	420
总炔烃(mg/kg)	≤25		
水分(mg/kg)	≤25	二聚物(mg/kg)	≤500

2. 低温乳液聚合生产丁苯橡胶配方及生产工艺

(1) 典型配方低温乳液聚合生产丁苯橡胶配方及工艺条件见表 3-7-18。

表 3-7-18　典型配方低温乳液聚合生产丁苯橡胶配方及工艺条件

原料及辅助材料			配方Ⅰ(份)	配方Ⅱ(份)
单体		丁二烯	70	72
		苯乙烯	30	28
相对分子质量调节剂		叔十烷基硫醇	0.20	0.16
介质		水	200	195
乳化剂		歧化松香酸钠	4.5	4.62
		烷基芳基磺酸钠	0.15	—
引发剂体系	过氧化物	过氧化氢对孟烷	0.08	0.06~0.12
	活化剂 还原剂	硫酸亚铁	0.05	0.01
	活化剂 还原剂	雕白粉	0.15	0.04~0.10
	活化剂 螯合剂	EDTA	0.035	0.01~0.025
缓冲剂		磷酸钠	0.08	0.24~0.45
反应条件		聚合温度(℃)	5	5
		转化率(%)	60	60
		聚合时间(h)	7~12	7~10

(2) 工艺流程

用计量泵将规定数量的相对分子质量调节剂叔十烷基硫醇与苯乙烯在管路中混合溶解，再在管路中与处理好的丁二烯混合，然后与乳化剂混合液（乳化剂、去离子水、脱氧剂等）在管路中混合后进入冷却器，冷却至 10℃。再与活化剂溶液（还原剂、螯合剂等）混合，从第一个釜的底部进入聚合系统，氧化剂直接从第一个釜的底部直接进入。聚合系统由 8~12 台聚合釜组成，采用串联操作方式。当聚合到规定转化率后，在终止釜中加入终止剂终止反应。聚合反应的终点主要根据门尼黏度和单体转化率来控制，转化率是根据取样测定固体含量来计算，门尼黏度是根据产品指标要求实际取样测定来确定。虽然生产中转化率控制在 60% 左右，但当所测定的门尼黏度达到规定指标要求，而转化率未达到要求时，也要加终止剂终止反应，以确保产物门尼黏度合格。从终止釜流出的终止后的胶液进入缓冲罐。

然后经过两个不同真空度的闪蒸器回收未反应的丁二烯。第一个闪蒸器的操作条件是温度为 22~28℃，压力为 0.04MPa，在第一个闪蒸器中蒸出大部分丁二烯；再在第二个闪蒸器中（温度为 27℃，压力为 0.03MPa）蒸出残存的丁二烯。回收的丁二烯经压缩液化，再冷凝除去惰性气体后循环使用。脱除丁二烯的乳胶进入苯乙烯汽提塔（高约 10m，内有十余块塔盘）上部，塔底用0.1MPa的蒸汽直接加热，塔顶压力为12.9kPa，塔顶温度为50℃，苯乙烯与水蒸气由塔顶出来，经冷凝后，水和苯乙烯分开，苯乙烯循环使用。塔底得到含胶20%左右的胶乳，苯乙烯含量小于0.1%。经减压脱除苯乙烯的塔底胶乳进入混合槽，在此与规定数量的防老剂乳液进行混合，必要时加入充油乳液，经搅拌混合均匀后，送入后处理工段。

低温乳液聚合丁苯橡胶工艺流程如图3-7-16所示。

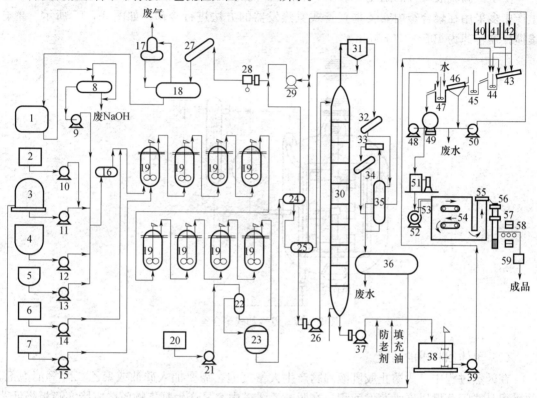

图 3-7-16　低温乳液聚合丁苯橡胶工艺流程

1—丁二烯原料罐；2—调节剂槽；3—苯乙烯贮罐；4—乳化剂槽；5—去离子水贮罐；6—活化剂槽；7—过氧化物贮罐；8～15，21，39，48，49—输送泵；16—冷却器；17—洗气罐；18—丁二烯贮罐；19—聚合釜；20—终止剂贮罐；22—终止釜；23—缓冲罐；24，25—闪蒸器，26，37—胶液泵；27，32，34—冷却器；28—压缩机；29—真空泵；30—苯乙烯汽提塔；31—气体分离器；33—喷射泵；35—升压器；36—苯乙烯罐；38—混合槽；40—硫酸贮槽；41—食盐水贮槽；42—清浆液贮槽；43—絮凝槽；44—胶粒化槽；45—转化槽；46—筛子；47—再制浆化槽；50—真空旋转过滤器；51—粉碎机；52—鼓风机；53—空气输送带；54—干燥机；55—输送器；56—自动计量器；57—成型机；58—金属检测器；59—包装机

混合好的乳胶用泵送到絮凝槽中，加入24%～26%的食盐水进行破乳而形成浆状物，然后与0.5%的稀硫酸混合后连续流入胶粒化槽，在剧烈搅拌下生成胶粒，溢流到转化槽以完成乳化剂转化为游离酸的过程，操作温度均在55℃左右。

从转化槽中溢流出来的胶粒和清浆液经振动筛进行过滤分离后，湿胶粒进入洗涤槽用清浆液和清水洗涤，操作温度为40～60℃。洗涤后的胶粒再经真空旋转过滤器脱除一部分水分，使胶粒含水量低于20%，然后进入湿粉碎机粉碎成5～50mm的胶粒，用空气输送器送到干燥箱中进行干燥。

干燥箱为双层履带式，分为若干干燥室分别控制加热温度，最高为90℃，出口处为

70℃。履带为多孔的不锈钢板制成，为防止胶粒黏结，可以在进料端喷淋硅油溶液，胶粒在上层履带的终端被刮刀刮下落入第二层履带，继续通过干燥室干燥。

3. 生产中注意的问题

（1）聚合釜的传热问题

由于低温乳液聚合的温度要求在5℃左右，因此，对聚合釜的冷却效率要求很高，工业生产中多采用在聚合釜内安装垂直管式氨蒸发器的方法进行冷却。如图3-7-17所示。聚合釜搅拌器转速为105～120r/min。

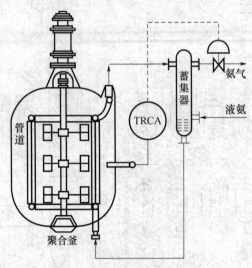

图 3-7-17　氨冷却式聚合釜

（2）单体回收中的问题

在闪蒸过程中，为防止胶乳液沸腾产生大量气泡，需要加入硅油或聚乙二醇等消泡剂，并采用卧式闪蒸槽以增大蒸发面积。在脱苯乙烯塔中容易产生凝集物而造成堵塞筛板降低蒸馏效率，因此要定期清洗黏附在器壁上的聚合物。为了防止在回收系统产生爆聚物，而采用药剂处理或加入亚硝酸钠、碘、硝酸等抑制剂。

思 考 题

1. 什么是自由基聚合反应？自由基型聚合反应的突出特点是什么？自由基型聚合反应有哪些基元反应？

2. 名词解释：

（1）引发效率　（2）动力学链长　（3）诱导期　（4）笼蔽效应

（5）半衰期　（6）阻聚　（7）缓聚　（8）竞聚率

3. 以偶氮二异丁腈为引发剂，写出氯乙烯聚合历程中各基元反应。

4. 简述影响自由基型聚合反应的因素。

5. 自由基型聚合反应中引发剂、阻聚剂、缓聚剂对聚合反应有什么影响？工业上如何正确选用？

6. 自由基聚合常采用哪些聚合方法？各自的特点是什么？

7. 列举一下你所知道的聚乙烯产品，并说明该产品属于哪一类聚乙烯？有何特点？

8. 讨论一下低压高密度聚乙烯生产工艺流程。

9. 在聚乙烯生产操作中应该注意哪些安全环保知识？

10. 聚氯乙烯生产方法有几种？其中主要的是哪一种方法？

11. PVC 聚合常用的原材料有哪些？各自有何作用？

12. PVC 树脂的干燥方法是什么？

13. 在 PVC 生产中要注意哪些方面安全、环保等问题？

14. 在聚氯乙烯聚合中，主要设备有哪些？各自有何作用？

15. 简述低温丁苯橡胶的生产工艺。

16. 苯乙烯的低温悬浮聚合和高温悬浮聚合的各自特点是什么？

项目四 离子聚合与配位聚合产品生产技术

教学目标

◎ **知识目标**

1. 掌握阳离子、阴离子、配位聚合的基本定义；
2. 掌握阳离子、阴离子、配位聚合的特点；
3. 能识别四种不同聚合物相对分子质量。

◎ **能力目标**

1. 能正确选择阳离子、阴离子、配位聚合反应的单体；
2. 能根据阳离子、阴离子、配位聚合反应定义、特点选择相应的引发体系。

4.1 离子聚合

离子聚合的活性中心是离子或离子对。根据中心电荷性质，又可分为阳离子聚合和阴离子聚合。多数烯类单体都能进行自由基聚合，但对离子聚合却有极高的选择性。通常带有1，1-二烷基、烷氧基等推电子基的单体有利于阳离子聚合；具有腈基、羰基等吸电子基的单体才能进行阴离子聚合。带苯基、乙烯基的烯类单体，如苯乙烯、丁二烯等共轭体系，既能阳离子聚合，也能阴离子聚合。

离子聚合机理及动力学研究不及自由基聚合成熟。因为：

① 聚合实验条件较为苛刻，微量水、空气和杂质都有极大的影响，实验重现性差；

② 聚合速率快，需在低温下进行；

③ 引发体系往往是非均相；

④ 反应介质的性质有很大的影响。

但是一些重要的聚合物，如丁基橡胶、异戊橡胶、聚甲醛、聚氯醚等，却只能通过离子聚合来制备，此外，还可以通过离子聚合或配位聚合，将常用单体，如丁二烯、苯乙烯等，聚合成结构、性能与自由基聚合产物截然不同的新聚合物。在制备嵌段共聚物方面，离子聚合起着重要作用。因此离子聚合的工业应用正日益广泛起来。

工业化的阳离子聚合的产品有聚异丁烯、丁基橡胶、聚甲醛等。用阴离子聚合生产的有低顺丁橡胶（顺式-1，4结构的含量约为35％）、高顺聚异戊二烯橡胶（顺式-1，4结构约占90％～94％）、SBS热塑性橡胶和聚醚等。

4.1.1 阳离子聚合

（1）原理

单体由阳离子引发剂引发形成单体阳离子活性中心，并按连锁聚合反应机理聚合生成聚合物的聚合反应，称为阳离子型聚合反应。阳离子聚合反应通式可表示如下：

$$A^{\oplus}B^{\ominus} + M \longrightarrow AM^{\oplus}B^{\ominus} \xrightarrow{M} AM_nM^{\oplus}B^{\ominus}$$

阳离子活性中心 反离子

式中 $A^{\oplus}$ 表示阳离子活性中心，可以是碳阳离子，也可以是氧鎓离子。$B^{\ominus}$ 是紧靠中心的引发剂碎片，所带电荷相反，称为反离子或抗衡离子。

（2）阳离子聚合的引发剂

阳离子聚合的引发剂是"酸"。它包括：含氢酸、Lewis 酸、有机金属化合物和其他。

① 含氢酸

含氢酸中有 $HClO_4$、H_2SO_4、H_3PO_4 和三氯乙酸 CCl_3COOH 等。

② Lewis 酸

较强的 Lewis 酸有 BF_3、$AlCl_3$，中强的有 $FeCl_3$、$SnCl_4$ 和 $TiCl_4$，较弱的有 $ZnCl_2$ 等。

③ 有机金属化合物

有 $Al(C_2H_5)_3$、$Al(C_2H_5)_2Cl$、$AlC_2H_5Cl_2$ 等。

④ 其他能产生阳离子的物质

如卤素中 I_2、氧鎓离子、高氯酸盐 $[CH_3CO(ClO_4)]$、三苯基甲基盐 $[(C_6H_5)_3C(SbCl_6)]$、环庚三烯盐 $[C_7H_7(SbCl_6)]$ 和高能射线等。

1. 阳离子聚合单体

（1）条件

a. 具有供电基，如烷基、烷氧基、φ-乙烯基，使 C—C 电子云密度增加，有利于阳离子活性种的进攻，使生成的碳阳离子 C^+ 电子云分散而稳定。

b. 质子对 C=C 有较强的亲和力。

c. 增长反应比其他副反应快，即生成的 C^+ 有适当的稳定性。

烯烃双键对质子的亲和力，可以从单体和质子加成的热焓 $-\Delta H$ 作出判断。

例如：

乙烯，无侧基，双键上电子云密度低，且不易极化，对质子亲和力小，因此难以进行阳离子聚合。

丙烯、丁烯上的甲基、乙基是推电子基，双键电子云密度有所增加，$-\Delta H$ 较大，但一个烷基供电子强，聚合增长速率并不太快，生成的二级碳阳离子比较活泼，容易发生重排等副反应，生成更稳定的三级 C^+。因此，丙烯、丁烯经阳离子聚合只能得到低分子油状物。

异丁烯，2 个供电基，电子云密度大大提高，易受质子进攻，且生成的三级 C^+ 较稳定。

（2）常用单体

异丁烯是 α-烯烃中唯一能阳离子聚合的单体 $CH_2=C(CH_3)_2$

烷基乙烯基醚 $CH_2=CH—OR$

苯乙烯等共轭体系 （阳离子聚合活性较弱，工业上少用）

2. 链引发

阳离子聚合的引发剂都是亲电试剂，引发活化能 $E_i = 8.4 \sim 21 kJ/mol$。

$$A^{\oplus}B^{\ominus} + M \xrightarrow{k_i} AM^{\oplus}B^{\ominus}$$

（1）质子酸

普通质子酸，如 H_2SO_4、H_3PO_4、$HClO_4$、Cl_3CCOOH 等，在水溶液中能离解产生 H^+，使烯烃质子化引发阳离子聚合。所用的酸要有足够的强度以产生 H^+，同时要求酸根亲核不能太强，以免与中心离子结合，形成共价键，使链终止。这类引发剂的活性还与反应温度、介质的极性有关。

大多数强酸（如氢卤酸）的酸根阴离子的亲核过强，在非极性溶剂中引发聚合，只能得到低分子产物，作汽油、柴油、润滑油等用。在强极性介质中，酸根阴离子被溶剂化，不易链终止。可得到分子量较高的聚合物。用质子酸作引发剂时，一般载在惰性物质上，同时要在较高温度（如 $200\sim300℃$）下聚合。

（2）Lewis 酸

$AlCl_3$、BF_3、$SnCl_4$、$ZnCl_2$、$SbCl_5$ 等 Lewis 酸是最常见的阳离子聚合引发剂。绝大部分 Lewis 酸都需要共引发剂（如水）作为质子或碳阳离子的供给体，才能引发阳离子。如：

$$BF_3+H_2O \longrightarrow F_3B\cdots OH_2 \longrightarrow H^+(BF_3OH)^-$$

$$AlCl_3+HCl \longrightarrow Cl_3Al\cdots Cl-H \longrightarrow H^+(AlCl_4)^-$$

$$SnCl_4+RCl \longrightarrow Cl_4Sn\cdots Cl-R \longrightarrow R^+(SnCl_5)^-$$

$$BF_3+(C_2H_5)O \longrightarrow F_3B\cdots OR_2 \longrightarrow C_2H_5^+(BF_3C_2H_5)^-$$

Lewis 酸单独直接引发时，要求和 Lewis 酸之间生成弱 π 络合物，再重排，才能生成阳离子。由于双键电子云密度高，从能量上看比较困难，有质子给体如水参加，可减少双键上电子云密度，才能引发聚合。

阳离子共引发剂有两类：一类是能析出质子的物质，如 H_2O、ROH、HX、$RCOOH$ 等；另一类是能够析出碳阳离子的物质，如 RX、$RCOX$、$(RCO)_2O$ 等。

引发剂和共引发剂的不同组合，得到不同的引发活性，主要决定于向单体提供质子或 R^+ 的能力。主引发剂的活性与接受电子的能力、酸性强弱有关，一般次序为：

$$BF_3>AlCl_3>TiCl_4>SnCl_4$$

$$AlCl_3>AlRCl_2>AlR_2Cl>AlR_3$$

例如：异丁烯以 $SnCl_4$ 为引发剂聚合时，聚合速率随共引发剂酸的强度增加而增大，其次序为：

$$氯化氢>醋酸>硝基乙烷>苯酚>水>甲醇>丙酮$$

乙醇和叔丁醇无共引发活性。

对于多数聚合，引发剂和共引发剂有一最佳比，其原因有二：

① 共引发剂过量使引发剂中毒，水过量可能生成氧鎓离子，其活性低于络合的质子，从而使聚合速率下降；

$$BF_3+H_2O \longrightarrow H^{\oplus}(BF_3OH)^{\ominus} \xrightarrow{H_2O} (H_3O)^{\oplus}(BF_3OH)^{\ominus}$$

② 水也是链转移剂，过量水使链终止。

$$\sim\sim\sim CH_2-\underset{\underset{CH_3}{|}}{\overset{\overset{CH_3}{|}}{C^{\oplus}}}(BF_3OH)^{\ominus}+H_2O \longrightarrow \sim\sim\sim CH_2-\underset{\underset{CH_3}{|}}{\overset{\overset{CH_3}{|}}{C}}-OH+H^{\oplus}(BF_3OH)^{\ominus}$$

（3）其他能产生阳离子的物质引发

其他阳离子引发剂有碘、氧鎓离子、高氯酸盐〔如 CH_3CO^+（ClO_4）$^-$〕等。此外，还有电离辐射。

分子碘通过下列反应引发：$I_2 + I_2 \longrightarrow I + (I_3)^-$

高能辐射既可引发自由基聚合，又可引发离子聚合。这与温度、单体性质、溶剂及有无微量杂质有关。辐射引发阳离子聚合时，无反离子是其特点。

（4）电荷转移给络合引发

单体（供电体）和适当的受电体生成电荷转移络物，在热和其他能量作用下，该络合物离解而引发聚合。

3. 链增长

$$AM_n^{\oplus}B^{\ominus} + M \xrightarrow{k_p} AM_nM^{\oplus}B^{\ominus}$$

引发反应中生成的 C^+ 活性中心和反离子 B^- 形成离子对，单体分子不断插到中间而增长。增长反应是离子和分子间反应，速度快，活化能低，大多数 $E_p = 8.4 \sim 21kJ/mol$，与自由基增长活化能属同一量级。

（1）反离子的影响

来自引发剂的反离子始终处在增长链 C^+ 的近旁形成离子对，亲核性越强，离子越紧密，k_p 越小。亲核性过强时使链终止，无法聚合。

反离子的体积也有影响，体积大则离子对疏松，聚合速率大。

（2）溶剂的影响

$$A-B \rightleftharpoons A^{\oplus}B^{\ominus} \rightleftharpoons A^{\oplus}\|B^{\ominus} \rightleftharpoons A^{\oplus} + B^{\ominus}$$

活性中心与反离子的结合紧密程度深受溶剂的影响，溶剂极性或给电子（溶剂化）能力大，离子松对和自由离子的比例增加，使 k_p 和 X_n（平均分子量）都提高，大多数离子聚合的活性种是处于平衡的离子对和自由离子，表观速率常数由这两部分贡献组成，但自由离子的贡献比离子对大得多。

（3）异构化现象

某些烯类单体在进行阳离子聚合的增长过程中，伴有活性中心的异构化（即氢转移，分子内重排），现在常称之为异构化聚合或氢转移聚合。如 3-甲基-1-丁烯阳离子聚合时可得两种结构不同的产物：

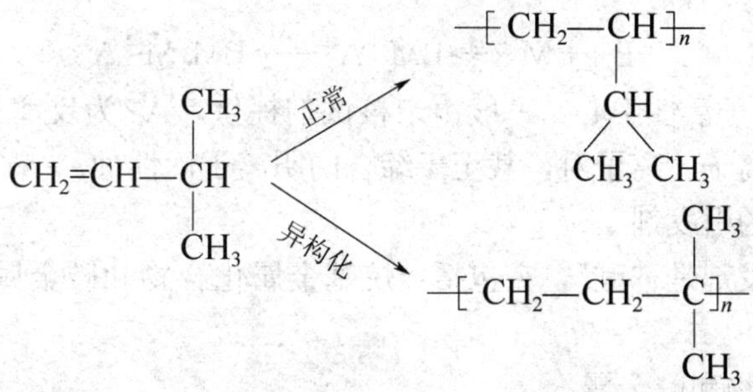

其异构化原因在于增链 C^+ 是二级碳原子，它趋于发生内 H^- 转移（即脱去 $H:^-$）变成更稳定的三级 C^+。

4. 链转移和链终止

离子聚合的增长活性中心带有相同电荷，不能双分子终止，往往通过链转移终止或单基终止，不会出现自动加速现象。

（1）动力学链不终止

① 向单体转移

$$HM_nM^{\oplus}(CR)^{\ominus} + M \xrightarrow{k_{tr,m}} M_{n+1} + HM^{\oplus}(CR)^{\ominus}$$

生成的大分子含不饱和端基，再生出的离子对能再引发。

向单体链转移是阳离子聚合中最主要的链终止方式之一，$C_M=10^{-2} \sim 10^{-4}$，比自由基聚合的 $C_M=10^{-4} \sim 10^{-5}$ 大得多。由于阳离子聚合容易发生链转移，所得聚合物的分子量不大，工业化例子极少，重要的只有异丁烯的聚合。

② 自发终止或向反离子转移终止

$$HM_nM^{\oplus}(CR)^{\ominus} \xrightarrow{k_t} M_{n+1} + H^{\oplus}(CR)^{\ominus}$$

增长离子对重排导致活性链终止，再生出的引发剂——共引发剂络合物可再引发聚合。

③ 其他转移

活性链夺取聚合物链上的 H：⁻ 向大分子链转移，则可导致聚合反应支化也可向溶剂链转移，增长链终止但再生的离子对可再引发。

（2）动力学链终止

① 反离子加成

$$AM_nM^{\oplus}B^{\ominus} + M \longrightarrow AM_nMB$$

当反离子有足够的亲核性时，增长 C^+ 和反离子结合形成共价键，动力学链终止。

② 活性中心与反离子中一部分阴离子碎片结合终止。

③ 添链转移剂或终止剂

$$AM_nM^{\oplus}B^{\ominus} + XY \longrightarrow AM_nMY + XB$$

在阳离子聚合中，真正的动力学键终止反应很少，主要原因是难以除尽各种杂质。阳离子聚合机理的特点可以总结为：快引发、快增长、易转移、难终止。

4.1.2 阴离子聚合

（1）原理

单体由阴离子引发剂引发形成单体阴离子活性中心，并按连锁聚合反应机理聚合生成聚合物的聚合反应，称为阴离子型聚合反应。阴离子聚合反应通式可表示如下：

$$A^{\oplus}B^{\ominus} + M \longrightarrow BM^{\ominus}A^{\oplus} \xrightarrow{M} BM_nM^{\ominus}A^{\oplus}$$

式中 $B^{\ominus}$ 表示阴离子活性中心，一般由亲核试剂提供，$A^{\oplus}$ 为反离子，一般为金属离子。活性中心可以是自由离子、离子对，甚至于缔合的阴离子活性种。

（2）阴离子聚合的引发剂

阴离子聚合的引发剂是"碱"，它包括：烷基金属化合物和碱金属、碱金属配合物和活性聚合物等。

① 烷基金属化合物和碱金属

烷基金属化合物中主要有丁基锂 C_4H_9Li、1，1′，4，4′-四苯基丁基二锂；碱金属中主要有 Li、Na 和 K 等。

它们的碱性最强，聚合活性最大，可以引发各种能进行阴离子聚合的烯类单体。

② 碱金属配合物

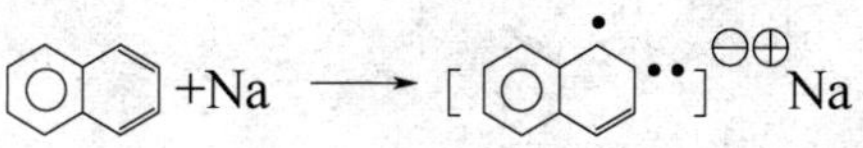

$$\text{[naphthalene]} +Na \longrightarrow [\text{[naphthalene radical]}]^{\ominus\oplus}Na \quad \text{萘-钠配合物}$$

③ 活性聚合物

先制备一个活性聚合物作为种子，然后用它引发第二单体。

④ 其他

如醇钠 RONa、醇钾 ROK、强碱 KOH、NaOH 和吡啶等。

1. 阴离子聚合的单体

烯类、羰基化合物、含氧三元环以及含氮杂环都有可能成为阴离子聚合的单体。

① 烯类化合物：α-甲基丙烯酸酯，α-氰基，丙烯酸酯，α-氰基山梨酸酯，丙烯腈，丁二烯，苯乙烯。

② 杂环化合物：环氧乙烷，环氧丙烷，硫化乙烯。

③ 羰基化合物：甲醛，三氯乙醛。

烯类单体能够进行阴离子聚合的条件：

① 具有吸电子基：吸电子基能使双键上电子云密度减少，有利于阴离子的进攻；并使形成 C^- 的电子云密度分散而稳定。

② 具有 π-π 共轭体系：共振结构使阴离子活性中心稳定。

2. 引发体系和链引发

阴离子聚合引发剂是电子给体，亲核试剂，属于碱类，分成两类：①电子转移引发；②阴离子引发。

（1）电子转移引发

Li、Na、K 等碱金属原子最外层只有一个价电子，容易转移给单体或其他物质生成阴离子，引发聚合。这种引发称为电子转移引发。

① 直接转移

碱金属 M 原子将最外层电子直接转移给单体，生成单体自由基-阴离子，自由基末端偶合而形成双阴离子，再引发聚合，如丁钠橡胶：

$$M\cdot + CH_2{=}CH \longrightarrow M^{\oplus\ominus}CH_2{-}\underset{X}{CH}\cdot \longleftrightarrow M^{\oplus\ominus}\underset{X}{CH}{-}CH_2\cdot$$

$$2M^{\oplus\ominus}\underset{}{CH}{-}CH\cdot \longrightarrow M^{\oplus}CH{-}CH_2{-}CH_2{-}CH^{\ominus}M^{\oplus}$$

碱金属电子直接转移引发的特点：

a. 直接把电子转移给单体；

b. 碱金属一般不溶于单体和溶剂，是非均相引发体系；

c. 引发反应慢，活性中心的产生贯穿于整个反应过程。

② 间接转移

碱金属 M 把电子转移给中间体，使中间体变成自由基-离子，然后再把电子转移给单体，引发聚合。典型的例子是萘钠化四氢呋喃中引发苯乙烯聚合：

$$Na + \text{（萘）} \xrightarrow{THF} \left[\text{（萘自由基）}\right]^{\ominus} Na^{\oplus} \quad \text{（绿色）}$$

$$\left[\text{（萘自由基）}\right]^{\ominus} Na^{\oplus} + CH_2=CH \longrightarrow Na^{\oplus\ominus} \dot{C}H-CH_2^\bullet + \text{（萘）}$$

$$2\, Na^{\oplus\ominus} \dot{C}H-CH_2^\bullet \longrightarrow Na^{\oplus\ominus} CH-CH_2^\bullet-CH_2-CH^{\ominus} Na^{\oplus} \quad \text{（红色）}$$

　　萘钠复合物在极性溶剂中不可以和单体均相混合，克服了单一碱金属引发的非均相性，提高了碱金属的利用率。

　　Li-液氨也是电子间接转移引发体系，由生成的液氨溶剂化电子引发聚合，机理如下：

$$Li + NH_3 \longrightarrow Li^{\oplus}(NH_3) + e(NH_3) \quad \text{（蓝色）}$$

$$e(NH_3) + CH_2 = \underset{\underset{CN}{|}}{\overset{\overset{CH_3}{|}}{C}} \longrightarrow \bullet CH_2 - \underset{\underset{CN}{|}}{\overset{\overset{CH_3}{|}}{C}}^{\ominus} \longrightarrow {}^{\ominus}\underset{\underset{CN}{|}}{\overset{\overset{CH_3}{|}}{C}} - CH_2 - CH_2 - \underset{\underset{CN}{|}}{\overset{\overset{CH_3}{|}}{C}}^{\ominus}$$

　　(2) 阴离子引发

　　① 碳阴离子——烷基碱金属

　　烷基碱金属是一类很强的阴离子聚合引发剂，其引发活性与金属电负性有关。M—C 键极性越强，越趋向于离子键，引发活性越大，越容易引发。如，Na、K、Li、Mg 的电负性分别为 0.9、0.8、1.0、1.2～1.3，Na—C、K—C 键带有离子性，$R^- Na^+$、$R^- K^+$ 是很活泼的引发剂；R-Li 是极性共价键，是最常见的阴离子聚合引发剂，能溶于烃类；$R_2 Mg$ 中 Mg—C 键极性较弱，不能直接引发阴离子聚合，常制成格利雅试剂 RMgX 以增强 Mg—C 键的极性。故引发活性：RNa＞RLi＞RMgX。

　　值得注意的是，丁基锂等烷基锂在非极性溶剂中有缔合现象，缔合分子的引发活性较单分子低得多，在某些情况下缔合分子甚至无引发活性，如 n-BuLi 化苯中引发 St 聚合。

$$(C_4 H_9 Li)_6 \underset{}{\overset{k}{\rightleftharpoons}} 6\, C_4 H_9 Li$$

$$C_4 H_9 Li + M \xrightarrow{k_i} C_4 H_9 M^{\ominus} Li^{\oplus}$$

$$K = \frac{[C_4 H_9 Li]^6}{[(C_4 H_9 Li)_6]} \Rightarrow [C_4 H_9 Li] = K^{1/6}[(C_4 H_9 Li)_6]^{1/6}$$

$$R_i = k_i [C_4 H_9 Li][M] = k_i K^{1/6}[(C_4 H_9 Li)_6]^{1/6}[M]$$

所以，R_i 正比于 $[(C_4 H_9 Li)_6]^{1/6}$ 正比于 $[(C_4 H_9 Li)_6]^{1/6} (1/6)^{1/6}$

随着聚合的进行，[M] 和 $[(C_4 H_9 Li)_6]$ 下降，R_i 也逐渐下降。

　　n-BuLi 浓度很低时（$<10^{-4} \sim 10^{-5}$M）基本上不缔合，引发和增长都和 n-BuLi 呈一级关系。在极性溶剂如 THF 中，缔合现象也不重要。

　　② 氮阴离子——氨基碱金属

　　氨基碱金属是研究得最早的一类阴离子聚合引发剂，这个体系需在液氨中引发，在烷烃或碱中都不行。如 $NaNH_2$ 或 KNH_2—液氨体系，由于 Na、K 的金属性极强，加之液氨的高介电常数和溶剂化能力，通常将其视为自由阴离子引发体系（实际上仍有少量离子对）。

$$2K+NH_3 \longrightarrow 2KNH_2+H_2$$

$$K^{\oplus}NH_2^{\ominus} \underset{NH_3}{\overset{NH_3}{\rightleftharpoons}} K^{\oplus}+NH_2^{\ominus} \qquad \text{（解离）}$$

$$NH_2^{\ominus}+CH_2=\underset{\phi}{CH} \longrightarrow H_2N-CH_2-\underset{\phi}{CH^{\ominus}} \qquad \text{（引发）}$$

③ 烷氧阴离子

ROK、ROLi 等也是较强的引发剂，解离出烷基氧阴离子引发聚合。

（3）Lewis 碱引发

R_3P、R_3N、ROH、ROR、H_2O、吡啶等中性亲核试剂都有未共用电子对，是电子给体，具有弱的引发活性，只能引发活泼单体聚合。如 α-氰基丙烯酸乙酯（俗称 502 胶）遇水可以聚合，但具体机理尚不清楚。

$$H_2O+CH_2=\overset{CN}{\underset{|}{C}}-COOC_2H_5 \longrightarrow H_2O^{\oplus}CH_2-\overset{CN}{\underset{|}{C^{\ominus}}}-COOC_2H_5$$

（4）阴子聚合引发剂与单体的匹配

阴离子聚合单体和引发剂活性各不相同，只有某些引发剂才能用以引发某些单体，具体见表 4-1-1。

表 4-1-1 阴离子聚合的单体与引发剂的反应活性

3. 链增长

$$BM_n^{\ominus}A^{\oplus}+M \xrightarrow{k_p} BM_nM^{\ominus}A^{\oplus}$$

大多数阴离子聚合是由处于平衡的离子对和自由离子共同引发增长的，k_p 由两部分组成，即离子对增长速率常数 $k_{(\pm)}$ 和自由离子增长速率常数 $k_{(-)}$，具体如下所示：

$$\text{～～M}^{\ominus}Na^{\oplus}+M \xrightarrow[\text{离子对增长}]{k_{(\mp)}} \text{～～MM}^{\ominus}Na^{\oplus}$$

$$\text{平衡} \big\Vert k \qquad\qquad\qquad\qquad \text{平衡} \big\Vert k$$

87

$$\text{\textasciitilde\textasciitilde M}^{\ominus}+Na^{\oplus}+M \xrightarrow[\text{自由离子增长}]{k_{(-)}} \text{\textasciitilde\textasciitilde MM}^{\ominus}+Na^{\oplus}$$

$$R_p=k_{(\pm)}[\text{\textasciitilde\textasciitilde M}^{\ominus}Na^{\oplus}][M]+k_{(-)}[\text{\textasciitilde\textasciitilde M}^{\ominus}][M]$$

溶剂和反离子性质不同,增长活性种可以处于共价键、离子对、离子松对、自由离子等不同状态,并处于平衡,因此阴离子聚合 k_p 的情况比较复杂。表 4-1-2 是苯乙烯阴离子聚合时溶剂和反离子对 k_p 的影响。

表 4-1-2 苯乙烯阴离子聚合增长速率常数(25℃)

反离子	在四氢呋喃中			二氧六环
	$k_{(\pm)}$	$K\times10^7$	$k_{(-)}$	$k_{(\pm)}$
Li$^+$	160	2.2		0.94
Na$^+$	80	1.5		3.4
K$^+$	60~80	0.8	6.5×10^4	19.8
Rb$^+$	50~80	1.1		21.5
Cs$^+$	22	0.02		24.5

从表 4-1-2 中可以得出:

① $k_{(-)}\gg k_{(\pm)}$,$k_{(-)}$ 受溶剂和反离子影响很小;

② 在高极性溶剂(如 THF)中,$k_{(\pm)}$ 的顺序为:Li$^+$＞Na$^+$＞K$^+$＞Rb$^+$＞Cs$^+$,由于 THF 易对金属离子溶剂化,离子越小越易溶剂化,离子对离解程度增加,易成松对,相应的 $k_{(\pm)}$ 越大;

③ 在低极性溶剂(如二氧六环)中,$k_{(\pm)}$ 的顺序恰与②相反,这是由于反离子半径越大,离子对间距离增大,静电作用能越小,有利于单体插入增长,$k_{(\pm)}$ 越大。

有关阴离子增长反应的动力学参数可参考表 4-1-3:

表 4-1-3 聚苯乙烯基钠在 THF 中的增长($K=4.0\times10^{-8}$ mol/L)

动力学参数	自由离子(一)	松对(S)	紧对(C)	自由基聚合
增长速率常数 k,L/(mol·s)	1.3×10^5	5.5×10^4	24	165
增长活化能 E,kJ/mol	16.6	19.7	36	26
增长频率因子 A,L/(mol·s)	1.0×10^8	2.08×10^8	6.3×10^7	4.5×10^6

增长活化能 E 与自由基处于同一数量级,但是频率因子 A 和 k_p 比自由基聚合高三个数量级。

值得注意的是,以离子对形式生长时,反离子对单体插入有影响,方向受限制,产物立体规整性好,但速率慢。以自由基离子方式增长时,单体加成方向自由,但立体规整性差。

4. 链转移和链终止

① 离子聚合无双基终止,因为相同电荷的静电作用排斥作用;

② 增长链离子对中 C$^-$—M$^+$ 键离解度大,不能发生阴阳离子化合反应而终止;

③ 从增长上脱除 H$^-$ 困难,不易向单体链转移终止;

④ 微量杂质,如 H_2O、O_2、CO_2 都易使 C$^-$ 终止。

因此,只要外界不引入杂质,阴离子聚合终止很难发生,也就是说在适当的条件下增长反应一直到单体消耗完毕仍然保持活性,即所谓的"活性聚合"。在活性聚合末期,可以有目的地加入 CO_2、二异氰酸酯等试剂,与 C$^-$ 加成后活性聚合终止,形成末端带有羧基、羟基、异氰酸基等官能团的聚合物,用以进一步合成嵌段,遥爪聚合物,这属于活性高分子应用的领域。

总结阴离子聚合的特点是：快引发、慢增长、无终止。

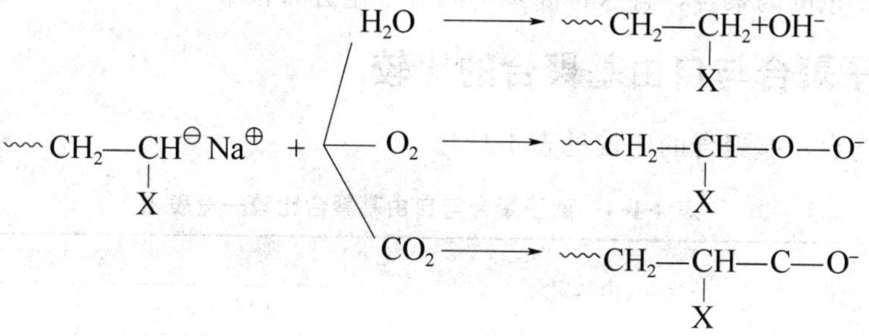

$$\sim CH_2-CH^{\ominus}Na^{\oplus} + \begin{cases} H_2O \longrightarrow \sim CH_2-CH_2+OH^- \\[2mm] O_2 \longrightarrow \sim CH_2-CH-O-O^- \\[2mm] CO_2 \longrightarrow \sim CH_2-CH-C-O^- \end{cases}$$

5. 无终止阴离子聚合反应动力学

（1）聚合速率

无终止的阴离子聚合速率可以简单地用增长速率表示：

$$R_p = k_p [M^-][M]$$

式中〔M^-〕为阴离子增长中心的浓度，可用光谱法测定，如苯乙烯阴离子聚合的紫外线吸收峰在 328mm；或加入水、CO_2 等终止剂，然后分析结合在聚合物中的终止剂量。对于无杂质的活性聚合，且 $R_i > R_p$，即聚合开始前引发剂已定量地离解成活性中心，则〔M^-〕就等于引发剂（如萘钠）的浓度。

阴离子聚合速度很快，比自由基聚合快得多，一方面是链增长速率常数 k_p 大，更重要的一方面是无终止反应和增长链浓度大。自由基浓度约 $10^{-9} \sim 10^{-7}$mol/L，而增长阴离子的聚合速率比自由基聚合要高 $10^4 \sim 10^7$ 倍。

（2）聚合度

典型的活性阴离子聚合有下列的特征：

① 引发极快。引发剂全部很快地转变成活性中心，通常 $R_i/R_p > 10$，萘钠形成双阴离子，丁基锂则为单阴离子。

② 同时增长。在保证快速混合的情况下，单体和引发剂分布均匀，所有增长链同时开始增长，各链增长机率相等。

③ 无链转移和终止反应。（必须除尽杂质）

④ 解聚可以忽略。（低温下可避免解聚）

根据这些特点，转化率为 100% 时，活性聚合的平均分子量 $\overline{X_n}$ 应等于每个活性端基所加上的单体量，即单体浓度〔M〕与活性端基浓度〔M^-〕之比：

$$\overline{X_n} = \frac{[M]}{[M^-]/n} = \frac{n[M]}{[C]}$$

上式中〔C〕为引发剂浓度，引发剂全部进入大分子，n 为每一个大分子的引发剂分子数，即双阴离子 $n=2$，单阴离子 $n=1$。

根据分子量服从 Flory 分布或 Poisson 分布，可以得到

$$\frac{\overline{X_w}}{\overline{X_n}} = 1 + \frac{\overline{X_n}}{(\overline{X_n}+1)^2} \approx 1 + \frac{1}{\overline{X_n}}$$

当 $\overline{X_n}$ 很大时，$\overline{X_w}/\overline{X_n} \approx 1$，即分布很窄。一般阴离子活性聚合的 $\overline{X_w}/\overline{X_n} = 1.06 \sim 1.12$，接近单分散，而自由基聚合通常为 $2 \sim 5$。

由此可见，活性阴离子聚合产物的聚合度不可以定量计算，是一种"化学计量聚合"。所谓化学计量聚合，就是通过计算，按一定比例投入单体和催化剂，经聚合反应后，可得到预期聚合度和产量的高聚合，且这种高聚物的分子量分布很窄。

4.1.3　离子聚合与自由基聚合的比较

离子聚合与自由基聚合的比较见表 4-1-4。

表 4-1-4　离子聚合与自由基聚合比较一览表

聚合反应	自由基聚合	离子聚合	
		阳离子聚合	阴离子聚合
聚合方法	本体，溶液，悬浮，乳液	本体，溶液	
引发剂（催化剂）	过氧化物，偶氮化物，本体，悬浮聚合可用溶于单体的引发剂；乳液聚合可用水溶性引发剂；溶液聚合可用溶于溶剂的引发剂	Lewis 酸，质子酸，阳离子生成物，亲电试剂	碱金属，有机金属化合物，碳阴离子生成物，亲核试剂
单体聚合活性	弱电子基的烯类单体共轭单体	推电子取代基的烯类单体；易极化为负电性的单体	吸电子取代基共轭单体，易极化为正电性的单体
活性中心	自由基	碳阳离子	碳阴离子
阴聚剂	生成稳定自由基和稳定化合物的试剂	亲核试剂	供给质子的试剂
水、溶剂的影响	水有除去聚合热的作用	要防湿，溶剂的介电常数有影响	
聚合速度	$k\,[M]\,[I]^{1/2}$	$k\,[M]^2\,[C]$	
聚合度	$k'\,[M]\,[I]^{-1/2}$	$k'\,[M]$	
活化能	一般较大	小	

4.2　配位聚合

配位聚合是指烯类单体的碳－碳双键首先在过渡金属引发剂活性中心上进行配位、活化，随后单体分子相继插入过渡金属－碳键中进行链增长的聚合反应。它是由齐格勒（K. Ziegler）和纳塔（G. Natta）等人研制出 Ziegler－Natta 引发剂而逐步发展起来的一类重要聚合反应。它可使难以自由基聚合或离子聚合的烯类单体聚合，并形成立构规整聚合物，赋予特殊性能。由于配位聚合往往要经过单体定向配位、络合聚合、插入增长等过程，所以又将其称为络合聚合、插入聚合、定向聚合。

配位聚合具有以下特点：活性中心是阴离子性质的，因此可称为配位阴离子聚合；单体 π 电子进入电子金属空轨道，配位形成 π 络合物；π 络合物进一步形成过渡态；单体插入金属－碳键完成链增长；可形成立构规整聚合物。

4.2.1　聚合体系主要组分

1. 配位聚合单体

配位聚合对单体的选择性高，一般适于的单体种类有极性单体、α-烯烃、二烯烃、环烯烃等。配位共聚合一般较难进行，适宜的种类并不多，主要有乙丙橡胶、乙丙三元橡胶。

2. 配位聚合引发剂体系

（1）目前用于配位阴离子聚合的引发剂主要有四类：

① Ziegler－Natta 引发剂体系，这类数量最多，可用于 α-烯烃、二烯烃、环烯烃的定向聚合；

② π-烯丙基镍型引发剂，限用于共轭二烯烃聚合，不能使 α-烯烃聚合；

③ 烷基锂类引发剂，可引发共轭二烯烃和部分极性单体定向聚合；

④ 茂金属引发剂，这是新近的发展，可用于多种烯类单体的聚合。

（2）Ziegler－Natta 引发剂的主要组分

最初 Ziegler－Natta 引发剂由 $TiCL_4$（或 $TiCl_3$）和 $Al(C_2H_5)_3$ 组成，以后发展到由 ⅣB～ⅧB 族过渡金属化合物和 ⅠA～ⅢA 族金属有机化合物两大组分配合而成，组合系列难以数计。

① ⅣB～ⅧB 族过渡金属（Mt）化合物

该组分包括 Ti、V、Mo、Zr、Cr 的氯（或溴、碘）化物 $MtCl_n$、氧氯化物 $MtOCl_n$、乙酰丙酮物 $Mt(acac)_n$、环戊二烯基（Cp）金属氢化物 Cp_2TiCl_2 等，这些组分主要用于 α-烯烃的配位聚合；$MoCl_5$ 和 WCl_6 组分专用于环烯烃的开环聚合；Co、Ni、Ru、Rh 等的卤化物或者羧酸盐组分则主要用于二烯烃的定向聚合。

② ⅠA～ⅢA 族金属有机化合物

该组分如 AlR_3、LiR、MgR_2、ZnR_2 等，式中 R 为烷基或环烷基。其中有机铝用得最多，如 AlR_3-nCl_n、AlH_nR_{3-n}，一般 $n=0\sim1$。最常用的有 $Al(C_2H_5)_3$、$Al(C_2H_5)_2Cl$、$Al(i-C_4H_9)_3$ 等。

在以上两组分的基础上，进一步添加给电子体和负载，可以提高活性和等规度。

4.2.2　配位聚合反应机理

丙烯配位聚合反应机理由链引发、链增长、链终止等基元反应组成。如果按单金属活性中心模型考虑。则反应过程如下：

链引发

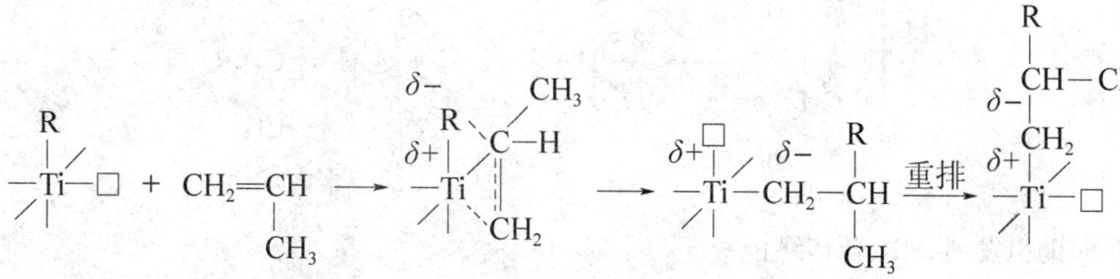

链增长

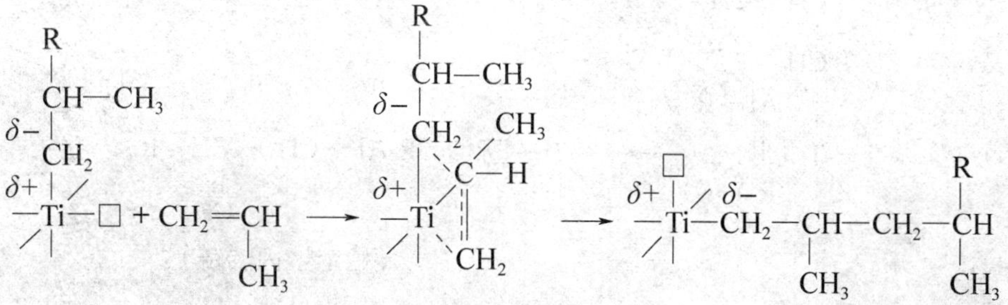

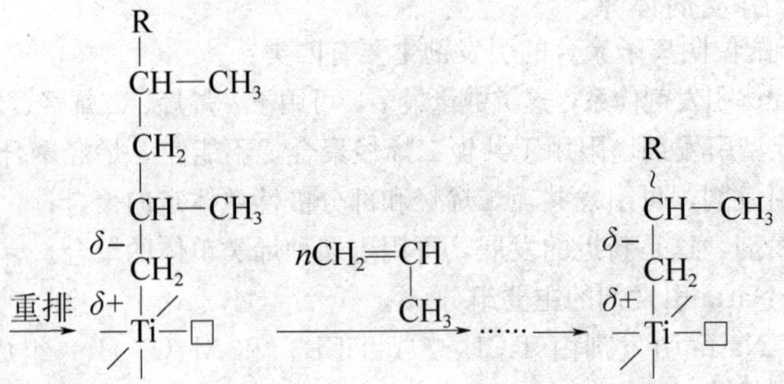

$$\xrightarrow{\text{重排}} \cdots \xrightarrow{n\text{CH}_2=\overset{|}{\underset{\text{CH}_3}{\text{CH}}}} \cdots\cdots$$

链终止

链终止的方式有以下几种：

① 瞬时裂解终止（或称自终止）

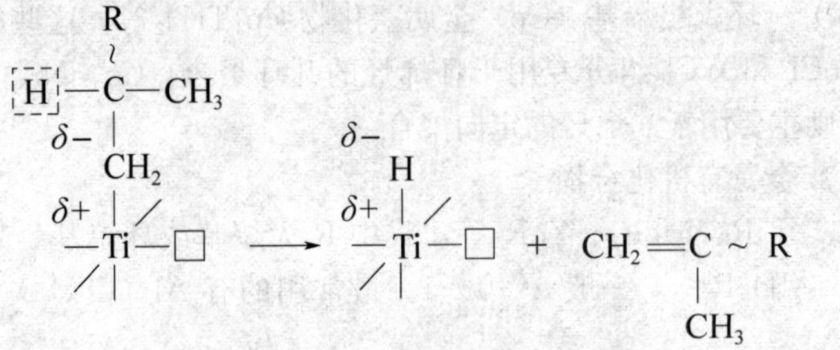

$$\longrightarrow \quad +\ \text{CH}_2=\underset{\overset{|}{\text{CH}_3}}{\text{C}}\sim\text{R}$$

（稳定聚丙烯链）

② 向单体转移终止

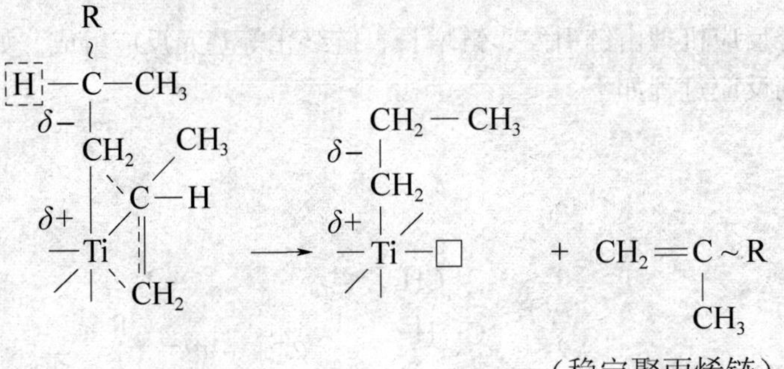

$$\longrightarrow \quad +\ \text{CH}_2=\underset{\overset{|}{\text{CH}_3}}{\text{C}}\sim\text{R}$$

（稳定聚丙烯链）

③ 向助引发剂 AlR$_3$ 转移终止

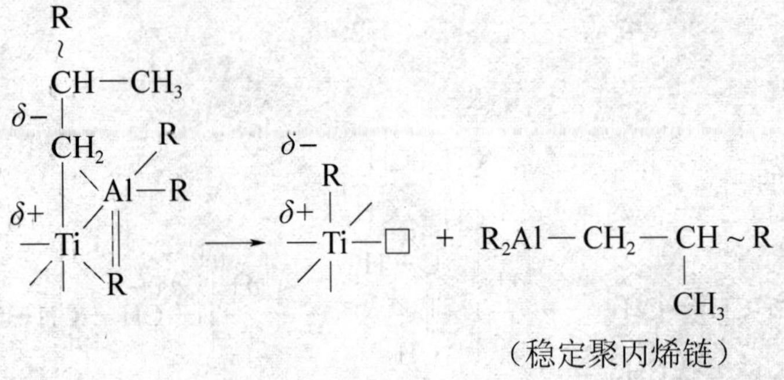

$$\longrightarrow \quad +\ \text{R}_2\text{Al}-\text{CH}_2-\underset{\overset{|}{\text{CH}_3}}{\text{CH}}\sim\text{R}$$

（稳定聚丙烯链）

④ 氢解终止

氢解终止是工业常用的方法，不但可以获得饱和聚丙烯产物，还可以调节产物的相对分子质量。

$$
\begin{array}{c}
R \\
\sim \\
H-C-CH_3 \\
\delta- \;|\quad \delta- \qquad\qquad\qquad\qquad \delta- \\
CH_2 \qquad\qquad\qquad\qquad\qquad H \\
\delta+ \;|\; / \qquad\qquad\qquad\qquad \delta+ \;|\; / \\
-Ti-\square \;+\; H_2 \longrightarrow -Ti-\square \;+\; CH_3-CH\sim R \\
|\qquad\qquad\qquad\qquad\qquad\qquad\quad |\qquad\qquad\qquad |\\
CH_3
\end{array}
$$

（稳定聚丙烯链）

上面的几种终止方式，除了加入 H_2 终止外，其他方式较难发生，故此，活性链寿命很长。当加入其他类型单体时可以进行嵌段共聚物。

4.2.3　聚丙烯树脂生产工艺

1. 聚丙烯

聚丙烯是由丙烯聚合而成的一种热塑性塑料，简称 PP，甲基排列在分子主链的同一侧称等规聚丙烯；若甲基无秩序的排列在分子主链的两侧称无规聚丙烯；当甲基交替排列在分子主链的两侧称间规聚丙烯。一般生产的聚丙烯树脂中，等规结构的含量为 95％，其余为无规或间规聚丙烯。聚丙烯也包括丙烯与少量乙烯的共聚物在内。通常为半透明无色固体，无臭无毒。由于结构规整而高度结晶化，故熔点高达 167℃，耐热，制品可用蒸汽消毒是其突出优点。密度 $0.90g/cm^3$，是最轻的通用塑料。耐腐蚀，抗张强度 30MPa，强度、刚性和透明性都比聚乙烯好。缺点是耐低温冲击性差，较易老化，但可分别通过改性和添加抗氧剂予以克服。

聚丙烯无毒、无味，密度小，强度、刚度、硬度、耐热性均优于低压聚乙烯，可在 100℃ 左右使用，具有良好的电性能和高频绝缘性，不受湿度影响，但低温时变脆、不耐磨、易老化，适于制作一般机械零件，耐腐蚀零件和绝缘零件。常见的酸、碱有机溶剂对它几乎不起作用，可用于食具。

2. 生产方法

聚丙烯树脂可由以下生产方法制得：

① 淤浆法。在稀释剂（如己烷）中聚合，是最早工业化、也是迄今生产量最大的方法。

② 液相本体法。在 70℃ 和 3MPa 的条件下，在液体丙烯中聚合。

③ 气相法。在丙烯呈气态条件下聚合。

后两种方法不使用稀释剂，流程短，能耗低。液相本体法现已显示出后来居上的优势。

下面主要介绍淤浆法生产工艺，该工艺主要包括：引发剂悬浮液的配置、淤浆聚合、引发剂的洗除、干燥等过程。

（1）聚合原理及系统的处理

通常采用 Ziegler—Natta 引发剂或改进的三组分或四组分复合引发剂，烷烃化合物为稀释剂（溶剂），一般是己烷、庚烷、戊烷及其混合物等。氢或甲烷为相对分子质量调节剂。

为防止引发剂被杂质破坏而失去活性，必须对各种原料进行精制，并在氮气的保护下贮存，同时也要对聚合系统设备用干燥无氧的氮气彻底置换，严格控制氧和水的含量。

（2）引发剂悬浮液的制备

将主引发剂 $TiCl_3$ 与稀释剂加入引发剂配制釜中，在搅拌下不断加入助引发剂 $(C_2H_5)_2$ AlCl，两者的配比为 Al/Ti＝3：8（摩尔比），在一定温度下，经过一定时间络合陈化后，用计量泵送入聚合釜中。

（3）淤浆聚合

分别用计量泵将液态丙烯、引发剂悬浮液、烃类溶剂按一定比例连续加入不锈钢聚合釜中搅拌混合，同时通入少量氢气。聚合温度保持在 $60\sim70℃$，释放出的热量由夹套和内冷循环水带走。丙烯单体的单程转化率为 48% 左右，由聚合釜出来的浆液约含 20% 固体高聚物，最高为 $25\%\sim30\%$。反应后的物料进入闪蒸罐回收未反应的丙烯，精制后循环使用。为防止发生爆聚后高聚物熔融结块，聚合温度不能超过 80℃。

（4）洗涤引发剂

出料浆液中含有可溶性低分子物和无规高聚物，可趁热过滤除去，再加入溶剂得引发剂－高聚物浆液，然后加甲醇或乙醇使引发剂酯化而失去活性，随即进行离心分离，使固体高聚物与引发剂残液分开，再用水洗涤高聚物，然后干燥。分离出来的溶剂经精制后循环使用。

（5）干燥

高聚物经水洗、离心过滤除去水分后，用旋转真空干燥机或气流干燥管在 80℃ 下干燥。然后挤出造粒即得聚丙烯树脂。造粒时需要加入抗氧化剂、紫外线吸收剂及着色剂等。聚丙烯淤浆法连续聚合工艺流程图如图 4-2-1 所示。

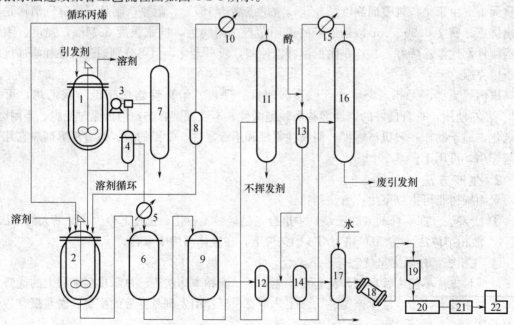

图 4-2-1　聚丙烯淤浆法连续聚合工艺流程

1—引发剂配制釜；2—连续聚合釜；3—压缩机；4—气液分离器；5、10、15—冷凝器；6—闪蒸沉淀槽；

7—丙烯精馏塔；8—吸附干燥塔；9—中闪槽；11—溶剂精制塔；12、14—离心机；

13—贮罐；16—乙醇精制塔；17—洗涤槽；18—真空干燥器；19—料槽；

20—挤出机；21—造粒机；22—包装

思 考 题

1. 试从单体、引发剂、聚合方法及反应的特点等方面对自由基聚合、阴离子聚合和阳离子聚合、配位聚合反应进行比较。

2. 分别简述离子型聚合反应单体的类型。

3. 什么是配位型聚合？配位型聚合有何特点？

项目五　缩聚与逐步加聚产品生产技术

教学目标

◎ **知识目标**

1. 掌握缩聚反应的几种分类方法；
2. 掌握缩聚反应中单体所满足的要求；
3. 掌握缩聚反应中单体官能度与平均官能度的计算；
4. 掌握线型缩聚反应的机理；
5. 掌握体型缩聚的凝胶化效应；
6. 了解逐步加聚反应的类型与应用。

◎ **能力目标**

1. 能根据单体、聚合物选择相应的缩聚反应类型；
2. 能正确选用缩聚反应中不同 K 值在生产控制中的条件；
3. 能根据影响缩聚反应平衡常数控制生产中的工艺条件；
4. 能运用缩聚物相对分子质量的控制方法；
5. 能对体型高聚物工业生产阶段性进行控制；
6. 能初步了解逐步加聚反应的应用。

5.1　概　述

5.1.1　定义

缩聚反应是指由含有两个或两个以上官能团的单体分子逐步缩合形成高聚物，同时析出低分子产物（如醇、水、氨、卤化氢等）的化学反应。

$$nHORCOOH \rightleftharpoons H[ORCO]_nOH + (n-1)H_2O$$
$$nHO-R-OH + nHOOCR'COOH \rightleftharpoons H[OROCOR'CO]_nOH + (2n-1)H_2O$$

5.1.2　分类

1. 按产物大分子的几何形状分类

① 线型缩聚反应

参加反应的单体都带有两个官能团，反应中形成的大分子向两个方向增长，得到产物为线型结构。

ω-羟基庚酸生成聚酯反应式为：

$$nHO(CH_2)_6COOH \rightleftharpoons H[O(CH_2)_6CO]_nOH + (n-1)H_2O$$

这类单体缩聚反应为 2 官能团体系通式为：

$$naRb \Longrightarrow a[R]_nb+(n-1)ab$$

己二酸与己二胺生成聚酰胺反应式为：

$$n\text{HOOC(CH}_2)_4\text{COOH}+n\text{NH}_2(\text{CH}_2)_6\text{NH}_2 \Longrightarrow$$

$$\text{HO}[\text{OC(CH}_2)_4\text{CONH(CH}_2)_6\text{NH}]_n\text{OH}+(2n-1)\text{H}_2\text{O}$$

这类单体缩聚物反应 2-2 官能团体系通式为：

$$naRa+nbR'b \Longrightarrow a[R-R']_nb+(2n-1)ab$$

式中，a，b 为不同官能团；R，R' 为两种结构单体的主体，ab 为小分子物质。

② 体型缩聚反应

参加反应单体中至少有一种单体，带有两个以上官能团，反应中大分子向三个方向增长，形成体型结构。

这类单体缩聚反应体系为 2－3、2－4 等多官能团体系，通式为：

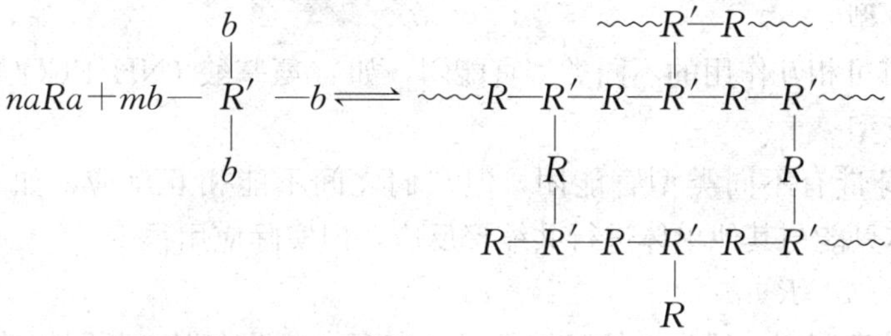

2. 按参加反应的单体种类分类

① 均缩聚

均缩聚是由一种单体分子间进行的缩聚反应，这种本身就带有两个可以相互反应的不同官能团。如 ω-羟基酸（OHRCOOH）、ω-氨基酸（NH_2RCOOH）参加的缩聚反应。

② 混缩聚

混缩聚是由两种单体分子间进行的缩聚反应。如二元酸与二元醇、二元酸与二元胺等。

③ 共缩聚

共缩聚是在均缩聚体系中加入第二单体或在混缩聚体系中加入第三单体（或第四单体）进行的缩聚反应。共缩聚反应应用不多，主要用于增加结构单元的无规分布，改善高分子链的柔性，降低结晶度。如合成涤纶树脂时，加入少量第三单体丁二醇，可增加柔性和降低熔融纺丝温度。

3. 按反应热力学特征分类

① 平衡缩聚通常是指平衡常数小于 10^3 的缩聚反应，大多数缩聚反应都属于这类缩聚反应。如涤纶、尼龙的缩聚反应。

② 不平衡缩聚通常是指平衡常数大于 10^3 的缩聚反应。这类反应多使用高活性单体或采取其他办法实现。如二元酰氯与二元胺生成聚酰胺的反应。

5.1.3　缩聚反应单体

参加缩聚反应的单体必须含有两个或两个以上官能团。官能团是指单体分子中能参加反应的基团，如—OH、—NH_2、—COOH、活泼原子（H、Cl），活性中心是氮原子。官能团的数目、性质、相互作用情况及空间分布都直接影响单体的活性和产品的性能。

缩聚反应中应用最广泛的单体是以官能团参加反应的单体。按官能团相互作用分类如下。

（1）a—R—a 型

单体带有相同的可以相互作用的官能团，反应发生在同类分子之间，这类反应不存在配料比问题。如对苯二甲酸双羟基乙酯合成"涤纶"。

$$n\text{HOCH}_2\text{CH}_2\text{O}—\overset{\overset{\displaystyle O}{\|}}{\text{C}}—\langle\text{苯环}\rangle—\overset{\overset{\displaystyle O}{\|}}{\text{C}}—\text{OCH}_2\text{CH}_2\text{OH} \rightleftharpoons$$

$$\left[—\text{OCH}_2\text{CH}_2\text{O}—\overset{\overset{\displaystyle O}{\|}}{\text{C}}—\langle\text{苯环}\rangle—\overset{\overset{\displaystyle O}{\|}}{\text{C}}—\right]_n +(n-1)\text{HOCH}_2\text{CH}_2\text{OH}$$

（2）a—R—b 型

单体本身带有可相互作用的不同类型官能团，如 ω-氨基酸（NH_2RCOOH）。

（3）a—R—b 型

虽然单体本身带有不同类型官能团，但它们之间不能相互反应，如 ω-氨基醇（NH_2ROH），这类单体只能与其他单体进行共缩聚反应，但实际应用很少。

（4）a—R—a、b—R—b

单体带有同类官能团，这类单体的缩聚只能在两个或两个以上不同的单体之间进行缩聚反应，如二元酸与二元胺、二元酸与二元醇。这类反应存在配料比问题，如要获得高相对分子质量的产物，则需严格控制两种单体的摩尔比。

工业上常用的缩聚反应与逐步加聚反应的单体见表 5-1-1。

表 5-1-1　工业上常用的缩聚反应与逐步加聚反应的单体

单体		官能度	应用
乙二醇	$\text{HO}—(\text{CH}_2)_2—\text{OH}$	2	聚酯、聚氨酯
丙二醇	$\text{HO}—(\text{CH}_2)_3—\text{OH}$	2	聚酯、聚氨酯
丙三醇	$\text{HO}—\text{CH}_2—\overset{\displaystyle}{\underset{\text{HO}}{\text{CH}}}—\text{CH}_2—\text{HO}$	3	醇酸树脂、聚氨酯
季戊四醇	$\text{HO}—\text{CH}_2—\overset{\text{CH}_2—\text{HO}}{\underset{\text{CH}_2—\text{HO}}{\text{C}}}—\text{CH}_2—\text{HO}$	4	醇酸树脂
己二酸	$\text{HOOC}—(\text{CH}_2)_4—\text{COOH}$	2	聚酰胺、聚氨酯
癸二酸	$\text{HOOC}—(\text{CH}_2)_8—\text{COOH}$	2	聚酰胺
ω-氨基十一酸	$\text{HOOC}—(\text{CH}_2)_{10}—\text{NH}_2$	2	聚酰胺
对苯二甲酸	$\text{COOH}—\langle\text{苯环}\rangle—\text{COOH}$	2	聚酯
均苯二甲酸	$\underset{\text{HOOC}\quad\text{COOH}}{\overset{\text{HOOC}\quad\text{COOH}}{\langle\text{苯环}\rangle}}$	4	聚酰亚胺
己二胺	$\text{H}_2\text{N}—(\text{CH}_2)_6—\text{NH}_2$	2	聚酰胺

单体		官能度	应用
癸二胺	$H_2N—(CH_2)_{10}—NH_2$	2	聚酰胺
对苯二胺	$H_2N\!-\!\bigcirc\!-\!NH_2$	2	芳香族聚酰胺、聚酰亚胺
间苯二胺	H_2N NH_2（间位苯环结构）	2	芳香族聚酰胺
4,4-二氨基二苯醚	$H_2N\!-\!\bigcirc\!-\!O\!-\!\bigcirc\!-\!NH_2$	2	聚酰亚胺
3,3-二氨基联苯二胺	联苯四胺结构（H_2N、NH_2各二）	4	聚苯并咪唑、吡咙
均苯四胺	苯环四氨基结构	4	吡咙梯形高聚物
尿素	$H_2N-\underset{\underset{O}{\|}}{C}-NH_2$	4	脲醛树脂
三聚氰胺	三嗪环三氨基结构（NH_2×3）	6	氨基树脂
双酚 A	$HO\!-\!\bigcirc\!-\!\underset{\underset{CH_3}{\|}}{\overset{\overset{CH_3}{\|}}{C}}\!-\!\bigcirc\!-\!OH$	2	聚碳酸酯、聚芳砜、环氧树脂
甲酚	对甲酚或邻甲酚结构	2	酚醛树脂
2,6-二甲酚	2,6-二甲基苯酚结构	2	聚苯醚
苯酚	$\bigcirc\!-\!OH$	2（酸催化） 3（碱催化）	酚醛树脂
间苯二酚	间苯二酚结构（OH、OH）	3	酚醛树脂
间苯二甲酸二苯酯	间苯二甲酸二苯酯结构	2	聚苯并咪唑
甲苯二异氰酸酯	甲苯二异氰酸酯结构（CH_3、NCO）	4	聚氨酯

单体		官能度	应用
六亚甲基二异氰酸酯	OCN—(CH₂)₆—NCO	4	聚氨酯
邻苯二甲酸酐	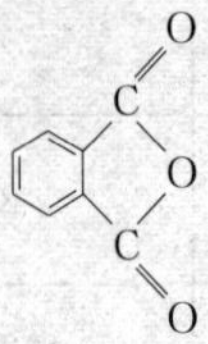	2	醇酸树脂
顺丁烯二酸酐	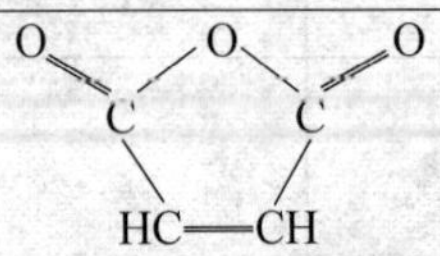	4	不饱和聚酯
均苯四甲酸酐	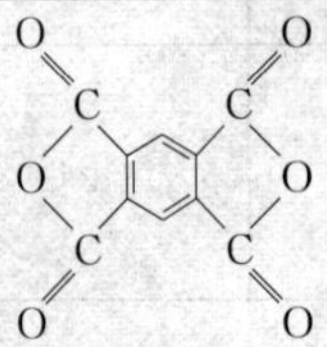	4	聚酰亚胺、吡咙
光气	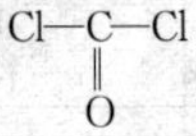 Cl—C—Cl （O）	2	聚碳酸酯、聚氨酯
己二酰氯	ClOC—(CH₂)₄—COCl	2	聚酰胺
癸二酰氯	ClOC—(CH₂)₈—COCl	2	聚酰胺
二氯二苯砜	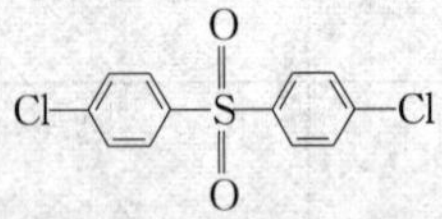 Cl—⬡—S—⬡—Cl	2	聚芳砜
二氯乙烷	Cl—CH₂CH₂—Cl	2	聚硫橡胶
二甲基二氯硅烷	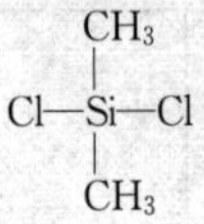 Cl—Si—Cl（CH₃/CH₃）	2	聚硅氧烷
环氧氯丙烷	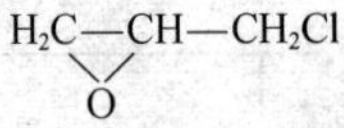 H₂C—CH—CH₂Cl（O）	2	环氧树脂
甲醛	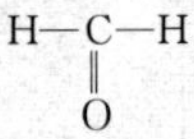 H—C—H（O）	2	酚醛树脂、脲醛树脂
糠醛	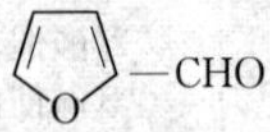 ⬠—CHO	2	糠醛树脂

5.1.4　单体官能度与平均官能度

参加缩聚反应的单体，除必须含有能起反应的基团外，所含反应基团数目也影响缩聚反应结构、形态，特引入官能度概念。

（1）官能度（f）

官能度是指参加反应的单体的官能团数目。用 f 表示，f 大于等于 2 才有可能形成高聚物。在形成大分子的反应中不参加反应的官能团不计算在官能度内。如苯酚在进行酰化反应时，只有一个羟基参加反应，所以官能度为 1；而当苯酚与甲醛进行缩聚反应时，参加反应的是羟基的邻位、对位上的 3 个活泼氢原子，此时官能度为 3。

（2）单体的平均官能度（$\bar{f}$）

单体的平均官能度是指每种单体分子平均带有官能团数目，用 $\bar{f}$ 表示。即体系中可能反应的官能团总数（总当量数）被体系分子数所除而得结果。

其数学表达式如下：

$$\bar{f}=\frac{f_A N_A + f_B N_B + f_C N_C + \cdots}{N_A + N_B + N_C + \cdots}=\frac{\sum f_i N_i}{\sum N_i}$$

式中　f_A, f_B, f_C——单体 A、B、C 的官能度；

　　　N_A, N_B, N_C——单体 A、B、C 的摩尔数。

通过单体平均官能度数值可直接判断缩聚反应所得产物的结构和反应类型如何。

① 当 $\bar{f}=2$ 时，则生成的产物为线型结构。属于线型缩聚反应。

② 当 $\bar{f}>2$ 时，则生成的产物为支化或网状结构。属于体型缩聚反应。

③ 当 $\bar{f}<2$ 时，则不能生成高相对分子质量的聚合物。

例如 2mol 丙三醇和 3mol 邻苯二甲酸组成的缩聚体系，计算 $\bar{f}$：

$$\bar{f}=\frac{3\times2+2\times3}{2+3}=2.4$$

也就是说，反应体系中有 5 个单体分子，共有 12 个可能反应的官能团。该反应为体型缩聚反应。

又如 1mol 二元醇和 1mol 二元胺组成的缩聚体系，计算 $\bar{f}$：

$$\bar{f}=\frac{2\times1+2\times1}{1+1}=2$$

上述两个例子说明两种官能团是在等当量情况下，以平均官能度计算。

当体系中两种官能团为不等物质的量配比时，缩聚反应进行程度取决于官能团数目，数目少的一种物质实际参加反应的官能团数目应为物质的量少的官能团数目的 2 倍。即等于物质的量少的官能团物质的量的 2 倍与单体总物质的量之比。设 $f_A N_A > f_B N_B + f_C N_C$，则：

$$\bar{f}=\frac{2\,(f_B N_B + f_C N_C)}{N_A + N_B + N_C}$$

如邻苯二甲酸、甘油和乙二醇的摩尔比为 1.6 : 0.9 : 0.002，计算 $\bar{f}$：

$$\bar{f}=\frac{2\,(3\times0.9+2\times0.002)}{1.6+0.9+0.002}=2.16$$

由于有一种类型的官能团过剩，则带有这种基团的单体将一直反应到另一种官能团耗尽为止。在这种非化学计量的混合体系中，过剩反应物在无副作用下并不能进入聚合反应，因此在计算 $\bar{f}$ 时不应计入。

5.1.5 单体反应能力

单体的反应能力，影响聚合反应速率、反应的阶段性及高聚物的结构和性能。

① 单体反应能力对聚合速率影响单体的反应能力越大，聚合速率越大。单体的反应能

力取决于所带有官能团的活性。以聚酯的缩聚反应为例，HO 可以与下列羧酸衍生物反应。但反应能力都不同，其顺序为：酰氯基＞酸酐基＞羧酸基＞酯基。

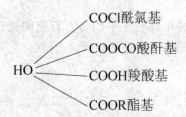

② 单体成环与成链反应用二官能团的单体进行缩聚反应同时还存在环化反应倾向。例如：

$$HO[OC(CH_2)_n]_mH \xleftarrow[\text{成链}]{} HOOC(CH_2)_nOH \xrightarrow[\text{成环}]{} mOC(CH_2)_nO$$

成链还是成环与官能团种类和反应条件有关。但主要因素是由单体所含碳原子数、可能生成的环状化合物和环状力大小所决定的，一般要求选择单体主体中碳原子数 $n \geqslant 5$ 才能形成缩聚物。

③ 单体中反应基团的相对活性对反应阶段性影响。缩聚反应中某些单体带有相同的反应活性中心，但每个活性中心在单体中所处的位置不同，则反应中官能团活性就有差别。例如，丙三醇中三个羟基的活性不一样。苯酚中苯环上邻位、对位活性也不相同。利用这种具有不同活性的多官能团的单体进行缩聚，可得到体型高聚物，利用官能团活性差异，控制反应阶段性。例如，苯酚与甲醛进行缩聚反应，在酸催化作用下，苯酚中的邻位上两个氢比对位上的氢活性大。在起初条件下，苯酚中的邻位上的氢反应，生成线型高聚物分子链上仍含有对位反应的活性基团，然后再使反应形成网状或体型结构高聚物。

④ 单体中官能团的空间分布对产物结构性能影响。单体中官能团空间分布位置不同如对苯二甲酸、对苯二胺进行缩聚反应，产物为结晶高聚物，可溶于硫酸中，而不溶于任何有机溶剂。但官能团位置为间苯二甲酸、间苯二胺进行缩聚反应，产物为非结晶高聚物，可溶于二甲基乙酰胺及许多有机溶剂。

5.2　线型缩聚反应

聚酯、聚酰胺（酸催化）、聚碳酸酯、聚砜、聚苯醚、聚氨酯等重要合成纤维和工程塑料都是由线型缩聚反应合成的，掌握这类反应的共同规律十分重要。

5.2.1　线型缩聚反应的机理

缩聚反应无特定的活性中心，带不同官能团的任何分子都有可能相互反应。因此不存在明显的链引发、链增长、链终止等基元反应。实践证明，线型缩聚反应过程可用逐步缩聚、缩聚平衡和缩聚过程副反应来描述。线型缩聚反应单体必须带有两个官能团，现以 2-2 官能度单体体系介绍。

1. 逐步缩聚反应阶段

缩聚反应中大分子的生长是单体官能团之间相互反应的结果。高分子的形成是相对分子质量逐渐增大的过程，每步反应产物都可以单独存在和分离出来。

缩聚反应开始，单体转化率很高，单体分子相互作用很快生成二聚体：

$$aRa+bR'b \Longleftrightarrow aRR'b+ab$$

二聚体同单体作用生成三聚体，或二聚体之间相互作用生成四聚体：

$$aRR'a+aRa \Longleftrightarrow aRR'Ra+ab$$

$$aRR'a+aRR'b \Longleftrightarrow aRR'RR'b+ab$$

生成的三聚体、四聚体，可以和单体反应，也可以自身反应，还可以相互反应，逐步生成不同链长的低聚体；最后是低聚体与低聚体之间形成缩聚物，缩聚物与缩聚物之间进一步反应生成高聚物，其反应通式可表述为：

$$a[RR']_m b+a[RR']_n b \rightarrow a[RR']_{m+n} b+ab$$

此式表示了缩聚反应中高分子逐步形成的机理和高分子之间可以相互反应形成更大分子的基本特征。如图 5-2-1 所示，反应开始时，单体消失很快（曲线 4），形成大量低聚物（曲线 3）和极少量的高相对分子质量聚酯（曲线 2）。反应 3h 后，体系内只存在 3% 左右的单体和 10% 左右的低聚物，高相对分子质量聚酯占 80% 左右（曲线 2），聚酯产物的相对分子质量随时间逐步增加（曲线 5 的 ab 段）。10h 后，聚酯相对分子质量缓慢增加（曲线 5 的 bc 段），缩聚反应趋向平衡。

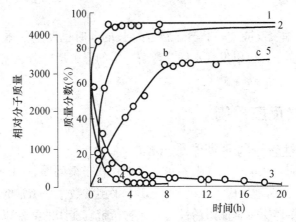

图 5-2-1　已二醇与癸二酸的线型缩聚反应变化曲线

1—聚酯总含量；2—高相对分子质量聚酯含量；3—低聚体含量；4—癸二酸含量；
5—聚酯相对分子质量（黏度法），其中 ab 段在 200℃氮气流下反应；bc 段在 200℃真空下反应

2. 缩聚平衡阶段

缩聚反应后期，当反应物浓度和生成物浓度及正反应速率与逆反应速率不随时间变化而变化时，大分子链生长过程逐渐停止，进入缩聚平衡阶段。此时，缩聚物的相对分子质量不再随反应时间的延长而增加。但是建立缩聚平衡的还有其他因素，如物理因素、化学因素。

① 物理因素

随高分子链的形成，体系黏度增大，使反应生成的小分子很难排除。同时由于官能团浓度降低而体系黏度又大，使高分子链端官能团间反应困难，使可逆缩聚反应达到平衡。

② 化学因素

由于单体官能团不等物质的量，使反应进行到一定阶段后，分子链两端均带有同一种官能团。造成这种情况的原因有：a. 单体的不等物质的量，使高分子链两端为相同官能团而失去继续反应的能力；b. 参加反应的单体挥发度相差很大，破坏了原料等物质的量比，使

反应终止；c. 官能团在缩聚反应过程中发生化学变化，破坏了单体等物质的量比，如脱羧、环化反应。

在缩聚反应中，常加入相对分子质量调节剂（含单反应官能团物质或使反应中某一单体稍微过量），有目的地终止大分子的增长过程。

3. 缩聚过程副反应

缩聚反应通常需要在较高温度下和较长时间内完成，往往有一些副反应，如官能团消去、长链交换及链的降解反应等。

① 官能团消去反应二元羧酸受热会发生脱羧反应，引起原料官能团比的变化。羧酸酯的热稳定性比羧酸好，因此，常用羧酸酯代替易脱羧的二元酸来制备聚酯。

② 长链交换反应在平衡缩聚反应中，除了由以上小分子参与的正逆反应之外，还存在大分子链间的可逆反应，即长链大分子的交换反应。交换反应可以发生在高分子链间，也可以是高分子链间与链端的反应。交换反应的规律是较长的链易从链中间断裂进行交换反应，较短的链易从链端处发生交换反应。反应的结果使长链变短，短链变长，最终导致缩聚物的分子链长短趋于平均化，故缩聚反应中的交换反应造成缩聚产物相对分子质量分布较窄。

③ 链的降解反应缩聚反应中，高分子链在增长的同时也发生单体原料与高分子链间的降解反应。如聚酯反应中，可以发生水解、醇解。链的降解反应造成缩聚反应产物相对分子质量较低。

5.2.2　线型缩聚反应平衡

1. 官能团等活性理论与平衡常数（K）

对于多数缩聚反应，从单体到高聚物每一步都存在平衡问题。如产物的聚合度为 X_n 的缩聚物，要经过 $n-1$ 次缩聚反应，也就是 $n-1$ 个平衡常数。平衡常数的大小与反应官能团的活性有关。那么，单体所带官能团活性与低聚物所带官能团的活性以及高分子链所带的官能团活性是否相等？这就是缩聚反应平衡问题的关键。

前人通过大量的实践与理论分析得出：在缩聚反应过程中，官能团的活性基本不变，即官能团的反应活性与链长无关，也可用两个官能团之间的反应来描述整个缩聚反应过程，而不必考虑各种具体的反应步骤。提出了等活性理论概念，在任何反应阶段，不论是单体、二聚体、三聚体还是高聚物，其分子两端反应能力，不依赖于分子链的大小，即每一步反应的平衡常数都相同，整个缩聚过程用一个平衡常数，因此同小分子缩合反应一样，用官能团浓度表示分子浓度。从而可将任何一个平衡缩聚反应简单地按下列方式表示，如聚酯反应可以表示为：

$$\sim COOH + HO\sim \rightleftharpoons \sim OCO + H_2O$$

其平衡常数为：

$$K = \frac{[-OCO-][H_2O]}{[-COOH][-OH]}$$

聚酰胺可以表示为：

$$\sim COOH + H_2N\sim \rightleftharpoons \sim CONH\sim + H_2O$$

其平衡常数为：

$$K = \frac{[-CONH-][H_2O]}{[-COOH][-NH_2]}$$

这里方括号的含义是代表官能团和小分子的浓度，而不代表结构单元。

工业上常见线型缩聚反应的平衡常数见表 5-2-1。

表 5-2-1 工业上常见线型缩聚反应的平衡常数

缩聚物	温度（℃）	K	缩聚物	温度（℃）	K
涤纶（PET）	223 254 282	0.51 0.47 0.38	尼龙-66	221.5 254	356 300
尼龙-6（PA-6）	221.5 253.5	480 360	尼龙-1010、 尼龙-610	235 256	477 293
尼龙-7（PA-7）	223 258	475 375	尼龙-12	221.5 254	525 370

2. 反应程度与平均聚合度

在连锁聚合反应中，聚合物生成情况怎样，常用单体的转化率来表征。即已反应单体数目比起始单体数目。但是对线型缩聚反应单体很快消耗，真正在体系中反应的是官能团相互作用，而不是单体分子。因此要表达聚合物生成情况怎样就应引入反应程度（P）。

反应程度（P）是指缩聚反应中已参加反应的官能团数目与起始官能团数目的比值。以均缩聚反应为例：

$$P = \frac{\text{已参加反应的官能团数}}{\text{起始官能团数}} = \frac{N_0 - N}{N_0}$$

平均聚合度（$\overline{X_n}$）是指已进入每个大分子链的单体平均数目：

$$\overline{X_n} = \frac{\text{单体的分子数}}{\text{生成大分子数}} = \frac{N_0/2}{N/2} = \frac{N_0}{N}$$

由上式可得：

$$\overline{X_n} = \frac{1}{1-P}$$

注意上式必须在官能团等物质的量条件下才能使用，或有：

$$P = \frac{\overline{X_n} - 1}{\overline{X_n}}$$

以涤纶为例，讨论平均聚合度与反应程度的关系，见表 5-2-2。

表 5-2-2 平均聚合度与反应程度的关系

P	$\overline{X_n}$	$\overline{M_n}$	P	$\overline{X_n}$	$\overline{M_n}$
$P = 50\%$	$\overline{X_n} = 2$	$\overline{M_n} = 194$	$P = 99\%$	$\overline{X_n} = 100$	$\overline{M_n} = 9618$
$P = 90\%$	$\overline{X_n} = 10$	$\overline{M_n} = 962$	$P = 99.5\%$	$\overline{X_n} = 200$	$\overline{M_n} = 19216$
$P = 95\%$	$\overline{X_n} = 20$	$\overline{M_n} = 1938$	$P = 99.7\%$	$\overline{X_n} = 300$	$\overline{M_n} = 28812$

强调反应程度与平均聚合度根本不同，如图 5-2-2 所示。例如：一种缩聚反应，单体间双双反应很快全部变成二聚体，就单体转化率而言，转化率达 100%；而官能团的反应程度仅为 50%，此时聚合度为 2。

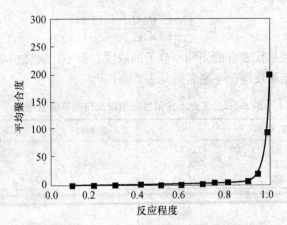

图 5-2-2　反应程度与平均聚合度的关系

反应程度与平均聚合度的这种关系，不论对均缩聚还是混缩聚都适用。计算时要注意聚合度是以结构单元为基准的数均聚合度。对于混缩聚，其平均聚合度应当是重复单元数的 2 倍。

3. 缩聚平衡方程及应用

① 缩聚平衡方程

人们已知，线型缩聚反应的反应程度越大，聚合度就越大。但在实际反应中，由于该反应是可逆的平衡反应，反应过有小分子物质产生，势必小分子物质存在就要影响产物的聚合度。要获得高相对分子质量缩聚物，必须要将小分子物质不断移走。因此，缩聚物聚合度 $\overline{X_n}$ 与反应平衡常数 K 和小分子物质 n_w 有关。推导缩聚平衡方程需引入三个假设：a. 官能团等活性理论；b. 体积变化不大的均相体系；c. 需要在反应程度较高时适用等。

以酸与醇反应生成聚酯为例，设反应开始时（$t=0$），起始官能团—COOH 和—OH 的总数各为 N_0，当达到平衡时（$t=t\,\text{平衡}$），剩余的官能团数各为 N，通过反应形成酯键的数目为 N_0-N，设反应所析出的小分子水的数目为 N_w，则有：

$$\sim\text{COOH}+\text{HO}\sim \Longleftrightarrow \sim\text{OCO}+\text{H}_2\text{O}$$

| $t=0$ | N_0 | N_0 | O | O |
| $t=t_{平衡}$ | N | N | N_0-N | N_w |

$$K=\frac{[-\text{OCO}-][\text{H}_2\text{O}]}{[-\text{COOH}][-\text{OH}]}=\frac{(N_0-N)N_w}{N^2}$$

将上式分子、分母同除以 N_0^2 得：

$$K=\frac{\left(\dfrac{N_0-N}{N_0}\right)\left(\dfrac{N_w}{N_0}\right)}{\left(\dfrac{N}{N_0}\right)}$$

式中　$\dfrac{N_0-N}{N_0}$——平衡时已参加反应的官能团的分子分数，用 n_z 表示；

　　　$\dfrac{N_w}{N_0}$——平衡时析出的小分子的分子分数，用 n_w 表述；

　　　$\dfrac{N}{N_0}$——平衡时聚合物的平均聚合度倒数，即 $\dfrac{1}{X_n}$。

据此，可以进一步改写成：

$$\overline{X_n} = \sqrt{\frac{K}{n_z n_w}} \tag{5-2-1}$$

如果反应在密闭的系统中进行，则 $n_z = n_w$，代入上式中得：

$$\overline{X_n} = \sqrt{\frac{K}{n_w^2}} = \frac{1}{n_w}\sqrt{K} \tag{5-2-2}$$

由式（5-2-1）得知，密闭体系中，缩聚产物的平均聚合度与反应析出的小分子浓度成反比，因此，对平衡常数不大的缩聚反应，在密闭体系中得不到高相对分子质量的聚合物。

为了提高缩聚产物的相对分子质量，必须设法除去反应体系中的小分子物质。当缩聚产物相对分子质量很大时，$N_0 \gg N$，故：

$$n_z = \frac{N_0 - N}{N_0} = 1 - \frac{N}{N_0} \approx 1$$

所以式（5-2-2）变为（缩聚平衡方程）：

$$\overline{X_n} = \sqrt{\frac{K}{n_w}}$$

上式说明缩聚产物的平均聚合度与平衡常数的平方根成正比，与反应体系中小分子产物的浓度平方根成反比。如图 5-2-3、图 5-2-4 所示，$n_w \downarrow$，$\overline{X_n} \uparrow$。

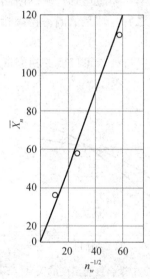

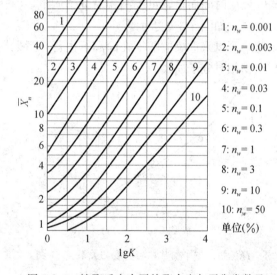

图 5-2-3　ω-羟基十一烷酸缩聚反应中产物平均聚合度与小分子浓度的关系

图 5-2-4　缩聚反应中平均聚合度与平衡常数及小分子副产物含量的关系

② 缩聚平衡方程应用

根据缩聚平衡方程，若要合成高相对分子质量的高聚物。对平衡常数很小的体系（如聚酯，$K \approx 4$），欲得到聚合度为 100 的产物，残留的小分子只能小于 4×10^{-4} mol/L。因此真空度要求很高（＜70Pa）；对于平衡常数较大的缩聚体系（如聚酰胺化反应，$K \approx 400$），欲得到相同聚合度的产物，残留的小分子可较高（＜0.04mol/L）。因此真空度要求较低；对于平衡常数很大，且对聚合度要求不高的缩聚体系（如酚醛树脂的制备，$K > 1000$），则小分子副产物的浓度对聚合度影响较小，反应甚至可在水溶液中进行。

缩聚反应都是平衡反应，但平衡的程度相差很大，因此聚合工艺差别很大。因此，平衡常数较高的聚合反应，容易达到高的相对分子质量的要求；而平衡常数较小的聚合反应，要得到高聚合度产物时，对设备质量要求较高。聚合后期，要求设备操作表面更新，创造较大的扩散界面。

5.2.3 影响缩聚反应平衡因素

（1）温度的影响

温度对平衡常数的影响，一般用下式表示：

$$\ln \frac{K_2}{K_1} = \frac{\Delta H}{R}\left(\frac{1}{T_1} - \frac{1}{T_2}\right)$$

式中 ΔH——缩聚反应的热效应

对于吸热反应，$\Delta H > 0$，若 $T_2 > T_1$，则 $K_2 > K_1$，即温度升高，平衡常数增大。

对于放热反应，$\Delta H < 0$，若 $T_2 > T_1$，则 $K_2 < K_1$，即温度升高，平衡常数减小。

由于缩聚反应多是放热反应，即升高温度使平衡常数减小，对生成高相对分子质量的产物不利。但他们的热效应不大，一般仅为 $-33.5 \sim 41.9\text{kJ/mol}$。故温度对平衡常数影响不大，如图 5-2-5 所示。但温度升高可使体系的黏度降低，有利于小分子的排出，因此，平衡缩聚反应经常是在较高的温度下进行，高温可以加快反应速率，缩短达到平衡的时间，因对于相同的反应时间而言，可提高相对分子质量，但达到平衡之后，却是低温易得高相对分子质量的产物，如图 5-2-6 所示。

因此，可以采取反应前期在高温下进行，后期在低温下进行，就可以既缩短时间，又可以提高产物相对分子质量。

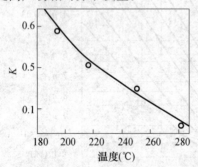

图 5-2-5 涤纶生产中平衡常数与温度的关系

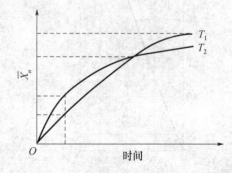

图 5-2-6 缩聚反应中聚合度与温度的关系（$T_2 > T_1$）

（2）压力的影响 $P\downarrow$，$n_w\downarrow$，$\overline{X_n}\uparrow$

① 直接减压法（或提高真空度法）

直接减压法效果较好，但对设备制造、加工精度要求严格，投资较大。

② 通入惰性气体降低小分子副产物分压法

此法优点是既可以降低小分子副产物分压，以便保护缩聚产物，防止氧化变色，一般需要配合较强的机械搅拌，还可采用薄层操作、共沸蒸馏等方法降低小分子的浓度。

工业生产中一般是先通入惰性气体降低分压，最后提高真空度。

（3）溶剂的影响

采用溶液缩聚的方法生产缩聚物时，不同的溶剂对聚合的影响较大，见表 5-2-3 苯胺与邻苯二甲酸酐的缩聚反应。

表 5-2-3　苯胺与邻苯二甲酸酐缩聚时不同溶剂对平衡常数的影响

溶剂	pk_d	K（L/mol）
乙腈	10.13	19.70
甲乙酮	7.2	25.5
四氢呋喃	2.1	176.00
二甲基甲酰胺	0.2	$>10^5$
二甲基亚砜	0	$>10^6$

（4）反应程度的影响

按照官能团等活性理论的观点，平衡常数与反应程度无关，但实际上，随反应程度的增加，官能团活性与等活性理论会产生偏差，如涤纶树脂生产的过程中，平衡常数 K 随反应程度 P 的增加而增大，如图 5-2-7 所示。

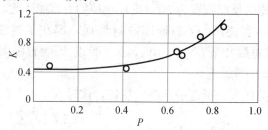

图 5-2-7　涤纶树脂生产中平衡常数 K 与反应程度 P 的关系

（5）官能团性质的影响

不同官能团反应能力不同，选择不同官能团的组合可以同样获得聚酯。如采用二元酸与二元醇缩聚生成聚酯 K 值很小，为可逆反应；而选用二元酰氯与二元醇缩聚生成聚酯 K 值大，为不可逆反应。

（6）催化剂的影响

在缩聚反应中，为了加快反应过程，常常加入催化剂。所加催化剂对正反应有利，减少副反应，而不影响反应的平衡常数。

5.2.4　线型缩聚物相对分子质量的控制

控制线型缩聚产物的相对分子质量就是控制产物的使用性能与加工性能。如低相对分子质量的环氧树脂宜作黏合剂，而高相对分子质量的环氧树脂则宜制备烘干型清漆。因此在合成高聚物过程中，必须根据使用目的及要求，严格控制缩聚物相对分子质量。在后加工中所得的聚合物要稳定，不发生变化。有效控制相对分子质量的方法是使缩聚物端基官能团失去再反应的能力，即"端基封闭"法。

线型缩聚产物相对分子质量的控制方法，有控制反应程度法、官能团过量法和加入单官能团法。其中控制反应程度法不是有效的方法。因为，通过控制反应程度虽然可以暂时控制产物的相对分子质量，但由于在大分子链端仍然存在可以再反应的官能团，使得产物在加热成型时，还会发生缩聚反应，造成最后产物的相对分子质量发生变化而影响性能。所以工业生产中经常采用的有效控制方法是后两种方法。

1. 官能团过量法

该方法适用于混缩聚和共缩聚体系。其控制原理如下：

以 a—R—a 与 b—R—b 型混缩聚体系为例，当 b 官能团过量或（b—R—b 单体过量）时，则反应进行到某一程度（a 官能团全部消耗掉）时，体系内形成的大分子两端均为 b 官能团所占据，大分子因失去反应对象而稳定。

设 N_a 为起始官能团 a 的总数，N_b 为起始 b 官能团的总数；若 b 官能团过量，则 $N_b > N_a$。

令 $\dfrac{N_a}{N_b} = \gamma$，$\gamma$ 即为摩尔系数。显然，$\gamma < 1$。

因为，体系内每种单体都带有两个官能团（即 $f = 2$），所以起始时体系内单体分子总数为 $\dfrac{N_a + N_b}{2}$ 或 $\dfrac{N_a\left(1 + \dfrac{1}{\gamma}\right)}{2}$。设某一时刻 a 官能团的反应程度为 P，则反应掉的 a 官能团数目为 $N_a P$，剩余的 a 官能团数目为 $N_a(1 - P)$。

设同一时刻 b 官能团的反应程度为 P_b，则反应掉的 b 官能团数目为 $N_b P_b$；

因为反应过程中，a 官能团与 b 官能团成对消耗，即在某时刻反应掉的 a 官能团总数与反应掉的 b 官能团总数相等（$N_a P = N_b P_b$），所以 $P_b = \gamma P$；则剩余的 b 官能团数目为 $N_b(1 - P_b) = N_b(1 - \gamma P)$。

由于剩余的官能团都在大分子链的两端，所以，该时刻体系内的大分子数为：

$$\frac{N_a(1 - P) + N_b(1 - \gamma P)}{2} = \frac{\dfrac{N_a(1 + \gamma - 2\gamma P)}{\gamma}}{2}$$

根据平均聚合度的定义，则有：

$$\overline{X_n} = \frac{\dfrac{N_a\left(1 + \dfrac{1}{\gamma}\right)}{2}}{\dfrac{N_a(1 + \gamma - 2\gamma P)}{2\gamma}} = \frac{1 + \gamma}{1 + \gamma - 2\gamma P} \tag{5-2-3}$$

或

$$\overline{X_n} = \frac{1 + \gamma}{2\gamma(1 - P) + (1 - \gamma)}$$

上式表明平均聚合度 $\overline{X_n}$ 与摩尔系数 γ 及反应程度 P 三者之间的关系。

当 $\gamma = 1$，即等物质的量比（$N_b = N_a$）时，$\overline{X_n} = \dfrac{1}{1 - P}$（前提是等物质的量配比）。

当 $P = 1$（相当于 a 官能团全部参加反应），则有

$$\overline{X_n} = \frac{1 + \gamma}{1 - \gamma}$$

2. 加入单官能团物质法

若 aAa 与 bBb 等物质的量，另加入少量单官能团物质 C_b，式 5-2-3 仍适用，但其摩尔系数为：

$$\gamma = \frac{N_a}{N_b + 2N_c}$$

式中，2 系数代表 C_b 相当于一个过量 bBb 的作用。

在 aAb 中加入少量单官能团物质 C_b，$\overline{X_n} = \dfrac{1}{1 - P}$ 仍适用，但是其摩尔系数为：

$$\gamma = \frac{N_{ab}}{N_{ab} + 2N_c}$$

综上所述，只要线型缩聚反应体系中存在一种官能团的稍稍过量，就会显著地降低缩聚物的聚合度。在实际生产中，要想获得高相对分子质量的缩聚物，就必须保证单体官能团严格的等物质的量比，一般常用加入单官能物质来调节控制聚合物相对分子质量。为此，必须保证单体具有足够高的纯度，因为杂质的存在会影响等物质量的比的精确性。

> **例** 由 1mol 丁二醇和 1mol 己二酸合成 $\overline{M}_n = 15000$ 的聚酯。

(1) 两基团数完全相等，$\gamma = 1$，忽略端基对 $\overline{M}_n$ 的影响，求终止缩聚的反应程度 P。

(2) 在缩聚过程中，如果有 0.5% 的丁二醇因脱水而损失，求达到统一反应程度时的 $\overline{M}_n$。

(3) 假定原始混合物中羧基的总浓度为 2mol，其中 1.0% 的为乙酸，求获得同一数均聚合度所需的反应程度 P。

解：(1) 聚合物的结构式为 $[OC(CH_2)_4COO(CH_2)_4O]_n$，所以 $M_0 = 200/2 = 100$，则：

$$\overline{X}_n = \frac{\overline{M}_n}{M_0} = \frac{15000}{100} = 150$$

$$P = \frac{\overline{X}_n - 1}{\overline{X}_n} = \frac{150 - 1}{150} = 0.993$$

(2) 如果有 0.5% 的丁二醇脱水，则 $\gamma = \frac{1 - 0.005}{1} = 0.995$，此时：

$$\overline{X}_n = \frac{1 + \gamma}{1 + \gamma - 2\gamma P} = \frac{1 + 0.995}{1 + 0.995 - 2 \times 0.995 \times 0.993} = 105$$

所以 $\overline{M}_n = \overline{X}_n M_0 = 105 \times 100 = 10500$

(3) 此时 $\gamma = \frac{N_a}{N_b + 2N_c} = \frac{2 \times (2 - 2 \times 1.0\%)}{2 \times (2 - 2 \times 1.0\%) + 2 \times 2 \times 1.0\%} = 0.99$

根据 $\overline{X}_n = \frac{1 + \gamma}{1 + \gamma - 2\gamma P} = \frac{1 + 0.99}{1 + 0.99 - 2 \times 0.99 \times P} = 105$

所以 $P = 0.991$

5.2.5 不平衡缩聚反应

不平衡缩聚反应是指在缩聚反应条件下不发生逆反应的缩聚反应。其特点是反应速率快，平衡常数极大，通常在几千以上。不平衡缩聚反应的必要条件是单体活性高。这类单体多数带有酰氯基、活泼原子或多官能度反应基团（二酐、四酸、四胺等）。如二元胺与二元酰氯的反应速率高达 $10^4 \sim 10^5 \text{L}/(\text{mol} \cdot \text{s})$。

利用不平衡缩聚反应合成许多重要的缩聚物，如聚碳酸酯、聚芳砜、聚苯醚、聚酰亚胺、聚苯并咪唑、吡啶、聚硅氧烷、聚硫橡胶等。

5.3 体型缩聚反应

5.3.1 体型缩聚反应的特点

当缩聚反应进行到一定反应程度时，反应体系的黏度突然增加，出现不溶不熔的弹性凝胶。此现象为凝胶化或凝胶化作用。此时的反应程度为凝胶点，可用 P_c 表示。此种不溶不熔的弹性凝胶就是体型缩聚物。

体型缩聚物具有不溶、不熔、耐高温、高强度、尺寸稳定等优良性能，是一种很好的结构材料。

体型缩聚物的生产一般分为两个阶段进行：第一阶段先制成缩聚不完全的预聚物，预聚物一般是线型或支链型的低聚物，相对分子质量约为 500～5000，可以是液体或固体；第二阶段是预聚物受热使潜在的官能团进一步发生缩聚反应，交联成为不溶不熔的体型高聚物。

工艺上则往往根据反应程度的不同，将体型高聚物的制备分为甲、乙、丙三个阶段：反应程度 $P<P_c$ 的为甲阶段树脂，甲阶段树脂有良好的溶解、熔融性能；反应程度 P 趋向 P_c 的为乙阶段树脂，乙阶段树脂溶解性能较差，一般难熔融，但能软化；反应程度 $P>P_c$ 的为丙阶段树脂，丙阶段树脂已经交联固化，不能溶解，也不能熔融和软化。

如上所述，预聚体在体型高聚物的合成生产中具有极重要的意义。根据预聚物的结构可分为无规预聚物和已知结构的预聚物两种类型。

无规预聚物基本反应的官能团是无规排布的，受热后则发生无规交联。无规预聚物一般由 2-3、2-4 官能度体系的单体缩聚而成，控制 $P<P_c$，冷却停止反应，即得预聚物。酚醛树脂、脲醛树脂、醇酸树脂的预聚物都是无规预聚物。

已知结构预聚物为特定设计比较清楚的活性端基或侧基的预聚物。这类预聚物一般为线型缩聚反应形成的线型低聚物，须加入催化剂或其他反应性物质后才能交联固化。与无规预聚物相比，这类预聚物的预聚阶段、交联阶段，以及产品结构都容易控制。线型酚醛树脂、环氧树脂、不饱和聚酯树脂以及制取聚氨酯用的聚醚二醇和聚酯二醇等都是已知结构的预聚物。碱催化法与酸催化法酚醛树脂不同的预聚物的制备及其交联固化过程如图 5-3-1 所示。

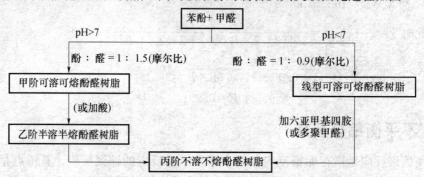

图 5-3-1　碱催化法和酸催化法制备的酚醛树脂预聚物的交联固化过程

5.3.2　凝胶点的预测

凝胶点是预聚物制备及交联固化的重要参数。预聚阶段，反应程度如超过凝胶点，将使预聚物固化在反应釜内而发生"结锅"事故。固化阶段则须掌握适当的固化时间，即达到凝胶点的时间。例如，制造热固性泡沫塑料，要求其快速固化，否则泡沫就要破灭。又如制造热固性层压板，固化过快，交联不好，将使层压板强度降低。因此，凝胶点的预测对指导生产实践具有十分重要的意义。

凝胶点可以通过实验进行实际测定，也可以从理论上进行预测。现将预测凝胶点的卡罗瑟斯方程介绍如下。

卡罗瑟斯方程的理论基础是，出现凝胶点时的聚合度为无穷大。

设两种单体 A 与 B 以等物质的量官能团进行缩聚反应，$\bar{f}$ 为参加反应单体的平均官能度，N_0 为起始单体分子总数，N 为 t 时体系分子总数。

则 $N_0\bar{f}$ 为起始单体的官能团总数，$2(N_0-N)$ 为 t 时已消耗的官能团数，由于每一步反应消耗 2 个官能团，故乘以 2。

所以 t 时的反应程度为：

$$P=\frac{2(N_0-N)}{N_0\bar{f}}=\frac{2}{\bar{f}}-\frac{2N}{N_0\bar{f}}=\frac{2}{\bar{f}}\left(1-\frac{N}{N_0}\right)$$

因为 $\overline{X_n}=N_0/N$，代入上式，则得

$$P=\frac{2}{\bar{f}}\left(1-\frac{1}{\overline{X_n}}\right)$$

凝胶时，考虑到官能团为无穷大，则凝胶点为：

$$P_c=\frac{2}{\bar{f}}$$

上式表示反应程度 P 或 P_c 与平均官能度的关系，即为卡罗瑟斯方程，由此则可预测凝胶点 P_c。

例如，某 2-3 官能度体系单体以等物质的量参加缩聚反应，则平均官能度如下。

代入上式即可预测出凝胶点为：

$$\bar{f}=\frac{2\times3+3\times2}{3+2}=2.4$$

此预测值比实验测定值略高，其原因是在凝胶化时，聚合度并非为无穷大。

由邻苯二甲酸酐与甘油以等物质的量参加的缩聚反应，当聚合度接近 24 就出现凝胶化，按上式计算：

$$P_c=\frac{2}{\bar{f}}=\frac{2}{2.4}=0.833$$

$$P_c=\frac{2}{\bar{f}}\left(1-\frac{1}{\overline{DP}}\right)=\frac{2}{2.4}\left(1-\frac{1}{24}\right)\approx0.80$$

此值与实验值接近。如图 5-3-2 所示为邻苯二甲酸酐与甘油缩聚反应中反应程度 P 与聚合度 $\overline{X_n}$ 的关系。

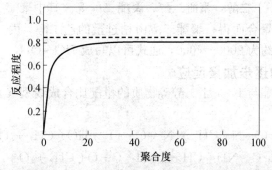

图 5-3-2　邻苯二甲酸酐与甘油缩聚反应时反应程度与聚合度的关系

由图可以看出，当接近 P_c 时，只要 P 值稍微增加，其聚合度就增加很大。这就是凝胶化突然出现的原因。

5.4　逐步加聚反应

逐步加聚反应是单体分子通过逐步加成，在分子间形成共价键高聚物的反应。这种反应多是不可逆缩聚反应。通过逐步加聚反应可以获得含有氨基甲酸酯（—NHCOO—）、硫脲（—NHCSNH—）、脲（—NHCONH—）、酯、酰胺等键合团的高聚物。

5.4.1　氢转移逐步加聚反应

顾名思义，这反应是通过氢原子转移来完成逐步加成聚合的。并且反应时无小分子析出，产物的化学组成与单体的化学组成相同。下面以聚氨酯为例加以介绍。

聚氨酯是聚氨基甲酸酯的简称。是由二异氰酸酯与二元醇逐步加聚反应而得。

$$n\text{O}=\text{C}=\text{N}-\text{R}-\text{N}=\text{C}=\text{O}+n\text{HO}-\text{R}'-\text{OH}\rightarrow$$

$$\left[\begin{array}{c}\text{C}\\\|\\\text{O}\end{array}-\text{NH}-\text{R}-\text{NH}-\begin{array}{c}\text{C}\\\|\\\text{O}\end{array}-\text{O}-\text{R}'-\text{O}\right]_n$$

常用的二异氰酸酯有

2，4-甲苯二异氰酸酯　　　　　　　　　　　2，6-甲苯二异氰酸酯

$$\text{O}=\text{C}=\text{N}\text{—}(\text{CH}_2)_6\text{—}\text{N}=\text{C}=\text{O}$$

六亚甲基二异氰酸酯　　　　　　　　　　　萘二异氰酸酯

常用二元醇为1，4-丁二醇，聚醚二醇、聚酯二醇等。其中聚醚二醇由环氧乙烷、环氧丙烷、四氢呋喃等开环聚合而得；聚酯二醇由稍过量的乙二醇、丙二醇等与己二酸缩聚而得。两者相对分子质量约为2000～4000，通式可以写成 HO～OH。

1. 线型聚氨酯的逐步加聚反应

六亚甲基二异氰酸酯与1，4-丁二醇等物质的量配比合成线型聚氨酯反应，所得产物主要用于合成纤维。

$$n\text{O}=\text{C}=\text{N}\text{—}(\text{CH}_2)_6\text{—}\text{N}=\text{C}=\text{O}+n\text{HO}\text{—}(\text{CH}_2)_4\text{—}\text{OH}\rightarrow$$

$$\left[\begin{array}{c}\text{C}\\\|\\\text{O}\end{array}-\text{NH}\text{—}(\text{CH}_2)_6\text{—}\text{NH}-\begin{array}{c}\text{C}\\\|\\\text{O}\end{array}-\text{O}\text{—}(\text{CH}_2)_4\text{—}\text{O}\right]_n$$

二异氰酸酯与聚醚二醇或聚酯二醇合成带有异氰酸酯端基的线型聚氨酯反应，所得产物主要用于泡沫塑料、橡胶、弹性纤维的预聚物。

$$(n+1)\ O=C=N-R-N=C=O + nHO\sim OH \rightarrow$$

$$O=C=N\left[R-NH-\underset{\underset{O}{\|}}{C}-O\sim O-\underset{\underset{O}{\|}}{C}-NH\right]_{n}R-N=C=O$$

经线型聚氨酯预聚物与扩链剂（如二元胺）反应，形成嵌段共聚物。

$$2O=C=N\left[R-NH-\underset{\underset{O}{\|}}{C}-O\sim O-\underset{\underset{O}{\|}}{C}-NH\right]_{n}R-N=C=O + H_2N-R'-NH_2 \rightarrow$$

$$O=C=N\left[R-NH-\underset{\underset{O}{\|}}{C}-O\sim O-\underset{\underset{O}{\|}}{C}-NH\right]_{n}R-\underset{\underset{\underset{O}{\|}}{C}}{\overset{H}{N}}-CNH-R'-NH$$

2. 体型聚氨酯的逐步加聚反应

用以制备聚氨酯橡胶和弹力纤维的体型聚氨酯逐步加聚反应是通过异氰酸酯端基与线型聚氨酯预聚物的交联来完成的。主要有以下两种方式：

$$\sim NH-\underset{\underset{O}{\|}}{C}-O\sim + O=C=N\sim \rightarrow \sim N-\underset{\underset{\underset{NH}{|}}{\overset{|}{C}}}{\overset{\overset{\overset{O}{\|}}{C}}{\|}}-O\sim$$

$$\sim NH-\underset{\underset{O}{\|}}{C}-NH\sim + O=C=N=\sim \rightarrow \sim NH-\underset{\underset{\underset{NH}{|}}{\overset{|}{C=O}}}{\overset{\overset{\overset{O}{\|}}{}}{C}}-N\sim$$

用以制备聚氨酯硬泡沫塑料的体型聚氨酯逐步加聚反应是通过异氰酸酯端基与含多羟基预聚物（由适量甘油合成的聚酯预聚物）中侧羟基的交联来完成的。

$$\sim\underset{\underset{OH}{|}}{C}\sim + O=C=N\sim \rightarrow \sim\underset{\underset{\underset{NH}{|}}{\overset{|}{C=O}}}{\overset{\overset{|}{O}}{C}}\sim$$

显然，侧羟基越多，则交联密度越大，泡沫塑料也越硬。

制备泡沫塑料时，加入适量的水可以产生 CO_2 进行发泡，并通过脲键的形成而扩键。再与异氰酸酯端基发生交联反应而固化。

115

$$2O=C=N\sim N=C=O+H_2O\rightarrow$$

$$O=C=N\sim NH-\underset{\underset{O}{\|}}{C}-O-\underset{\underset{O}{\|}}{C}-NH\sim N=C=O\rightarrow$$

$$O=C=N\sim NH-\underset{\underset{O}{\|}}{C}-NH\sim N=C=O+CO_2\uparrow$$

$$+O=C=N\sim$$

$$\downarrow$$

$$\sim NH-\underset{\underset{O}{\|}}{C}-N\sim$$
$$\underset{\underset{NH}{\underset{\|}{\wr}}}{C=O}$$

5.4.2　生成环氧树脂的逐步加聚反应

1. 环氧氯丙烷、双酚 A 在 NaOH 作用下的线型加成反应

$$(n+1)HO-\bigcirc-\underset{\underset{CH_3}{\overset{CH_3}{|}}}{C}-\bigcirc-OH+(n+2)CH_2-CH-CH_2+(n+2)NaOH\rightarrow$$

$$CH_2-CH-CH_2\left[O-\bigcirc-\underset{\underset{CH_3}{\overset{CH_3}{|}}}{C}-\bigcirc-O-CH_2-CH-CH_2\right]_n$$

$$(n+2)NaCl+(n+2)H_2O+CH_2-CH-CH_2-O-\bigcirc-\underset{\underset{CH_3}{\overset{CH_3}{|}}}{C}-\bigcirc-O$$

其中原料配比对产物的相对分子质量有显著的影响，见表 5-4-1。

表 5-4-1　原料配比对环氧树脂相对分子质量的影响

$\dfrac{\text{环氧氯丙烷}}{\text{双酚 A}}$（物质的量比）	$\dfrac{\text{氢氧化钠}}{\text{双酚 A}}$（物质的量比）	软化点（℃）	相对分子质量	环氧当量	每分子所带环氧基数
2.0	1.1	43	451	314	1.39
1.4	1.3	84	791	592	1.34
1.33	1.3	90	802	730	1.10
1.25	1.3	100	1133	860	1.32
1.2	1.3	112	1420	1176	1.21

2. 线型加成产物的固化反应

用于环氧树脂的固化剂很多，有无机物如 BF_3、$SnCl_4$、$ZnCl_2$、$AlCl_3$ 等；有机多元胺类如二乙烯三胺、三乙烯四胺、三乙胺、苯二甲胺等；有机多元酸及酸酐、苯酐、均苯四酐等；还有酚醛树脂、脲醛树脂和聚酯等。这里重点介绍胺类和羧酸类固化反应。

胺类固化剂引发固化反应：

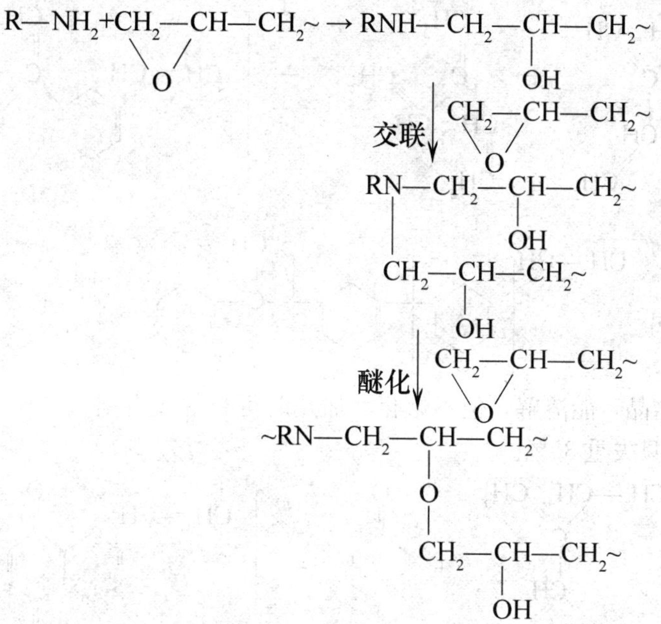

$$R-NH_2+CH_2-CH-CH_2\sim \rightarrow RNH-CH_2-CH-CH_2\sim$$

（交联）

（醚化）

羧酸类固化剂引发固化反应：

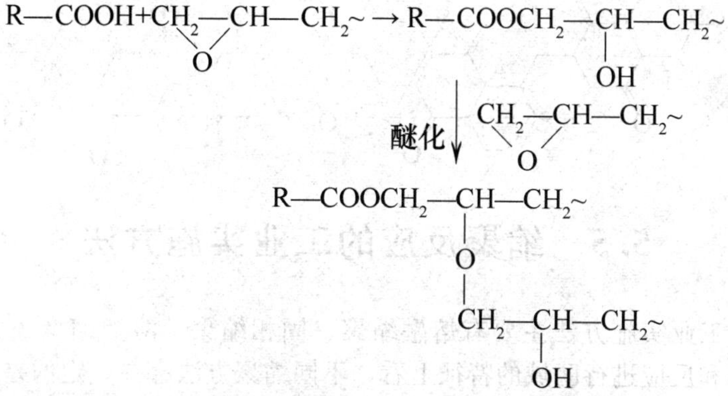

$$R-COOH+CH_2-CH-CH_2\sim \rightarrow R-COOCH_2-CH-CH_2\sim$$

（醚化）

5.4.3　形成梯形高聚物的逐步聚合反应——Diels-Alder 反应

Diels-Alder 反应是共轭双烯烃与一类烯类化合物发生的 1，4-加成反应。如乙烯基丁二烯自身反应可以生成产物如下。

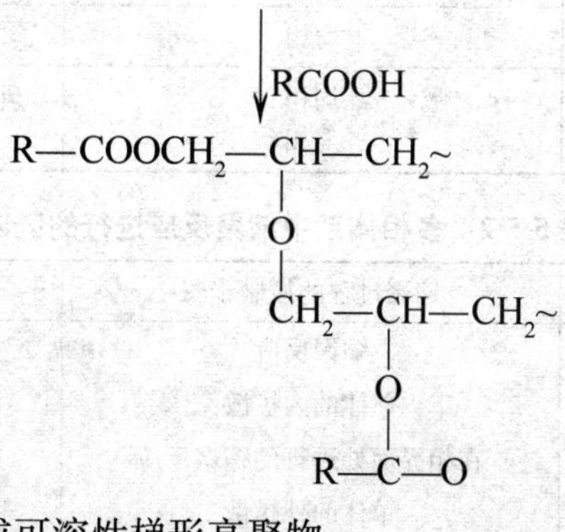

RCOOH

$$R-COOCH_2-CH-CH_2\sim$$

如果与苯醌反应，则生成可溶性梯形高聚物。

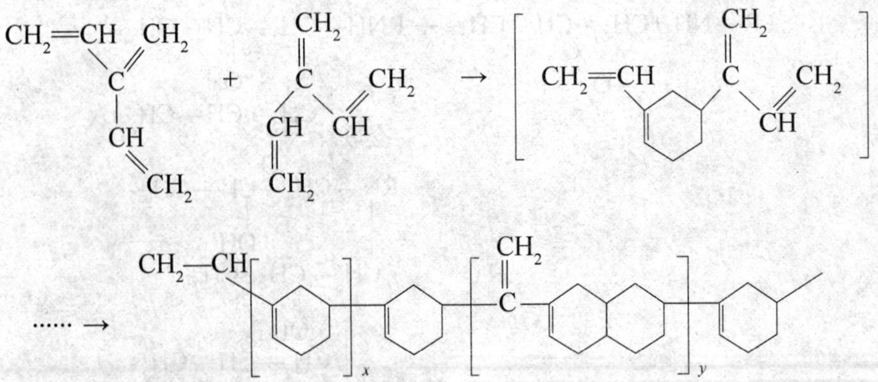

该高聚物能结晶，能溶解，但不熔化，加热时可分解成石墨状物质。具有很高的耐热性，900℃加热时只失重30%。

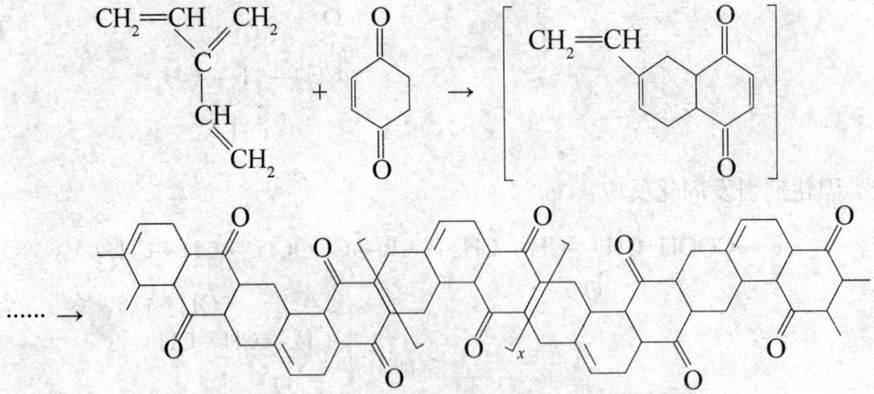

5.5　缩聚反应的工业实施方法

缩聚反应的工业实施方法主要有熔融缩聚、固相缩聚、溶液缩聚、界面缩聚、乳液缩聚等。从相态和反应进行区域的特征上看，不同缩聚方法存在一定的差异，见表5-5-1、表5-5-2。对于同一种缩聚物产物，由于采用不同缩聚方法，造成反应进行的条件不同，其性能差异较大，见表5-5-3。

表 5-5-1　缩聚体系的相态和反应进行的区域

缩聚体系相态	反应进行区域的特征	相应的缩聚方法
单相	均相	熔融缩聚、溶液缩聚、固相缩聚
多相	均相 复相	乳液缩聚、有聚合物析出的溶液缩聚 界面缩聚

表 5-5-2　多相体系中缩聚反应进行的区域

缩聚过程的范畴	缩聚过程的控制步骤	反应进行的区域
（1）内部动力学	缩聚反应	反应相的全部体积内
（2）内扩散	单体的内扩散	反应相的部分体积内
（3）外部动力学	在相界面处进行的缩聚反应	全部相界面
（4）外扩散	单体的外扩散	部分相界面

注：（1）乳液缩聚；（2）、（3）、（4）界面缩聚。

表 5-5-3　不同缩聚方法制得的聚全芳酯的物理力学性能

性能	界面缩聚	溶液缩聚
软化温度（℃）	280～285	315～320
拉伸强度（MPa）	96	100
断裂伸长率（%）	13	40～50

5.5.1　熔融缩聚

　　熔融缩聚是指反应中不加溶剂，反应温度在单体和缩聚物熔融温度以上进行的缩聚反应，是工业上广泛采用的方法，可以用来制备聚酯、聚酰胺、聚氨酯等产品。

　　熔融缩聚的基本特点：反应温度高（一般在 200℃ 以上）；有利于提高反应速率和排出小分子副产物；符合一般缩聚反应的可逆平衡规律；反应温度高，单体容易发生成环反应，缩聚物容易发生裂解反应。

1. 熔融缩聚的工艺特点

① 工艺路线简单成熟，可以间歇生产，也可以连续生产；

② 反应需要在高温（200～300℃）下进行；

③ 反应时间较长，一般都在几小时以上；

④ 为避免高温时缩聚产物的氧化降解，常需要在惰性气体的保护下进行；

⑤ 反应后期需要在高真空度下进行，以保证充分脱除小分子副产物。

　　充分脱除小分子副产物是熔融缩聚的关键问题。除保证高真空度外，在生产工艺上和设备上都采用了相应的措施，特别是薄层缩聚法，已受到很大的重视。但熔融缩聚的反应温度一般不能超过 300℃，不适于制备高熔点的耐高温缩聚物。

　　熔融缩聚过程的一般特点如图 5-5-1 所示。

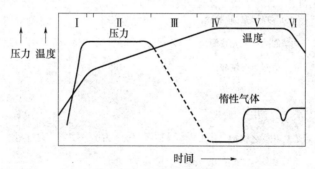

图 5-5-1　熔融缩聚过程的一般特点

Ⅰ—加热；Ⅱ—排气；Ⅲ—降压；Ⅳ—保持阶段；Ⅴ—挤出；Ⅵ—结束

2. 影响熔融缩聚反应的主要因素

　　单体配料比对产物平均相对分子质量有决定性影响，所以在熔融缩聚的全过程都要严格按配料比进行。但由于高温下单体易挥发或稳定性差等原因造成配料比不好控制，因此，生产上一般采取将混缩聚转变为均缩聚的办法，如将对苯二甲酸转变为易于提纯的对苯二甲酸二甲酯，再与乙二醇进行酯交换生成对苯二甲酸乙二酯，再进行缩聚反应得涤纶树脂。又如将己二酸与己二胺转变成尼龙-66 盐生产尼龙-66。

　　对于高温挥发性较大的单体采用适当多加的办法，以弥补损失量。

① 反应程度：通过排出小分子副产物的办法提高反应程度。具体可以采用提高真空度、强烈机械搅拌、改善反应器结构（如采用卧式缩聚釜、薄层缩聚法等）、使用扩链剂（扩链剂能增加小分子副产物的扩散速率）、通入惰性气体等方法。

② 温度、氧、杂质：先高温后低温；由于高温下氧能使产物氧化变色、交联，因此，要通入惰性气体，并加入抗氧剂（如 N-苯基-β-萘胺、磷酸三苯酯等）；杂质的带入会影响配料比，因此要清除。

③ 催化剂：加入一定量的催化剂能提高反应速率。

5.5.2　固相缩聚

所谓固相缩聚是指在原料熔点（或软化温度）以下进行的缩聚反应。此方法主要用于制备高相对分子质量、高纯度的缩聚物；特别适合制备单体熔点很高或超过熔点容易分解的缩聚物以及耐高温缩聚物和无机缩聚物。

1. 固相缩聚的类型

① 反应温度在单体熔点以下的固相缩聚是"真正"的固相缩聚。

② 反应温度在单体熔点以上，但在缩聚物熔点以下的固相缩聚，一般先采用常规熔融缩聚制备预聚物，再在预聚物熔点（或软化点）以下进一步进行固相缩聚反应。

③ 体型缩聚反应和环化缩聚反应，反应程度高时，反应实际上是在固态下进行的。

固相缩聚多采用 a—R—b 型单体，若采用 a—R—a、b—R—b 型单体，一般先制成两种单体盐，再进行固相缩聚。某些常用的固相缩聚单体见表 5-5-4。

表 5-5-4　某些常用的固相缩聚单体

聚合物	单体	反应温度（℃）	单体熔点（℃）	聚合物熔点（℃）
聚酰胺	氨基羧酸	190～225	200～275	—
聚酰胺	二元羧酸与二胺的盐	150～235	170～280	250～350
聚酰胺	均苯四酸与二元胺的盐	200	—	＞350
聚酰胺	氨基十一烷酸	185	190	
聚酰胺	多肽酯	100	—	
聚酰胺	己二酸-己二胺盐	183～250	195	265
聚酯	对苯二甲酸-乙二醇的预聚物	180～250	180	265
聚酯	羟乙酸	220		245
聚酯	乙酰氯基苯甲酸	265		295
聚多糖	a-D-葡萄糖	140	150	—
聚苯撑硫醚	对溴硫酚的钠盐	290～300	315	
聚苯并咪唑	芳香族四元胺和二元羧酸的苯酯	280～400	—	400～500

2. 固相缩聚的特点

① 反应慢，表观活化能大：固相缩聚的反应速率比熔融缩聚和溶液缩聚的反应速率都慢，完成需要数十小时；表观活化能很大，一般在 $251～753kJ/mol$。

② 受扩散过程控制：缩聚过程中单体从一个晶相扩散到另一个晶相。

③ 动力学特点：固相缩聚有明显的自催化效应，反应速率随时间的延长而增加，到反应后期，由于官能团浓度很小，反应速率才迅速下降。

④ 对反应物的物理结构很敏感：物理结构包括晶格结构、结晶缺陷、杂质等。

⑤ 可以采用反应成型法：对于难溶难熔和耐高温缩聚物材料非常适用。

3. 影响固相缩聚的因素

① 单体配料比及单官能团化合物混缩聚时，一种单体过量会使产物相对分子质量降低（图 5-5-2），但影响程度没有熔融缩聚大。单官能团化合物的影响与其他缩聚方法一样。

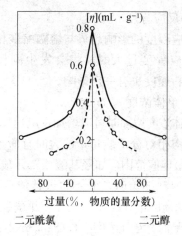

图 5-5-2　固相缩聚产物特征黏度与起始配料比的关系，虚线表示溶液或熔融缩聚的情况

② 反应程度

与一般缩聚反应相同，增加真空度可以降低小分子副产物的浓度，提高产物的相对分子质量。

③ 温度

固相缩聚的反应温度范围较窄，一般在熔点以下 15～30℃进行。并且，反应温度还影响产物的物理状态，如在单体熔点以下 1～5℃反应时，产物为块状；而在单体熔点以下 5～20℃进行时，产物为密实的粉末。

④ 添加物

固相缩聚对添加物比较敏感，有催化作用的反应加速，无催化作用的反应减速。

⑤ 原料粒度

原料粒度越小，反应速率越快。

5.5.3　溶液缩聚

溶液缩聚就是在溶剂中进行的缩聚反应。其应用规模仅次于熔融缩聚，随着耐高温缩聚物的发展，该方法的重要性日渐增加。多用于制备耐高温材料，如聚砜、聚酰亚胺、聚次苯硫醚、聚苯并咪唑等。

1. 溶液缩聚的类型

① 根据反应温度分类：可以分为高温溶液缩聚和低温（100℃以下）溶液缩聚。

② 按反应性质分类：可以分为可逆溶液缩聚与不可逆溶液缩聚。

③ 按产物溶解情况分类：可以分为产物溶解于溶剂的真正均相溶液缩聚，和产物不溶解于溶剂的，在反应过程中有沉淀的非均相溶液缩聚。

2. 溶液缩聚的工艺特点

由于有溶剂存在，造成工艺上具有如下特点：反应平稳，有利于热量交换，可防止局部过热；不需要高真空；所得到的缩聚物溶液可以直接制成清漆、成膜材料或纺丝。

不足之处：需要对溶剂进行分离、精制、回收等，造成生产成本较高；工艺过程比熔融缩聚复杂。因此，凡能用熔融缩聚法生产的缩聚物，一般不用溶液缩聚法。

3. 溶液缩聚的主要影响因素

单体配料比和单官能团影响的趋势与其他缩聚相同，但曲线不对称（图 5-5-3）。

① 反应程度

反应程度的影响趋势与熔融缩聚相同，但当反应程度过大时，将会发生副反应。同时加料速度也有一定影响。

② 单体浓度

单体浓度增加时可以增加反应速率，并提高产物相对分子质量，过大时有所下降，即存在最佳值范围，如羟基酸或二元羧酸与二元醇溶液缩聚时，单体的最佳浓度约为 20%（物质的量分数），而对苯二甲酰氯与双酚 A 缩聚时，最佳浓度为 0.6~0.8mol/L。

③ 温度

总趋势是温度升高，反应平衡常数下降。对于活性大的单体，一般采用低温溶液缩聚。因为采用高温时，副反应增加，产物相对分子质量和产率下降。

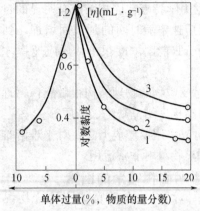

二胺　　　　　　　　二酰氯

图 5-5-3　在二甲基乙酰胺中间苯二胺与间苯二甲酰氯缩聚时，配料比及加料速度对产物相对分子质量的影响
1—快速加料；2—20 min；3—40 min

对于活性小的单体，为加快反应速率，必须在一定温度下进行，否则，反应太慢。在一定范围内升高温度可以增加产物相对分子质量及产率。

④ 催化剂

催化剂对活性大的单体可以不加，但活性小的单体需要适量加入。

⑤ 溶剂

溶剂的作用是溶解单体，促进单体间混合，降低体系黏度，吸收反应热，有利于热量交换，使反应平稳；溶解或溶胀增长着的大分子链，使其伸展便于继续增长，增加反应速率，提高相对分子质量，但大分子链在溶剂中的状态取决于溶剂的性质；有利于小分子副产物的排除；起小分子副产物接受体的作用；起缩合剂的作用；能抑制环化反应。

溶剂对反应速率与相对分子质量都有影响，一般是采用溶剂的极性大（如介电常数大），可提高缩聚的反应速率和相对分子质量；当使用的溶剂发生副反应时，会降低产物相对分子质量；同时对其分布及产物组成也有一定的影响。

溶液缩聚时，可以选用单一溶剂，也可以选用混合溶剂。

5.5.4　界面缩聚

界面缩聚又称相间缩聚，是在多相（一般为两相）体系中，在相的界面处进行的缩聚反应。多适用于实验室或小规模合成聚酰胺、聚脲、聚砜、含磷缩聚物、螯合型缩聚物及其他耐高温的缩聚物。

1. 界面缩聚的类型

① 根据体系的相状态可分为液-液界面缩聚和液-气界面缩聚

液-液界面缩聚将两种反应活性很大的单体，分别溶解于两互不相溶的液体内，在两相的界面处进行缩聚反应。常见的液-液界面缩聚体系见表 5-5-5。

液-气界面缩聚使一种单体处于气相，另一种单体溶于溶剂中，在气-液相界面进行缩聚反应。常见的情况见表 5-5-6。

② 按工艺方法分为静态界面缩聚和动态界面缩聚

静态界面缩聚如图 5-5-4 所示。

动态界面缩聚是有搅拌的界面缩聚。所得产物为粒状，又称粒状界面缩聚，如图 5-5-5 所示。

表 5-5-5　常见的液-液界面缩聚体系

缩聚产物	起始单体	
	溶于有机相的单体	溶于水相的单体
聚酰胺	二元酰氯	二元胺
聚脲	二异氰酸酯，光气	二元胺
聚磺酰胺	二元磺酰氯	二元胺
聚氨酯	双-氯甲酸酯	二元胺
聚酯	二元酰氯	二元酚类
环氧树脂	双酚 A	环氧氯丙烷
酚醛树脂	苯酚	甲醛
含磷缩聚物	磷酰氯	二元胺
聚苯并咪唑	芳酸酰氯	芳族四元胺
螯合聚合物	四元酮	金属盐类

表 5-5-6　液-气界面缩聚及其产物的特性黏度

单体		缩聚产物	产物特性黏度的比较（mL/g）	
气相	液相		液-气缩聚法	液-液缩聚法
草酰胺	己二胺	聚草酰胺	0.80	—
草酰胺	己二胺	聚草酰胺	1.50	0.45
草酰胺	癸二胺	聚草酰胺	0.64	—
草酰胺	对苯二胺	聚草酰胺	2.12	0.42
高氟己二酰氯	对苯二胺	氟化聚酰胺	0.64	0.09
光气	己二胺	聚脲	1.02	1.15
硫光气	对苯二胺	聚硫醚	0.31	0.76
草酰胺	丁二硫醇	聚硫酯	不溶	—
草酰胺	戊二硫醇	聚硫酯	0.53	—

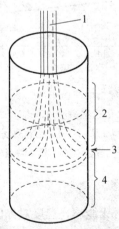

图 5-5-4　静态界面缩聚示意图

1—拉出的膜；2—己二胺水溶液；

3—在界面上形成的膜；4—癸二酰氯的四氯化碳溶液

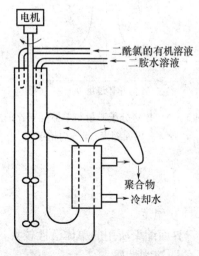

图 5-5-5　动态界面缩聚的简单实验装置

2. 界面缩聚的基本特点

界面缩聚是复相反应；界面缩聚是扩散控制过程；两相间的界面具有重要的作用。相界面为每一基元反应提供适宜反应条件；在相界面处（或附近）形成初级聚合物膜；相界面处所具有的足够的表面张力是形成高相对分子质量产物的必要条件。界面缩聚是不可逆反应。

3. 界面缩聚的主要影响因素

① 单体配料比

界面缩聚产物相对分子质量与单体配料比的关系如图 5-5-6 所示，存在最佳配料比。如水-四氯化碳体系中己二胺与癸二酰氯缩聚时，水相中己二胺浓度为 0.1mol/L 时，有机相中癸二酰氯的最佳浓度为 0.015mol/L；而当己二胺浓度为 0.4mol/L 时，癸二酰氯的最佳浓度为 0.06mol/L。并且，单体的配料比可以通过体积比不变，只改变浓度或浓度不变，只改变体积比来实现。

造成图 5-5-6 中现象的主要原因是由于界面缩聚属于复相反应，对产物相对分子质量起影响的因素是反应区两种单体的物质的量比而不是整个体系中两种单体的物质的量比。

② 单官能团化合物

它的影响与其他缩聚方法中的一样，会降低产物相对分子质量。但下降的程度不但与该物质的含量有关，还与该物质的反应活性及向反应区扩散的速率有关。含量大，反应活性大，并且扩散速率快，则产物相对分子质量降低严重。

产物相对分子质量与产率的关系比较复杂，没有简单关系，如图 5-5-7 所示。

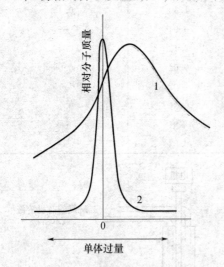

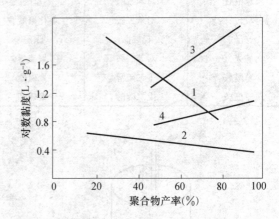

图 5-5-6 相对分子质量与单体配料比的关系
1—界面缩聚；2—均相缩聚

图 5-5-7 界面缩聚中产物产率与相对分子质量的关系
1—己二胺（水）-己二酰胺（CCl₄）；2—己二胺（水）-对苯二甲酰氯（苯）；3—己二胺（水）-癸二酰氯；4—己二胺（水）-癸二酰氯（苯）

③ 温度

界面缩聚所用的单体活性较大，反应速率快，反应活化能小，温度对界面缩聚影响小。

④ 溶剂性质

一般情况下，为了保证产物相对分子质量较高，气-液界面缩聚中，液相最好是水；液-液界面缩聚中，一个液相是有机相，另一液相是水。溶剂的选择多凭经验。

⑤ 水相的 pH

水相的 pH 相对于产物产率、相对分子质量有最佳值，如图 5-5-8 所示。

⑥ 乳化剂

在界面缩聚中加入少量乳化剂可以加快反应速率，提高产率，反应的重复性好。如图 5-5-9所示也存在最佳加入量。

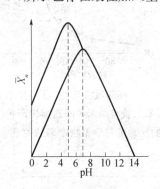

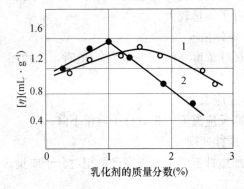

图 5-5-8　水相 pH 对产物聚合度的影响　　图 5-5-9　界面缩聚中乳化剂对聚芳酯相对分子质量的影响

1—二丁基萘磺酸钠；2—脂肪族磺酸钠

5.5.5　乳液缩聚

反应体系由两个液相组成，而形成缩聚物的缩聚反应在其中一个相（反应相）的全部体积中进行，这种缩聚过程称为乳液缩聚。

1. 乳液缩聚体系组成

分散介质一般是水，称为水相。

分散相一般为溶解单体的有机溶剂，称为有机相，也是反应相。

单体一般要求有足够的反应活性，不必过大，但单体要有足够大的分配系数。

2. 乳液缩聚的特点

乳液缩聚的基本特点是：一般在整个有机相组成的多相体系中进行均相缩聚反应。属于内部动力学范畴。

3. 乳液缩聚的类型

① 按缩聚反应类型分

乳液聚酰胺化是研究比较充分的乳液缩聚，常见的是芳香族二元酸类和芳香族二元胺的缩聚反应。多属于不可逆缩聚；乳液聚酯化常见的是聚碳酸酯和聚芳酯的生成反应。

② 按缩聚反应性质分

多数属于不可逆乳液缩聚，个别属于可逆乳液缩聚。

③ 按体系特点分

水相和有机相完全不混溶的乳液缩聚；水相和有机相部分混溶的乳液缩聚。其中以后者居多。

4. 乳液缩聚的主要影响因素

以间苯二胺与间苯二甲酰氯为例，介绍乳液缩聚的主要影响因素。

① 产物相对分子质量与产率的关系

反应程度达到 $95\%\sim98\%$ 时，才能获得高分子量的聚合物，产物的黏度随产率和反应程度的增加而提高，如图 5-5-10 所示。

　　② 单体配料比

　　其基本与溶液缩聚相同，如图 5-5-11、图 5-5-12 所示。产物的相对分子质量不仅与单体配料比有关，而且加料速度快慢对其也有一定影响，缓慢加入的产物相对分子质量较大。

　　③ 单体浓度

　　在最佳浓度（约 0.5mol/L）值时，产物相对分子质量最大。

　　④ 反应温度

　　提高反应温度，相对分子质量下降。

　　⑤ 搅拌速度

　　增加搅拌速度可以提高产物相对分子质量。

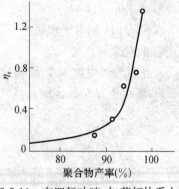

图 5-5-10　在四氢呋喃-水-苏打体系中，间苯二胺与间苯甲酰缩聚产物的比黏度与缩聚物产率的关系

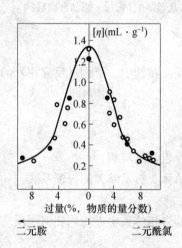

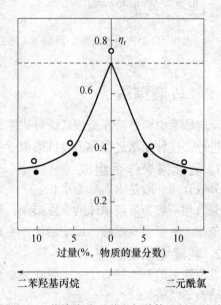

图 5-5-11　间苯二胺与间苯二甲酰氯乳液缩聚产物的特性黏度与配料比的关系

　　○—四氢呋喃-水-苏打体系的乳液缩聚；

　　●—以二甲基乙酰胺为溶剂的溶液缩聚

图 5-5-12　芳族聚酯比黏度与单体配料比的关系

　　●—改变单体浓度；

　　○—改变相体积；

　　虚线—界面缩聚的情况

　　⑥ 盐析剂和接受体

　　盐析剂多为无机盐类，加入后可以提高二元胺的分配系数，调节两相的组成。而接受体的作用是消除副产物。多数情况盐析剂与接受体是采用同一物质。通常情况下，产物的相对分子质量随盐析剂加入量的增加而增大。

　　⑦ 有机相的种类

　　其影响基本同溶液缩聚。对芳酰胺化反应，有机相中含一定量的水有利于缩聚反应的进行。但对其他体系（如聚芳酯）则相反。

　　⑧ 副反应

　　主要是二元酰氯发生水解反应，使产物相对分子质量下降。

5.6　聚对苯二甲酸乙二醇酯生产技术

教学目标

◎ **能力目标**

1. 对 PET 的生产，能正确选择单体及高聚物生产方法；

2. 能通过实训掌握生产过程、机理，确定工艺条件；

3. 能对聚酯生产开车试车、停车过程中的关键系统有所了解；

4. 能进行聚酯的正常生产；

5. 能对一些常见的生产故障进行正确的应急处理。

◎ **知识目标**

1. 掌握 PET 聚合机理及实施生产方法；

2. 掌握三种典型的 PET 生产工艺过程；

3. 掌握聚酯生产的开停车以及正常生产操作原理；

4. 掌握一般生产事故处理原则，以及安全生产和环境保护原则。

◎ **工作任务**

1. PET 产品辨识，切片质量控制；

2. PET 生产工艺识读；

3. 聚酯生产的开车；

4. 聚酯生产的停车；

5. 聚酯生产操作及事故处理。

5.6.1　聚对苯二甲酸乙二醇酯产品、结构及性能

1. 聚对苯二甲酸乙二醇酯简介

聚对苯二甲酸乙二醇酯是热塑性聚酯中最主要的品种，俗称涤纶树脂。它是由对苯二甲酸二甲酯与乙二醇酯交换或以对苯二甲酸与乙二醇酯化先合成对苯二甲酸双羟乙酯，然后再进行缩聚反应制得。是生活中常见的一种树脂，可以分为 APET、RPET 和 PETG。

1946 年英国发表了第一个制备 PET 的专利，1949 年英国 ICI 公司完成中试，但美国杜邦公司购买专利后，1953 年建立了生产装置，在世界最先实现工业化生产。初期 PET 几乎都用于合成纤维（我国俗称涤纶、的确良）。80 年代以来，PET 作为工程塑料有突破性的发展，相继研制出成核剂和结晶促进剂，目前 PET 与 PBT 一起作为热塑性聚酯，成为五大工程塑料之一。

PET 分为纤维级聚酯切片和非纤维级聚酯切片。① 纤维级聚酯用于制造涤纶短纤维和涤纶长丝，是供给涤纶纤维企业加工纤维及相关产品的原料。涤纶为化纤中产量最大的品种。② 非纤维级聚酯还有瓶类、薄膜等用途，广泛应用于包装业、电子电器、医疗卫生、建筑、汽车等领域，其中包装是聚酯最大的非纤应用市场，同时也是 PET 增长最快的领域。

工程塑料树脂可分为非工程塑料级和工程塑料级两大类，非工程塑料级主要用于瓶、薄膜、片材、耐烘烤食品容器等。

PET 是乳白色或浅黄色、高度结晶的聚合物，表面平滑有光泽。在较宽的温度范围内具有优良的物理机械性能，长期使用温度可达 120℃，电绝缘性优良，甚至在高温高频下，其电性能仍较好，但耐电晕性较差，抗蠕变性、耐疲劳性、耐摩擦性、尺寸稳定性都很好。PET 有酯键，在强酸、强碱和水蒸汽作用下会发生分解，耐有机溶剂、耐候性好。缺点是结晶速率慢，成型加工困难，模塑温度高，生产周期长，冲击性能差。一般通过增强、填充、共混等方法改进其加工性和物性，以玻璃纤维增强效果明显，提高树脂刚性、耐热性、耐药品性、电气性能和耐候性。但仍需改进结晶速度慢的弊病，可以采取添加成核剂和结晶促进剂等手段。加阻燃剂和防燃滴落剂可改进 PET 阻燃性和自熄性。

2. 聚对苯二甲酸乙二醇酯结构、性能及应用

（1）结构

① 分子内结构

分子内结构的形成与所用中间体的分子结构有关。由于对苯二甲酸和乙二醇的对称性，使得形成的大分子结构具有对称性。促使各种官能团沿着大分子 C—C 主链的两侧整齐排列，表现出高度的几何规整性。

② 聚集态结构

PET 可以结晶，其聚集态有结晶和无定形两种主要结构。

a. 非晶结构

处于熔融态或从熔体迅速冷却得到的玻璃体，是完全的非晶状态，PET 分子链在其本体的非晶态结构中是无干扰的，呈无规构象。无定形聚酯保留原液体特征，通常外观是透明的。

b. 结晶结构

PET、在玻璃化转变温度以上至熔点的温度范围内，或从溶液中析出时，分子链相互作用就会按严格的次序规整地排列起来，形成结晶结构。

（2）性能

① 化学性质

a. 聚酯的水解在水存在时，高温条件下聚酯很容易进行水解反应。聚酯纤维常压下在沸水中长时间浸泡则会逐步水解。聚酯纤维在 0.2MPa 的压力下，用蒸汽处理 20min，纤维的强度无明显变化，但其黏度已有所降低，这说明纤维已经发生水解。

b. 聚酯的热降解聚酯的分子结构是具有对称苯环结构的线型大分子，分子链上官能团排列整齐，故其耐热性极佳，其软化点和熔点较其他纤维级树脂高。聚酯纤维在室温下有较好的抗氧化性。在大气中放置 5 个月，纤维强度基本上无损失。在热空气中，纤维强度将随着温度升高而下降。

c. 聚酯与碱作用

聚酯及其制品在高温下和促进剂的作用下，与 NaOH 发生反应，最终生成对苯二甲酸钠和乙二醇。这一技术被用在聚酯织物的表面处理上，俗称碱减量。

d. 聚酯的老化在光、热、氧、水等环境因素的作用下，聚酯及其织物可以老化。光照老化，主要是聚酯在紫外线（波长 253.7nm、313.0nm）作用下降解，水也会促使聚酯老化。

② 物理性质

a. 热性能

聚酯的熔点

熔点是聚酯的主要质量指标之一，是结晶聚酯转变为熔体的相对温度。

通常情况下，PET 的熔点为 255～265℃。

聚酯的玻璃化转变温度

干 PET 的玻璃化转变温度 $T_g = 76℃$，受潮后，由于水的增塑作用下降到 65～66℃。

b. 力学性能

聚酯的静态力学性能，其基本规律是随着聚酯结晶度的升高，模量增大，断裂时伸长率下降。

热处理（或称为退火）的方法对 PET、纤维的结构和力学性能影响很大。在结构方面有张力热处理，不光是消除内应力，更本质的是分子链取向转变为结晶取向。热处理条件不同将造成纤维分子和结晶取向程度，晶区和非晶区的比例及晶区尺寸大小的不同，使纤维呈现出不同的力学性能。

c. 吸湿性和透气性

纤维因其织物用途不同，常常要求不同的吸湿性。服用纤维一般要求其吸湿性不低于6％。过低吸湿性的纤维织物无法使人体分泌出的汗液均匀消散，服用性差。聚酯纤维因其分子结构具有对称性，分子中又不含亲水基团，结晶度高，故吸湿性极差，一般只有0.4％，是纤维中吸湿性较低的一种；为了改善聚酯纤维吸湿性，在后加工工序经常对其织物进行碱减量和脂肪酶水解等处理，改善其吸湿性，提高其服用性。

d. 电性能

聚酯的表面电阻率 $\rho_s > 10^{13}\,\Omega$，故聚酯纤维织物的静电作用非常明显。因此对聚酯织物进行的表面处理，一方面是改善其吸湿性和染色性，另一方面则是消除静电效应。

e. 光学性能

无定形 PET 为透明材料，结晶 PET 为不透明材料。纤维级 PET 往往加入 TiO_2 以消除其极光效应。

（3）应用

聚酯具有优良的物理、化学和力学性能。工业化生产以来，在国民经济中应用极广。由于它的可纺性好，纤维织物有良好的服用性，而且价格适宜，受到人们的欢迎，聚酯工业丝也获得了广泛应用。所以聚酯纤维是用量最大、发展最快的主导品种，聚酯生产首先是在聚酯纤维需求的推动下，获得了飞速的发展。

但是，普通聚酯如常规纤维还远远不能满足人民生活和工业领域日益增长的需要。因此聚酯纤维差别化和非纤维应用品种的开发已是聚酯科技进步和生产发展的重要课题。

差别化纤维是通过物理和化学改性方法，生产的小批量、多品种、高附加价值产品。近年来主要的方向是仿真（天然丝、毛、麻、羽绒和毛皮等），并在此基础上赋予纤维各种特殊功能而超真；聚酯工业丝在轮胎帘子线、传送带、高压胶管、围网丝等方面已经广泛应用。

聚酯最主要的应用是纤维，但非纤维应用也有，包括聚酯薄膜、包装容器（瓶）、工程塑料、涂料、黏合剂等，聚酯包装袋产量增长最快。

5.6.2　聚对苯二甲酸乙二醇酯生产工艺

1. 聚对苯二甲酸乙二醇酯原料的合成

合成 PET 主要原料是对苯二甲酸（PTA）和乙二醇（EG）。

（1）对苯二甲酸

对苯二甲酸是芳香族二羧酸中的一种，它在常温下外观为无色针状结晶或无定形粉末，无毒，易燃。若与空气混合，在一定限度内遇火即燃烧，甚至发生爆炸。相对分子质量166.13，密度 $1.510g/cm^3$，比热容 $1.2029J/(g \cdot K)$，升华点约300℃，熔点425℃，室温下难溶于水，也不溶于氯仿、乙醚等一般有机溶剂，仅溶于吡啶、二甲基亚砜、二甲基甲酰胺等几种特殊溶剂。

聚酯生产用的对苯二甲酸质量要求是：外观为白色粉末，纯度为 $99.5\% \sim 99.8\%$，酸值应为 $673 \sim 677mgKOH/g$，灰分应不大于 $15\mu g/g$，水含量不大于 0.5%，铁含量小于 $10\mu g/g$。

对苯二甲酸的合成方法，主要有氧化法、转位（歧化）法等。以下以氧化法为例介绍对苯二甲酸的合成方法。

① 空气氧化法

用空气中的氧将对二甲苯氧化为对苯二甲酸，根据工艺条件和流程等不同及开发的公司分为：两步法，包括 Witten 法；一步法，包括高温法（Amoco 法、M. C. 法）、低温法（东丽法、帝人法、Eastman 法）。

a. Witten 法反应步骤如下：

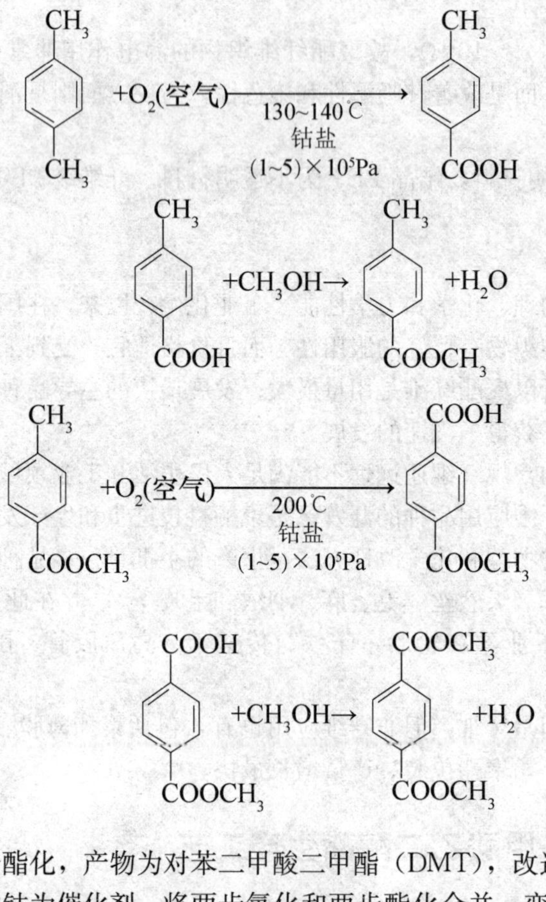

分两步氧化和两步酯化，产物为对苯二甲酸二甲酯（DMT），改进后，以乙酸钴和乙酸锰复合体系代替环烷酸钴为催化剂，将两步氧化和两步酯化合并，变四步反应为两步反应，同时生产过程相应改成连续化，其反应过程和步骤如下：

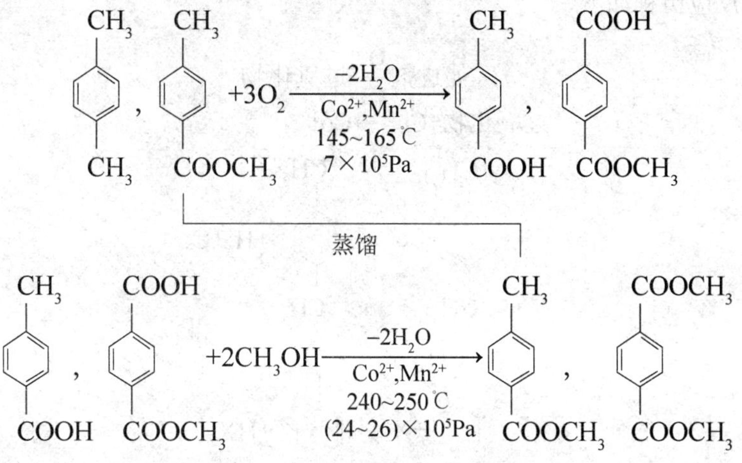

此法生产的 DMT 中含有的杂质，主要是来源于原料对二甲苯中的间二甲苯、乙苯等氧化-酯化产物，如间苯二甲苯二甲酯（DMI）、邻苯二甲酸二甲酯（DMO）、苯甲酸甲酯等，必须进行精制提纯到反应要求的纯度。

b. Amoco 法反应式如下：

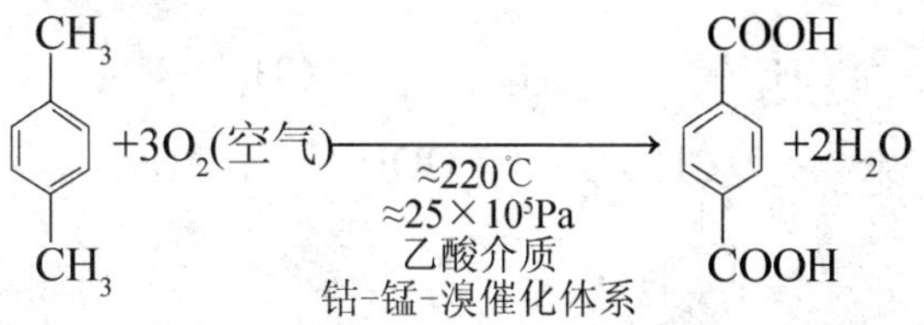

该方法的特点是用空气将对二甲苯一步液相氧化为对苯二甲酸，工艺简单，收率高。但由于使用溴化物和酸性介质，设备须用价格昂贵的钛材料或海氏合金制造，增大了设备投资和制造的技术难度。该法所得到的 PTA 往往含有较多的对醛基苯甲酸（4-CBA），它是反应的中间产物。反应历程表明 4-CBA 氧化成 PTA 是关键的一步反应，关系到生产效率，也关系到产品 PTA 的收率和纯度。

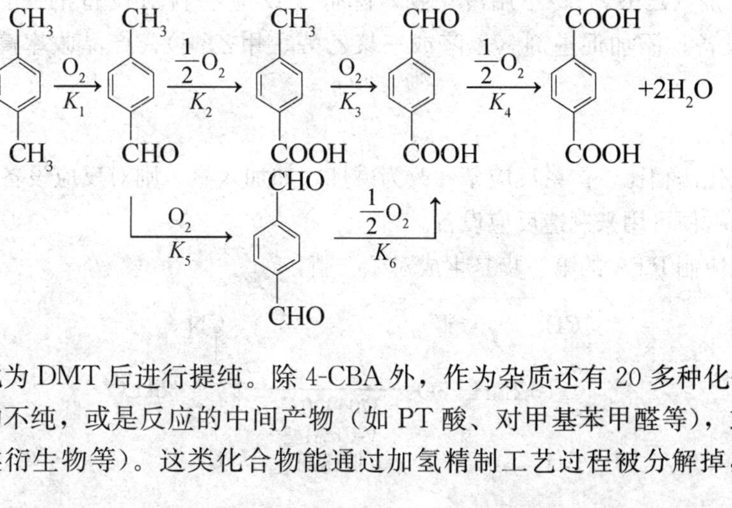

可采取酯化为 DMT 后进行提纯。除 4-CBA 外，作为杂质还有 20 多种化合物，有的来源于对二甲苯的不纯，或是反应的中间产物（如 PT 酸、对甲基苯甲醛等），或是副反应的产物（如芴酮类衍生物等）。这类化合物能通过加氢精制工艺过程被分解掉，或借重结晶除去。

131

c. 低温法反应历程如下

$$促进剂 \xrightarrow{O_2} 过氧化物$$

$$过氧化物+Co^{2+}→Co^{3+}$$

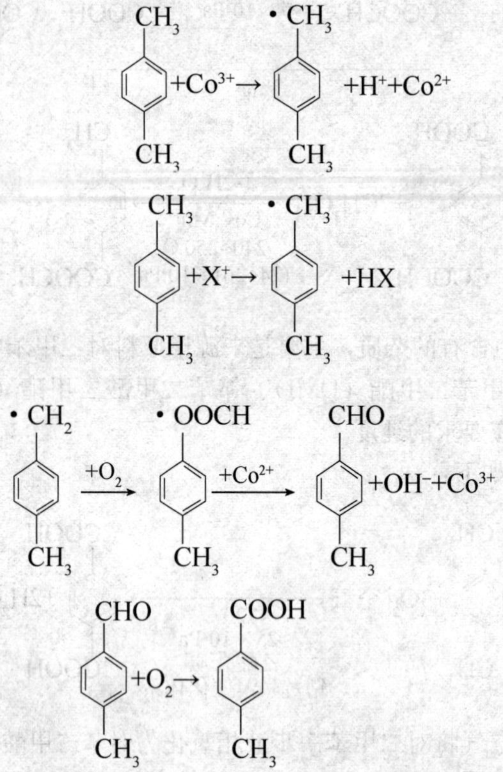

另一个—CH_3也按同样的历程氧化为～COOH，最终生成对苯二甲酸。

低温法是针对高温法的缺点（设备用钛钢，投资大，技术难度高和反应条件较苛刻，产物含芴酮类化合物等）而加以改进的方法。特点是：反应温度较低（在150℃以下）；使用单一催化剂（乙酸钴）；不用溴化物，降低了反应物料对设备的腐蚀性，故可用一般的不锈钢设备；添加促进剂（乙醛或三聚乙醛、甲乙酮）；产品收率高（一般在95％以上）。

② 氨氧化法

与空气氧化法相比，体系反应条件改为碱性，如加入氨，则对反应设备的要求将大大降低，通常的钢材便可用来制造反应设备。

氨氧化反应制PTA的第一步是生成对苯二腈：

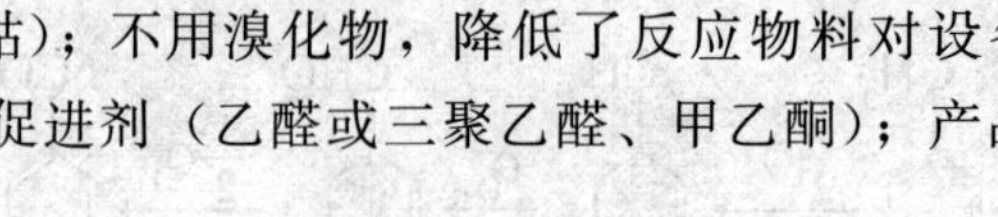

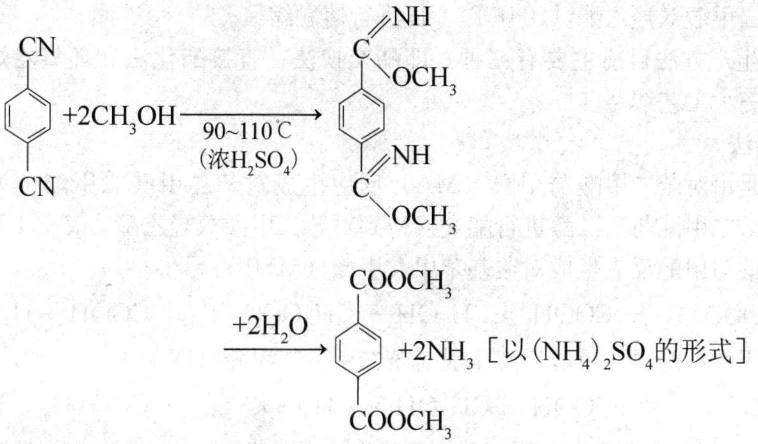

$$\text{NC}-\langle\ \rangle-\text{CN} + 2CH_3OH \xrightarrow[\text{(浓}H_2SO_4\text{)}]{90\sim110℃} \text{(二亚胺二甲酯结构)}$$

$$\xrightarrow{+2H_2O} \text{(对苯二甲酸二甲酯结构)} + 2NH_3\ [以(NH_4)_2SO_4\text{的形式}]$$

第二步是将对苯二腈水解成 PTA 或甲醇醇解为 DMT，以后者为例，如上述反应式。

（2）EG

乙二醇（EG）是高沸点、黏稠液体，分子式 $\begin{matrix}CH_2OH\\|\\CH_2OH\end{matrix}$ 。稍有甜味，但基本上是无气味的，挥发度极低，闪点（116℃）较高，易溶于水，而且能以任意比例与水和其他许多有机溶剂互溶，吸水性超过甘油。

生产乙二醇的主要原料为环氧乙烷，通常可用两种方法制备。

① 环氧乙烷水解法

优点是所得 EG 纯度高。其反应式如下：

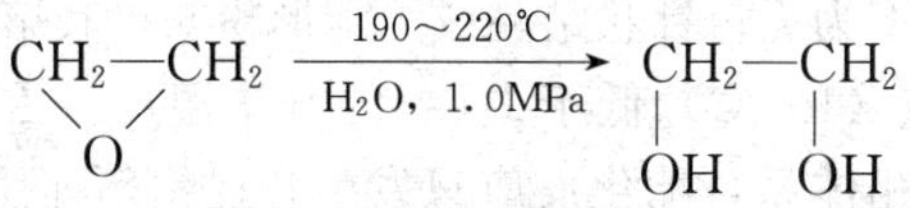

$$\underset{\overset{\diagup}{O}}{CH_2-CH_2} \xrightarrow[H_2O,\ 1.0MPa]{190\sim220℃} \underset{OH\quad OH}{CH_2-CH_2}$$

② 氯乙醇水解法

其反应式如下：

$$CH_2Cl-CH_2OH+NaHCO_3 \xrightarrow[78\sim80℃,\ 1.0MPa]{H_2O} CH_2OH-CH_2OH+NaCl+CO_2\uparrow$$

此外还有二氯乙烷水解法等。

粗制的 EG，需经进一步精制提纯。精制的 EG，常态下为无色透明、黏稠液体，沸点 197℃，密度（20℃）1.1130～1.1140g/cm^3，熔点 －12℃，比热容（20℃）2.3488J/(g.K)。极易吸湿，能与水、乙醇互溶，微溶于乙醚，并能大幅度降低水的冰点。

聚酯生产用乙二醇的质量标准见表 5-6-1。

表 5-6-1 聚酯生产用乙二醇的质量标准

项目	指标	项目	指标
外观	无色透明	灰分（%）	＜0.001
纯度（%）	＞98	铁含量（%）	≤0.0005
相对密度（d_4^{20}）	1.1132	水分（%）	＜0.2
酸值（mgKOH/g）	＜0.01	色相（APHA）	＜10

2. 聚对苯二甲酸乙二醇酯缩聚工艺

（1）聚酯单体对苯二甲酸双羟乙酯（BHET）的生产方法

由于 PET 聚合的反应是可逆的缩聚反应，为保证缩聚中对苯二甲酸和己二醇的摩尔比，故先制得对苯二甲酸双羟乙酯（BHET），再进行熔融缩聚。

BHET 的生产方法目前主要有三种，即酯交换法、直接酯化法和环氧乙烷法，从而形成聚酯生产的三大工艺线路。

① 酯交换法

酯交换法是由对苯二甲酸与甲醇（MA）反应生成对苯二甲酸二甲酯（DMT），然后，再由对苯二甲酸二甲酯与乙二醇进行酯交换得到对苯二甲酸双羟乙酯，又称 DMT 法。

对苯二甲酸与甲醇反应生成对羧基苯甲酸甲酯（MMP）：

$$\text{HOOC}—\bigcirc—\text{COOH} + \text{CH}_3\text{OH} \rightarrow \text{CH}_3\text{OOC}—\bigcirc—\text{COOH} + \text{H}_2\text{O}$$

对羧基苯甲酸甲酯再与甲醇反应生成对苯二甲酸二甲酯（DMT）：

$$\text{CH}_3\text{OOC}—\bigcirc—\text{COOH} + \text{CH}_3\text{OH} \rightarrow \text{CH}_3\text{OOC}—\bigcirc—\text{COOCH}_3 + \text{H}_2\text{O}$$

得到了 DMT 以后，与乙二醇进行酯交换反应就可以获得对苯二甲酸双羟乙酯（BHET）：

$$\text{CH}_3\text{OOC}—\bigcirc—\text{COOCH}_3 + 2\text{HOCH}_3\text{CH}_3\text{OH} \rightarrow$$
$$\text{HOCH}_2\text{CH}_2\text{OOC}—\bigcirc—\text{COOCH}_2\text{CH}_2\text{OH} + 2\text{CH}_3\text{OH}$$

通常，酯交换是在一个装有搅拌器的反应釜中进行的。DMT 呈熔融状态，乙二醇在 150℃ 下预热后加入反应釜。DMT 与乙二醇的摩尔比约在（1∶2）～（1∶2.5）之间，酯交换催化剂（如乙酸盐）的加入量约为 DMT 的 0.05%（摩尔），在 150～240℃ 下连续反应 3～6h，蒸出甲醇，得到对苯二甲酸乙二醇酯。

② 直接酯化法

直接酯化法是将对苯二甲酸（PTA）与乙二醇（EG）直接进行酯化反应，一步制得 BHET。由于 PTA 在常压下为无色针状结晶或无定形粉末，其熔点（425℃）高于其升华温度（300℃），而 EG 的沸点（197℃）低于 PTA 的升华温度。因此，直接酯化体系为固相 PTA 与液相 EG 共存的多相体系，酯化反应只发生在已溶解于 EG 中的 PTA 和 EG 之间，酯化反应的反应式如下：

$$\text{HOOC}—\bigcirc—\text{COOH} + 2\text{HOCH}_2\text{CH}_2\text{OH} \rightarrow$$
$$\text{HOCH}_2\text{CH}_2\text{OOC}—\bigcirc—\text{COOCH}_2\text{CH}_2\text{OH} + 2\text{H}_2\text{O} + 4.18\text{kJ/mol}$$

目前也有用中纯度对苯二甲酸（QTA）代替 PTA 进行直接酯化的工艺。

③ 环氧乙烷法

环氧乙烷法是对苯二甲酸与环氧乙烷进行反应制取对苯二甲酸乙二醇酯的方法。因为环氧乙烷的缩写为 EO，所以也称 EO 法。该方法的反应式如下：

$$\text{HOOC}—\bigcirc—\text{COOH} + 2\text{CH}_2{—}\text{CH}_2 \rightarrow$$
$$\overset{\text{O}}{}$$
$$\text{HOCH}_2\text{CH}_2\text{OOC}—\bigcirc—\text{COOCH}_2\text{CH}_2\text{OH}$$

(2) 缩聚

BHET 的缩聚反应是可逆平衡的逐步反应。除 BHET 分子的羟乙酯基和聚合体分子的羟乙酯基的反应外，羟乙酯基还可相互进行缩合反应，因此其通式如下：

$$n\text{HOCH}_2\text{CH}_2\text{OOC}—\bigcirc—\text{COOCH}_2\text{CH}_2\text{OH} \rightarrow$$
$$\text{HO}{-}[\text{CH}_2\text{CH}_2\text{OOC}—\bigcirc—\text{COO}]{-}_n\text{CH}_2\text{CH}_2\text{OH} + (n-1)\text{HOCH}_2\text{CH}_2\text{OH}$$

该反应是将反应体系在减压和加热下脱去小分子乙二醇，从而得到高相对分子质量的聚酯。通常，还需加入少量催化剂和防止热氧化降解的稳定剂等。

BHET 的缩聚反应的实施方法为熔融缩聚。熔融缩聚是指反应中不加溶剂，反应温度在单体和缩聚物熔点以上，即反应体系处于熔融状态时进行的缩聚反应。

（3）PET 主要生产工艺

按 BHET 的制备方法可分为酯交换法工艺和直接酯化法工艺，下面以直接酯化法为例来讲述 PET 的生产工艺。

现有的生产技术分为两类：一类是吉玛、钟纺、伊文达技术，采用两段酯化、三段缩聚，即五釜反应工艺流程；另一类是杜邦、莱因等技术，则是酯化、预缩聚、缩聚三步分别在三个釜中进行的三釜反应工艺流程。下面主要介绍吉玛工艺、钟纺工艺、杜邦工艺、伊文达工艺四种工艺。四种工艺的工艺参数比较及特点见表 5-6-2。

表 5-6-2　PET 直接酯化工艺参数比较及特点

工艺	EG/PTA 摩尔比	酯化	缩聚	PET 聚合度
吉玛工艺	1.138：1	第一酯化釜：0.11MPa，257℃，酯化率 93%；第二酯化釜：0.1～0.105MPa，265℃，酯化率 97%	预缩聚釜：0.01MPa，278℃；终缩聚釜：100Pa，285℃	100
	特点	选用单一催化剂 Sb (OAc)₃，因不加通常的酯化催化剂乙酸钴、乙酸锰等，故不需添加稳定剂来抑制其对产品产生的副反应；酯化升温慢，反应温度较低，停留时间较长，但操作稳定，质量较好；采用了副板冷凝器，解决了缩聚真空系统低聚物堵塞难题，产品中二甘醇（DEG）含量较低；单系列生产能力可达 250t/d，可满足大规模生产要求，同时又引入柔性生产体系，使大型化连续生产线可同时具有适应多品种生产的灵活性		
钟纺工艺	1.07：1	第一酯化釜：0.07MPa，268℃；第二酯化釜：常压，265℃	预缩聚釜：2.7kPa，274℃，聚合度 26；缩聚釜：270Pa，274～276℃，聚合度 63；终缩聚 67Pa，276～280℃，聚合度 102	102
	特点	原料配制时乙二醇摩尔比低，故反应系统中 EG 过剩量少，能耗低，生成二甘醇副产物少，使产品中 DEG 含量较低；各级反应条件（压力、温度、停留时间）适中，各缩聚反应级级间聚合度分配合理，使产品质量较高；利用搅拌功率以及终聚在线毛细管黏度计来调节终聚的真空度，使产品熟度控制稳定；缩聚反应器中有两釜采用卧式反应器，内部为多槽溢流串联结构，液面稳定，减少了劣化物的生成，同时，改善了物料的活塞流情况，有利于产品的相对分子质量分布		
杜邦工艺	(1.8～1.95)：1	酯化釜：常压，275～280℃，停留时间 50～60 min，酯化率 96%	预缩聚釜：2～2.7kPa，280～285℃，聚合度 40；终缩聚釜：267～333Pa，285～290℃，停留时间 60～80min，聚合度 85	85
	特点	工艺流程简单合理，停留时间短，虽然反应条件较强烈，但产品质量较好；设备简单，动设备少，维修量少，装置连续运行时间较长，可达到 4 年；添加剂加入口有喷嘴和静态混合器，分散性好，品种转换时间较短		
伊文达工艺	(1.12～1.18)：1	第一酯化釜：0.18～0.22MPa，255～265℃，酯化率 85%；第二酯化釜：0.05～0.1MPa，265～275℃，酯化率 98%	预缩聚釜：6kPa，270～275℃；缩聚釜：0.6kPa，275～285℃；终缩聚釜：50Pa，285～295℃	
	特点	酯化、缩聚等主工艺过程充分利用压差和位差作为物料搅拌和输送动力，减少动设备，能耗低；反应器结构合理，有利于传质、传热和反应的需要；缩聚过程的喷淋冷凝器均设有自动刮板，解决了真空系统的堵塞问题		

① 吉玛工艺　吉玛工艺流程如图 5-6-1 所示。EG/PTA 按 1.138：1 摩尔比加入浆料配制槽，并同时计量加入缩聚催化剂 Sb（OAc）$_3$。配制好的浆料用螺杆泵连续计量送入第一酯化釜，在一定压力、温度和搅拌的作用下进行酯化，酯化率达 90%，进入第二酯化釜，在微正压力、比第一酯化釜稍高温度和搅拌下进行酯化，酯化率达 97%。

酯化产物靠压差和高度差进入预缩聚釜，在一定真空度、温度下进行缩聚反应，预聚物再送入缩聚釜，在稍高的真空度、温度和搅拌下继续缩聚，缩聚产物经齿轮泵送入卧式终缩聚釜，在较高真空度、高温下，搅拌进行到缩聚终点（通常聚合度在 100 左右）。PET 熔体可直接纺丝或铸条冷却切粒。预缩聚主要采用液环泵抽真空，缩聚和终缩聚采用 EG 蒸气喷射泵抽真空。为防止真空系统被低聚物堵塞，各段 EG 喷淋系统均采用刮板式冷凝器。

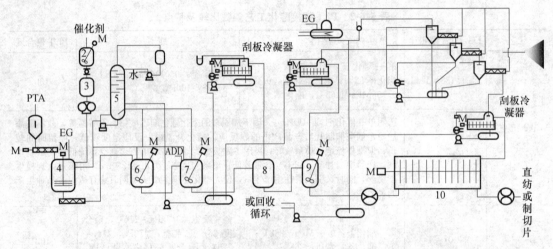

图 5-6-1　吉玛工艺流程

1—PTA 料仓；2—催化剂配制槽；3—催化剂供料槽；4—浆料配制槽；5—工艺塔；6—第一酯化反应釜；7—第二酯化反应釜；8—第一预缩聚反应釜；9—第二预缩聚反应釜；10—终缩聚反应釜；ADD—添加剂

② 钟纺工艺　钟纺工艺流程如图 5-6-2 所示。原料 PTA 与自缩聚工序回收的含水 EG，按 EG/PTA 低摩尔比加入浆料配制槽，在搅拌下进行打浆均匀混合。浆料定量连续送入第一酯化反应釜，在一定压力、温度和搅拌下进行酯化。酯化过程生成的水随 EG 蒸出，经工艺塔分出水后的 EG 回流釜内；酯化产物以压差送入卧式第二酯化反应釜，并用泵加入催化剂。第二酯化反应釜内分隔为几个反应室，各室保持一定的反应速率梯度，在常压、稍高温度、搅拌下进行酯化。同样，酯化过程生成的水随 EG 蒸出，经工艺塔分出水后的 EG 回流釜内。最终酯化产物用泵经过滤器送至预缩聚釜，在负压、一定温度和搅拌下预缩聚。预缩聚产物（聚合度约为 26）以压差送至缩聚釜中，在稍高真空、稍高温度和搅拌下缩聚。缩聚产物（聚合度约为 63）送入终缩聚釜，在高真空度、高温和搅拌下进行终缩聚，达到反应终点（聚合度约为 102）。聚酯产物的熔体用齿轮泵连续排出，再经熔体过滤器后切粒得到聚酯切片或熔体进行直接纺丝。各段缩聚生成的 EG，排出后经冷凝回收使用。

③ 杜邦工艺　杜邦工艺流程如图 5-6-3 所示。EG/PTA 按一定摩尔比加入浆料配制槽（主要是控制浆料密度），加入酯化和缩聚过程回收精制后的 EG。配制好的浆料用泵送到缓冲罐中并连续计量送入酯化釜。在一定压力、温度和物料自循环作用下进行酯化，酯化率达 94%，通过泵送入缩聚釜。在酯化物输送管道上利用喷嘴和静态混合器加入催化剂、消光剂

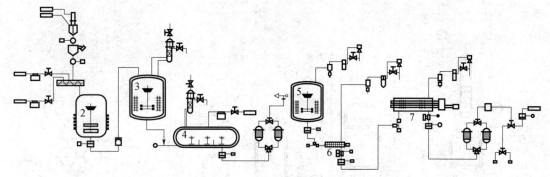

图 5-6-2　钟纺工艺流程

1—PTA 料仓；2—浆料配制槽；3—第一酯化反应釜；4—第二酯化反应釜；5—第一预缩聚反应釜；
6—第二预缩聚反应釜；7—终缩聚反应釜

及二甘醇等添加剂，酯化物在一定真空度、温度下进行缩聚反应，生成的预聚物利用压差送入终缩聚釜。预聚物在高真空度、高温度和鼠笼式搅拌作用下达到缩聚终点。PET 熔体可直接纺丝或铸条冷却切粒。缩聚和终缩聚采用 EG 蒸气喷射泵抽真空。

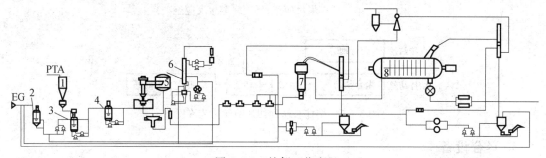

图 5-6-3　杜邦工艺流程

1—PTA 料仓；2—EG 贮槽；3—浆料配制槽；4—浆料供料槽；5—酯化反应釜；6—工艺塔；
7—预缩聚反应釜；8—终缩聚反应釜

④ 伊文达工艺　伊文达工艺流程如图 5-6-4 所示。EG/PTA 按一定摩尔比加入浆料配制槽，在搅拌下充分混合打成浆液。浆液经齿轮泵定量加入第一酯化反应釜。在一定温度、压力下进行酯化，酯化率可达 85%。然后压入第二酯化反应釜，进行升温降压，在稍高温度、常压下，继续酯化达到"清晰点"，酯化率达 98%。在所得酯化产物中，加入适量的 TiO_2 消光剂、催化剂，然后经过滤器导入预缩聚釜。在系统逐步抽真空和升温的条件下，经预缩聚釜、缩聚釜和终缩聚釜后得到合格的 PET 熔体，熔体可用于切粒、直接纺丝。如加入各类添加剂，可制成各种改性 PET。第一酯化反应釜蒸出的反应生成的水和 EG，经工艺塔分离后的水排出，EG 回至釜内。第二酯化反应釜蒸出的反应生成水和 EG，经喷淋冷凝后排至 EG 回收系统。三段缩聚釜缩聚生成的 EG 抽真空排出，经喷淋冷凝后排至回收系统循环使用。

（4）聚酯熔体（切片）的后加工

聚酯熔体的后加工主要视其熟度和目标产品的要求而定。目前一般有直接纺丝、切粒成切片后熔融纺丝、切片固相增黏等。

切片纺丝也称间接纺丝，包括切片干燥、熔融、纺丝和后加工等过程，工艺流程如图 5-6-5 所示。

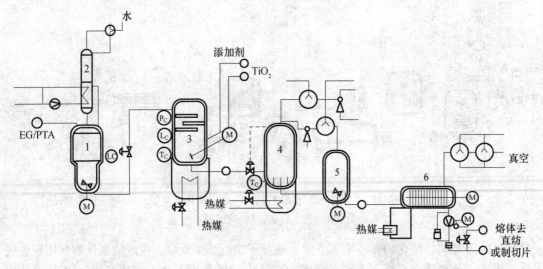

图 5-6-4　伊文达工艺流程

1—第一酯化反应釜；2—工艺塔；3—第二酯化反应釜；4—第一预缩聚反应釜；

5—第二预缩聚反应釜；6—终缩聚反应釜

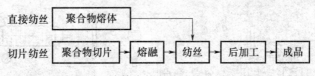

图 5-6-5　熔体直纺和切片纺丝工艺流程

3. 聚合设备

以连续工艺中所用到的酯化和聚合设备为例来介绍聚酯聚合设备。

（1）连续酯化和酯交换反应器

反应器可分为釜式和塔式两种。

① 釜式连续酯化反应器

第一酯化釜和第二酯化釜结构如图 5-6-6 和图 5-6-7 所示。

图 5-6-6 是伊文达工艺的第一酯化釜，第一酯化釜是酯化反应的前期阶段，要求传热量较大，故反应器须有尽可能大的传热面。除加热夹套外，中部还有热管式固定管板加热器，底部配悬臂式螺旋桨搅拌器，并加导滚筒强制物料循环以强化传热和传质。

第二酯化釜是在酯化反应后期。第二酯化釜为立式，上部装有三块带加热的折流板，以增加 EG 蒸发面积和停留时间，使反应生成的水和过量的 EG 从反应体系中及时蒸出，并可保持釜内稳定的酯化梯度。

② 塔式连续酯交换反应器

罗纳普朗克工艺选用多层泡罩板配交换塔，内装 20 层泡罩板（图 5-6-8），由塔上端进入，并流反应。每层塔板和泡罩都进行有效的传质和酯交换反应，并可防止返混，使物料接近活塞流动。停留时间仅 160min，酯交换率可达 99.3%。

（2）连续缩聚反应器

缩聚反应根据聚合度的大小依次在预缩聚反应器和缩聚、终缩聚反应器中进行。

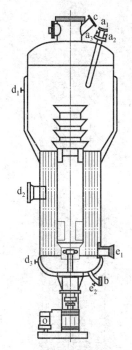

图 5-6-6　第一酯化釜机构（伊文达工艺）

（材质：内壳不锈钢，外壳不锈钢；主要工作参数：

压力为内壳 0.18～0.3MPa，外夹套 0.22MPa；

温度为内壳 255～267℃，外夹套 300～320℃）

a₁—物料进口；a₂—浆料进口；a₃—冲洗口；

b—物料出口；c—蒸汽出口；

d₁，d₂，d₃—热媒蒸汽进口；e₁，e₂—冷凝液出口

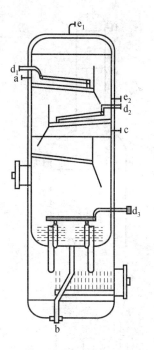

图 5-6-7　第二酯化釜结构（伊文达工艺）

（材质：内壳不锈钢，外壳不锈钢；

主要工作参数：压力为内壳 0.07～0.11MPa；

外夹套 0.22MPa；温度为内壳 260～275℃，

外夹套 300～320℃）a—物料进口；b—物料出口；

c—蒸汽出口；d₁，d₂，d₃—排气口；

e₁，e₂—安全阀

① 预缩聚反应器

连续预缩聚塔结构如图 5-6-9 所示，从上至下分为分离段、反应段和贮存段。

在反应段有 12 层螺旋状流道塔板，流道内有两根热油盘管加热。进料 BHET 由塔最上面的第 1 块板（奇数板）中心沿螺旋流道由内向外流，至外层流道的板孔流下；第 2 块板（偶数板）再从外层沿螺旋流道流向中心孔下到第 3 层……相邻的奇偶数两块板构成一个塔节，奇数板由中心流向外层，偶数板由外层流向中心，由于每层螺旋内都有加热油管，可根据反应进程有效地控制反应温度。液体物料自上而下流至塔底；缩聚过程生成的 EG 蒸气由下而上。贮存段用于贮存预缩聚产物。

② 缩聚和终缩聚反应器

经过预缩聚后 PET 聚合度增大，黏度增大，因此缩聚和终缩聚反应器的构造应该使生成的 EG 能够快速逸出。其结构特征应该有：为加速反应，要求使物料表面加大、减薄并尽快更新；使缩聚反应生成 EG 能尽快逸出；釜内不能存在死区，以避免物料进入死区产生降解造成 PET 质量下降。

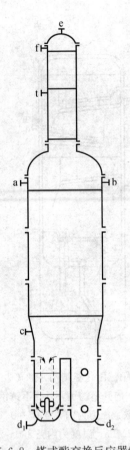

图 5-6-8 塔式酯交换反应器结构
（材质：Z2CN18-10 不锈钢；
主要工作参数：温度 150～230℃；压力常压）
a—DMT 进口；b—EG-B 进口；c—蒸汽出口；
d_1，d_2—BHET 出口；e—气体出口；t—温度计口

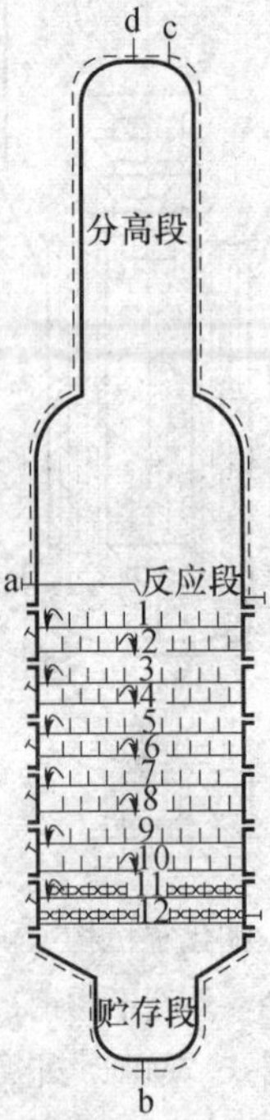

图 5-6-9 连续预缩聚塔（CPC）结构
（材质：Z2CN18-10 不锈钢；
主要工艺参数：温度 253～267℃；压力 167kPa）
a—BHET 进口；b—预缩聚物出口；c—EG 蒸气出口；
d—抽真空口 1～12—螺旋状流道塔板

终缩聚的搅拌器有两大类：一种是（圆）盘式；另一种是（鼠）笼式。两种搅拌器的结构分别如图 5-6-10 和图 5-6-11 所示，鼠笼式搅拌器的转子 1 和转子 2（黑和白）相对转动。盘式搅拌器可产生较大的形体表面，但形成的膜层较厚，因而停留时间较长；而笼式搅拌器熔体膜层较薄，有利于 EG 逸出，使缩聚反应加速，停留时间较短，且笼式搅拌器相对重量较轻，又没有中轴，不会出现熔体落在轴上产生黏附的问题，故两者比较以笼式为优。

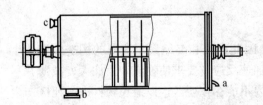

图 5-6-10 圆盘式缩聚反应器结构（吉玛工艺）
a—进口；b—出口；c—真空接口

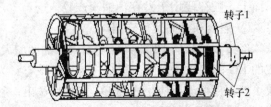

图 5-6-11 鼠笼式缩聚反应器转子结构
（伊文达工艺）

还有一类轴端双驱动反应器，其结构如图 5-6-12 所示。反应器两轴端各自分别装有驱动电机，轴中断开并带有内支承架。釜近口端电机转速高，而出口端电机转速较低，可进一步适应物料（PET 熔体）在缩聚过程中的状态变化。

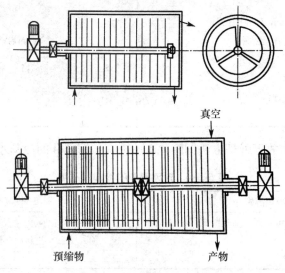

图 5-6-12　改进型终缩聚反应器

5.6.3　聚对苯二甲酸乙二醇酯产品生产常见故障及排除措施

在任何的化工生产过程中都会出现各种各样的故障，聚酯的生产过程中也不例外。故障排除和恢复生产的总原则是：在保证生产人员的安全的情况下尽快地对发生的故障进行排除，将损失降到最低。

1. 停电事故

停电时，所有的泵、搅拌的电机和其他电控设备都停了，由于控制室人员不知道停电持续时间，所以必须考虑到长时间停电而采取相应措施。

必须避免下列情况：物料流量失控；容器填充失控；容器表压失控；反应釜乙二醇回流失控；反应釜氮气供给失控。

一旦电力供给正常，按下列顺序重新启动装置：辅助介质，热媒系统，乙二醇循环系统，真空系统，乙二醇供给泵，PTA 输送系统，浆料调制，添加剂供给，工艺塔，酯化 I 系统，酯化 II 系统，预聚 I 系统，预聚 II 系统，物料输送，终缩聚系统，熔体出料，切粒生产系统。

2. 停汽事故

一旦停汽，装置的加热部分停止。一般情况下，停汽一直延续到备用设备投入运转，因此时间很短。

停汽可能的原因有：燃料供应故障；动力装置故障；水供应故障；紧急停止按钮动作。可以根据不同的原因进行相应的故障处理。

3. 冷却水故障

酯化 I 系统冷却水故障见表 5-6-3。

表 5-6-3　酯化 I 系统冷却水故障

紧急处理措施	恢复措施
1. 将酯化 I 的一次热媒控制阀打到手动并关闭； 2. 停止热媒循环泵； 3. 如果激冷水故障超过 10min，停止酯化 I； 4. 检查防止乙二醇泄漏的搅拌器密封； 5. 检查搅拌器齿轮温度； 6. 如果温度太高，停止搅拌； 7. 检查物料输送泵的轴承温度； 8. 如果温度太高，停泵	重新启动酯化 I

酯化 II 系统冷却水故障处理方法同酯化 I 系统。预缩聚 II 的冷却水故障见表 5-6-4。

表 5-6-4　预缩聚 II 的冷却水故障

紧急处理措施	恢复措施
1. 如果激冷水故障超过 10min，停止预缩聚 II； 2. 检查搅拌器齿轮温度； 3. 如果温度太高，停止搅拌	重新启动预缩聚 II

4. 仪表风故障

（1）对装置的保护措施仪表风故障不超过 20min 时，对用仪表风作动力的仪表无影响。安装的空气缓冲罐体积在短时间仪表风故障情况下，能保持装置正常运转，如果超过 20min，装置停止。通常仪表风故障在备用系统运转后就消除了，因此时间不长（表 5-6-5～表 5-6-8）。

表 5-6-5　酯化 I 系统仪表风故障

紧急处理措施	恢复措施
1. 如果仪表风的缓冲罐压力降到操作控制阀所需要的最低压力，则停止酯化 I； 2. 当一次热媒供给管线上的控制阀已关闭，则停止热媒循环泵，避免酯化 I 迅速冷却	如果酯化 I 停止了，重新启动酯化 I

表 5-6-6　酯化 II 系统仪表风故障

紧急处理措施	恢复措施
将控制阀打到手动，将流量保持在设定值进一步措施： 1. 当用于操作控制阀的仪表风缓冲罐压力降到所要求的最小值时，停止酯化 II； 2. 当一次热媒供给管线上的控制阀已关闭，停止二次热媒循环泵，防止物料快速冷却	如果酯化 II 停止了，重新启动酯化 II

表 5-6-7　预缩聚的仪表风故障

紧急处理措施	恢复措施
将自动阀打到手动，将变量保持在设定值： 1. 尽可能地保证物料加热和蒸汽管线的加热状态； 2. 尽可能地保持一次热媒系统处于操作状态； 3. 如果一次热媒系统已停止，则停止二次热媒循环泵，防止物料迅速降温。 进一步的处理措施： 1. 如果仪表风缓冲罐压力降到允许的最低压力，停止预缩聚 II； 2. 如果二次热媒系统热媒控制阀关闭，则停止二次热媒循环泵，防止快速降温重新启动预缩聚 II	如果装置停止： 1. 启动二次热媒循环泵； 2. 启动乙二醇蒸气喷射泵； 3. 启动预缩聚 II

表 5-6-8　终缩聚系统仪表风故障

紧急处理措施	恢复措施
将自动阀打到手动，并将变量保持在设定值进一步措施； 如果仪表风缓冲罐压力降到允许的最低压力： 1. 停止物料供应； 2. 停止反应釜搅拌； 3. 停止二次热媒循环泵，防止物料快速冷却	终缩聚的启动： 1. 重新启动二次热媒系统； 2. 重新启动终缩聚的真空系统； 3. 当终缩聚反应釜的温度达到设定值后，启动圆盘环反应釜的搅拌； 4. 重新启动终缩聚的物料排出

（2）故障的可能原因

冷却水故障；电力故障；压缩机故障；紧急停止按钮动作。

一旦仪表故障，控制阀将恢复到安全位置。在仪表风故障时，物料无法排出，管线或泵、反应釜内的物料冷却下来并不危险，否则一定要考虑下列情况。

① 冷态下，不能调节任何自动或手动阀，因为其内部可能有凝固的物料。

② 不能截留管道里两阀之间或泵与阀门之间的任何物料。

③ 不能封闭任何系统，以防止启动时系统超压。

5. 工艺氮气故障

（1）装置的保护

在正常生产期间，氮气故障对聚酯装置无直接影响，非连续氮气用户将不供给氮气。

（2）须注意的事故

① 在氮气供应故障时，一定不要打开去热媒蒸发器的氮气阀，否则热媒将进入氮气系统。

② 连续使用氮气的用户，按正常情况操作。

6. 设备故障

（1）装置的保护一定要考虑的情况控制物料流量；设备中无热量堵塞；没有因过热而引起的气体生成；不能过压；乙二醇蒸气不能流回工艺槽中；空气不能进入真空状态下的反应釜中（表 5-6-9）。

表 5-6-9　浆料调制的设备故障

可能发生的故障	处理措施
A. PTA 供料故障	1. 停止向浆料罐加入乙二醇； 2. 停止向浆料罐加入添加剂； 3. 继续向 28-R01 供料，直到发生液位低报； 4. 在供料的时间里尽量消除 PTA 供料故障
B. 乙二醇供料故障	1. 停止向浆料罐中加入 PTA； 2. 停止一切添加剂的加入； 3. 继续向酯化 I 供料，直到液位发生低报； 4. 在供料的时间里尽量消除乙二醇供料故障
C. 浆料调制罐的搅拌故障	1. 停止向浆料罐中加入 PTA； 2. 停止向浆料罐中加入乙二醇； 3. 停止向浆料罐中加入添加剂； 4. 继续向酯化 I 供料，直到液位发生低报； 5. 在供料过程中，尽量消除搅拌故障

续表

可能发生的故障	处理措施
D. 浆料泵故障	1. 将产量全部由运转泵承担，并继续向酯化 I 供料； 2. 观察排料管线压力； 3. 如果压力太高，缓慢地打开浆料泵入口乙二醇清洗阀，直到压力降到正常值； 4. 消除另一台泵故障

（2）进一步处理措施　如果浆料液位发生低报时，上述故障还未排除，则停止浆料调制的重新启动。

（3）EG 供料故障及 PTA 供料故障

① 从浆料罐中取样分析摩尔比。

② 如果需要，修正摩尔比。

（4）浆料罐搅拌故障

① 低速重新启动搅拌。

② 观察电机电流。

③ 如果电流太高，降低浆料罐液位。

各种设备故障见表 5-6-10～表 5-6-12。

表 5-6-10　预缩聚 II 设备故障

可能发生的故障	处理措施
A. 预聚物供料泵密封液非正常损失	1. 停止熔体供料泵； 2. 停止密封系统； 3. 密封系统与熔体供料泵断开； 4. 维修熔体供料泵的密封系统
B. 多孔盘环反应釜轴封系统的密封液非正常损失	1. 打开外部密封室密封系统的截止阀，供给密封液；密封液返回； 2. 关闭内部密封室密封系统的截止阀，供给密封液；密封液返回
C. 多孔盘环反应釜搅拌故障	1. 低速启动搅拌； 2. 检查电机电流； 3. 缓慢地增加搅拌速度； 4. 如果搅拌不能再启动，停止装置

表 5-6-11　终缩聚设备故障

可能发生的故障	处理措施
A. 圆盘环反应釜轴封系统的密封液非正常损失	1. 打开外部密封室密封系统的截止阀，供给密封液；密封液返回； 2. 关闭内部密封室密封系统的截止阀，供给密封液；密封液返回
B. 圆盘环反应釜搅拌故障	1. 低速启动搅拌； 2. 检查电机电流； 3. 增加圆盘环反应釜搅拌速度 0.05 r/min； 4. 如果搅拌不能重新启动，则停止终缩聚； 5. 消除事故原因，并重新启动

表 5-6-12　熔体输送泵设备故障

可能发生的故障	处理措施
A. 物料输送泵密封液非正常快速损失	1. 停泵 2. 停止密封系统； 3. 断开密封系统； 4. 维修泵的密封

5.7　聚酰胺的生产技术

教学目标

◎ 能力目标

1. 能基本正确选择聚酰胺类的高分子材料来应用；
2. 能参与 PA-6 和 PA-66 的生产工艺编制；
3. 能对工艺参数的合适与否有一定的判断能力；
4. 能识别不同牌号的尼龙。

◎ 知识目标

1. 掌握聚酰胺的结构性能，特别是 PA-6 和 PA-66 的结构与性能；
2. 掌握开环聚合、逐步聚合反应的原理及特点；
3. 掌握 PA-6 和 PA-66 聚合机理及实施生产方法；
4. 掌握 PA-6 和 PA-66 生产工艺过程。

◎ 工作任务

1. PA-6 和 PA-66 产品的辨识；
2. PA-6 和 PA-66 生产工艺；
3. 聚酰胺牌号查号。

5.7.1　聚酰胺产品、结构及性能

1. 聚酰胺简介

聚酰胺俗称尼龙。在中国用做纤维时称为锦纶，是三大合成纤维之一，也是一种主要的合成纤维。聚酰胺又是制造薄膜及工程塑料的原料，是由饱和的二元酸与二元胺通过缩聚反应制得的一类线型高分子缩聚物。共同点就是其大分子的各个链节间都是以酰胺基（—CONH—）相连，所以把这类缩聚物通称为聚酰胺。

由杜邦公司首先实现工业化生产，其最初开发的应用领域是纤维，而后开发于工程塑料，因其优异的综合性能以及 20 世纪 80 年代以来汽车和电子电气产业的快速增长，使得聚酰胺树脂的产能和产量急剧增加，成为用量最大、应用领域最广的工程塑料，自 20 世纪 90 年代以来仍然保持快速增长的势头。

聚酰胺树脂的多样性和应用填料、弹性体及添加剂等改性的可能性，使得其在改性结构用材料中所用的吨位值居第三位，仅次于 ABS 和聚丙烯工程用聚合物，从使用价值看则占

第二位，在五大工程塑料中位居第一。其中尼龙-6 和尼龙-66 为主要的发展品种，其他种类及芳香族的聚酰胺也随着汽车和电子电气等行业的发展而迅速发展，特别是航空航天和高容量、高精细化电子计算机和通信及其相关领域为标志的尖端技术产业，对特种聚酰胺品种的开发起了很大的推动作用。

2. 聚酰胺结构、性能及应用

(1) 结构

通常聚酰胺有两大类：一类由二元胺和二元酸的分子间缩聚或氨基酸的分子缩聚反应制得；另一类由内酰胺开环聚合而得，此外，一些内酰胺还可通过阴离子聚合反应制得聚酰胺（如铸型尼龙-6）。聚酰胺制备的化学反应式如下：

$$nH_2N \xleftarrow CH_2 \xrightarrow{}_x NH_2 + HOOC \xleftarrow CH_2 \xrightarrow{}_y COOH \rightleftharpoons$$
$$H \xleftarrow HN \xleftarrow CH_2 \xrightarrow{}_x NHCO \xleftarrow CH_2 \xrightarrow{}_y CO \xrightarrow{}_n OH + (2n-1)H_2O$$
$$nH_2N \xleftarrow CH_2 \xrightarrow{}_x COOH \rightleftharpoons H \xleftarrow HN \xleftarrow CH_2 \xrightarrow{}_x CO \xrightarrow{}_n OH + (n-1)H_2O$$

$$n \begin{array}{c} HN \quad O \\ \diagup \quad \diagdown \\ (CH_2)_x \end{array} + H_2O \rightleftharpoons H \xleftarrow HN \xleftarrow CH_2 \xrightarrow{}_{x+3} CO \xrightarrow{}_n OH$$

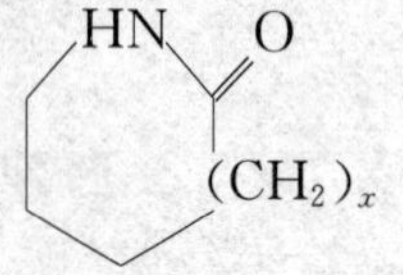

聚酰胺的英文缩写为 PA，不同品种的简单命名规则如下：由二元酸和二元胺缩聚而得的聚酰胺，要同时标记出两种单体的碳原子数，其中二元胺的碳原子数标记在前面；由内酰胺开环聚合而得或者由氨基酸的分子缩聚反应制得，则根据其聚合单体的碳原子数来对其命名。例如聚己二胺己二酸就写成 PA-66，聚己二胺癸二酸就写成 PA-610；再如聚己内酰胺可以写成 PA-6。

聚酰胺的酰氨基是极性基团，可以形成氢键，分子间的作用力大，分子链排列规整，所以力学性能优良，抗冲击性好，坚硬而有韧性，其结晶度高，熔点高。

PA-6 的晶体为 α、γ 晶型；PA-66 的晶体为 α、β 晶型。如图 5-7-1 所示是 PA-6 的 α 晶型以及 γ 晶型。

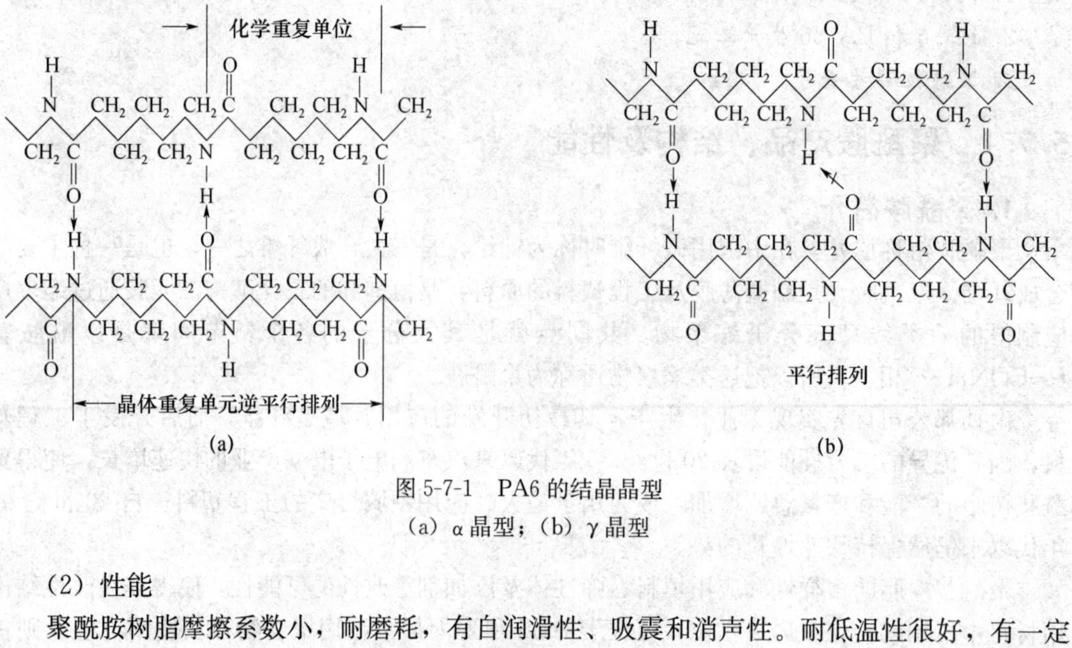

图 5-7-1　PA6 的结晶晶型

(a) α 晶型；(b) γ 晶型

(2) 性能

聚酰胺树脂摩擦系数小，耐磨耗，有自润滑性、吸震和消声性。耐低温性很好，有一定的耐热性（可在 100℃下使用），无毒、无臭、不霉烂，耐候性好，有一定的自熄性（燃烧性能可达到 UL94 V-2 级，极限氧指数 LOI 为 24％～28％，分解温度高于 299℃），其染色性比 PET 和聚烯烃好。化学稳定性好，耐海水，耐一般有机溶剂，耐油，但不耐酸。电绝缘性好，但易受温度的影响。它吸水性高，因此，环境的湿度对其尺寸稳定性和电性能影响较大。根据具体要求，可以采用添加剂对聚酰胺进行改性以改善它的一些性能。聚酰胺树脂熔体流动性好，加工性能优良，可以采用一般热塑性塑料的成型方法制成各种制品。

PA-6 的熔点（T_m）为 215～225℃，比 PA-66 的 T_m 低，强度和弹性模量也低一些，吸水性比 PA-66 高，但是，PA-6 的断裂伸长率和冲击强度（韧性）比 PA-66 优良，加工流动性也好一些，是物性与价格比优良的树脂，它可以加工成制品、薄膜、单丝、服用纤维等，它也容易通过增强、填充、阻燃与其他高聚物共混等进行改性，效果显著。

PA-66 的耐热性比 PA6 高，T_m 为 260～265℃，成型速度快（即成型周期短），热时刚性大，耐热性优良；PA-66 的结晶度为 30％～40％，比 PA-6 高约 10％，PA-66 材料的强度高，耐药品性、吸水性（比 PA-66 小）等比 PA-6 优良，特别是耐热性和耐油性好，适合制造汽车发动机周边部件和容易受热的部件（如电子电气部件），改性效果也和 PA-6 一样显著。但是，PA-66 与其他 PA 相比（如 PA-6），最易受热降解与交联。

典型聚酰胺树脂的性能见表 5-7-1。

表 5-7-1 典型聚酰胺树脂的性能

项目	ASTM 实验方法	尼龙-6	尼龙-66	尼龙-11	尼龙-12	尼龙-610	尼龙-1010	聚酰亚胺酰胺
T_m（℃）	Fisher John 法	220	260	187	176	215	210	
T_g（℃）		50	50	37	50	50		260
密度（kg/cm³）		1.14	1.14	1.04	1.02	1.08	1.07	1.38
吸水率（24h，％）	D570	1.8	1.3	0.23	0.21	0.30		0.28
拉伸强度（MPa）	D638	74	80	50	50	55	55	190
拉伸断裂伸长率（％）	D638	200	60	330	350	＞200	＞150	10
弯曲强度（MPa）	D790	125	130	69	74	95	80	190
弯曲模量（MPa）	D790	2600	3000	1000	1100	2000		3700
悬臂梁冲击强度（缺口，J/m）	D256	56	40	40	40～60	50～60	50	36
洛氏硬度	D785	R114	R118	R108	R105	R116		E78
泰伯磨损（CS 17，mg/1000 周期）		6	8	5	5	4		
热变形温度（1.82MPa，℃）	D648	63	70	50～60	50～60	60		260
线膨胀系数（$10^{-3}℃^{-1}$）	D696	8.5	8.5	9.1	12	12	1～2.5	3.6
UL 长期耐热温度（℃）		105	105	90				230
燃烧性 UL94		V-2	V-2	V-2	V-2	V-2		V-0
体积电阻率（Ω·cm）	D257	10^{15}	10^{15}	10^{14}	10^{14}	10^{14}	10^{14}	10^{15}
绝缘强度（kV/mm）		31	35	17	17	20	15	17
耐电弧性（s）		121	128	123	120	120		
介电常数（60～10^6Hz）	D150	4.0～3.7	4.1～3.4	3.7（1kHz，湿）	3	3.1		3.1

① 熔点和玻璃化转变温度

聚酰胺的熔点（L）通常随亚甲基数的增加（即酰氨基密度的降低而使分子间的作用力减弱）而下降。通常，主链含芳香环的聚酰胺，在酰氨基密度相同的情况下，聚酰胺的熔点随芳香环密度的增大而提高。

② 结晶和结晶度

典型的聚酰胺树脂是具有较高结晶度的高分子，其结晶度、结晶度分布、球晶大小及其分布对聚酰胺树脂制品的物性、相对密度和尺寸稳定性等都具有很大影响，因此为了获得质量稳定的聚酰胺制品，在加工成型过程中保持其稳定一致的结晶状态是极为重要的。聚酰胺制品的结晶度通常在 30％左右，但其结晶度随树脂的改性、成核剂的有无、成型模具温度等加工条件及其后处理或吸湿状态而变化。

③ 吸水（湿）性

吸水性是聚酰胺树脂的最主要的特征性质之一。由于吸水使聚酰胺树脂制品的强度和模量下降，尺寸稳定性发生变化，但又使其制品稳定化，且获得韧性。为了消除成型品的成型变形，必要时要对制品进行热水处理以稳定其结晶结构。在设计成型制品时，必须充分认识和掌握其吸水性因素的影响。

聚酰胺树脂的吸水是由其非晶部分的酰氨基的亲水作用而引起，因此结晶度越高，其吸水率越低；同样，酰氨基浓度（密度）越低，则吸水率越低。所以随聚酰胺树脂聚合单体的碳原子数的增多（即高分子链上酰氨基密度降低），其吸水率下降。

（3）应用

由于尼龙具有十分优异的综合性能，因而得到广泛的应用。

① 作纤维原料

作为纤维原料是尼龙工业化后最主要的用途，国内将尼龙纤维称为锦纶，锦纶分为民用即服装用、地毯纤维与产业用纤维，产业用纤维主要品种有渔网和造纸、毛毯用丝。

② 机械部件，如齿轮、轴承等。

③ 电子电气部件，如家电部件。

④ 汽车部件，如发动机部件、进气管、风扇、油箱等，尼龙材料成为汽车塑料化的主要结构材料。

⑤ 包装

尼龙具有很高的气体阻隔性，是食品保鲜包装的理想材料。

⑥ 铁路器材

主要用在车辆密封部件及轨端、垫片等方面。

5.7.2　PA-6 和 PA-66 生产工艺

1. PA-6 和 PA-66 原料的合成

（1）PA-6 原料的合成

PA-6 的合成单体一般为己内酰胺，通过己内酰胺开环聚合得到 PA-6。

① 己内酰胺的物理化学性质　己内酰胺为白色晶体和粉状固体物质。分子式为 C_6H_{11}NO，结构式为 $\begin{array}{c}(CH_2)_5\!\!-\!\!C\!\!=\!\!O\\ \qquad\quad|\\ \qquad\quad N\!\!-\!\!H\end{array}$。相对分子质量为 113.16，熔程为 $68\sim69℃$，沸点为

262.5℃，密度为 1.023kg/L（70℃），折射率为 1.4965（nD，31℃），具有吸水性，易溶于水及乙醇、乙醚、丙酮、氯仿及苯等有机溶剂，略带叔胺类化合物气味。

a. 水解反应己内酰胺在酸性或碱性介质中，易与水反应，生成氨基己酸。

b. 氯化反应己内酰胺能与氯气反应生成氯代己内酰胺。

c. 氧化反应在高锰酸钾存在下，己内酰胺能发生氧化反应生成羧基己胺。

d. 与羟胺反应能生成 ε-氨基羟胺酸。

② 己内酰胺的制备路线及工艺

a. 苯加氢-环己烷氧化法

以苯为基础原料，经加氢制取环己烷，环己烷氧化得到环己酮，再与羟胺胺化生成环己酮肟，经贝克曼重排得到己内酰胺，主要过程如下：

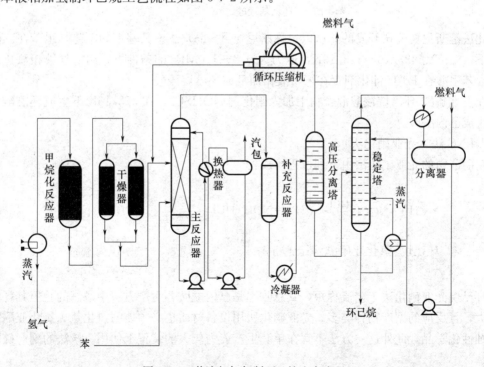

此法是工业上使用最广泛的方法。

加氢制环己烷的工艺方法有两种，即液相加氢和气相加氢两种。

苯液相加氢制环己烷工艺流程如图 5-7-2 所示。

图 5-7-2　苯液相加氢制环己烷生产流程

氢气经甲烷化和干燥后与苯分别加入装有催化剂的主反应塔中，依靠泵的循环作用使固体催化剂保持悬浮状态。用换热器移去反应热并产生低压蒸汽，从主反应塔出来的反应产物进入装有催化剂的固定床补充反应塔。补充反应塔的流出物经冷凝后在高压分离塔中进行闪蒸，闪蒸气体用循环压缩机送回主反应塔。闪蒸液体送稳定塔分离，塔顶除去氢气和其他溶解气体，塔底物即为产品环己烷。

b. 苯酚法

苯酚法是己内酰胺各生产方法中最早工业化生产的方法。它以苯酚为原料，经苯酚加氢制环己醇，经氧化制环己酮，环己酮经肟化得到环己酮肟，经贝克曼转位（重排）得到己内酰胺。

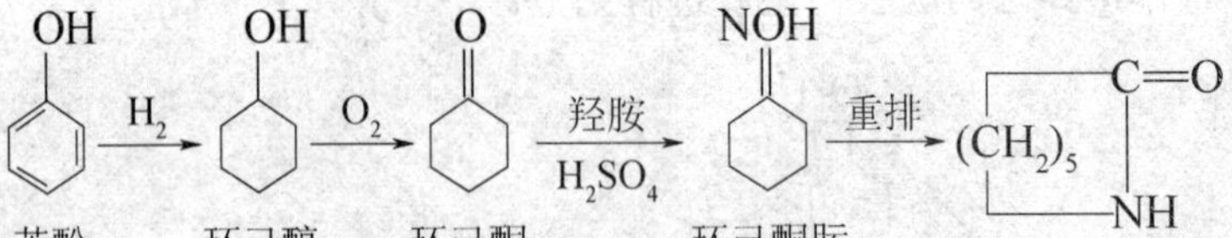

苯酚　　　环己醇　　　环己酮　　　　　环己酮肟

c. 甲苯法

甲苯在催化剂作用下氧化制取苯甲酸，再加氢得环己基羧酸，环己基羧酸在发烟硫酸作用下，与亚硝酰硫酸反应，并经贝克曼重排得到己内酰胺。

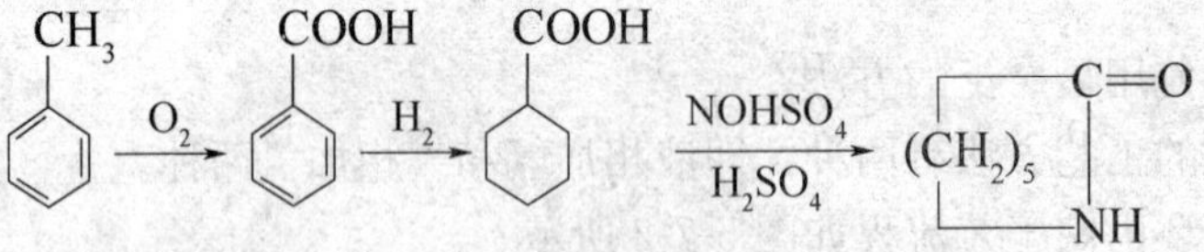

甲苯　　　苯甲酸　　　环己基羟酸　　　　　己内酰胺

此法是斯尼亚公司开发的，所以也称斯尼亚（Snia）法。其基本的工艺是甲苯在乙酸钴作用下，温度为 433.16~443.19K，压力为 0.8~1.0MPa 的条件下，用空气液相氧化成苯甲酸；苯甲酸在 Pd/C 催化剂存在下，液相加氢成环己烷羧酸。

在发烟硫酸-环己烷羧酸混合物中加入硝化剂 $NOHSO_4$，在 373.16K 下生成环己酮，经重排生成己内酰胺。

d. PNC 法（光亚硝化法）

东丽公司的光亚硝化法由下列过程组成：

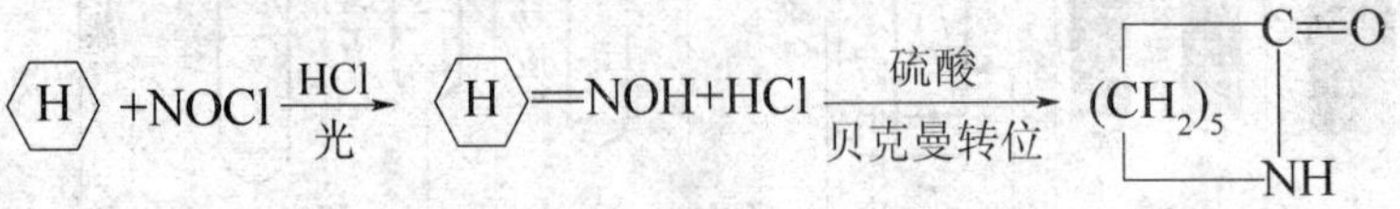

环己烷　氯化亚硝酰　环己酮肟　　　　　　　　　　　ε-己内酰胺
（硫酸溶液）

环己烷光亚硝化法工艺流程短，其总收率是己内酰胺各生产方法中最高的。但其耗电量相当大，且反应的副产物种类多。光亚硝化所用设备材质也必须能耐氯化氢、氯化亚酰胺等强腐蚀性化学品，此外这一方法不宜在单套生产能力较大的装置上使用。该法的副产硫酸铵较少。

如图 5-7-3 所示总结了己内酰胺的生产路线。工艺路线的不同以及生产过程中的控制都会对己内酰胺的质量产生影响。

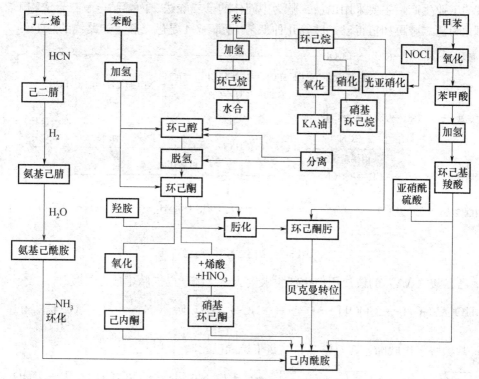

图 5-7-3 己内酰胺生产路线

表 5-7-2 列出了几种不同工艺路线的产品质量指标。

表 5-7-2 几种不同工艺路线产品质量指标

项目	光亚硝化法 PNC	DSM 法①	Inventa 法③	Allied 法②
凝固点（℃）	＞69.0	＞68.8	69.0	
色度（Hazen）	＜5	＜5	＜10	＜1
挥发性碱（mg/kg）	＜5.0	＜0.8	100	＜20
铁含量（mg/kg）	＜0.1		0.1	＜1.0
游离酸（mg/kg）	＜0.02			
游离碱盐（mg/kg）	＜0.02	＜0.05		0～0.40
水含量（质量,%）	＜0.02	＜0.10	0.05	＜0.1
环己酮（mg/kg）				＜10

① DSM 法：环己烷氧化 HPO 法制羟胺工艺。
② Allied 法：苯酚一次催化加氢制环己酮—Rasching 法制羟胺工艺。
③ Inventa 法（伊文达法）：环己烷贫氧氧化—Rasching 法制羟胺工艺。

（2）PA-66 原料的合成

PA-66 的合成单体为己二胺和己二酸。

① 己二胺（HD）

己二胺的工业制法，最初采用以苯酚、糠醛为原料的方法，接着开发了以丁二烯为原料的氯化法，20 世纪 60 年代又开发了丙烯腈电解二聚还原法，20 世纪 70 年代丁二烯直接氢氰化法开发成功。因此己二胺的生产经历了农产品、煤化学和石油化学三个发展阶段。目前己二胺的工业生产，主要采用以己二腈为中间体的己二酸法、丙烯腈电解二聚法和丁二烯直接氢氰化为己二腈再加氢得己二胺等几种工艺。图 5-7-4 是己二胺生产路线的总汇。

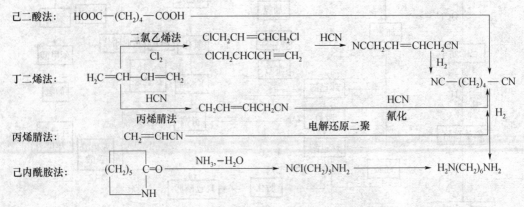

图 5-7-4　己二胺生产路线

a. 己二酸（AA）的铵盐用催化剂脱水生成己二腈，己二腈生成己二胺。

$$HOOC{-\!\!\!(CH_2)}_4 COOH \xrightarrow{NH_3} \xrightarrow{-H_2O} NC-(CH_2)_4-CN \xrightarrow{H_2} H_2N\ (CH_2)_6 NH_2$$

HD

b. 从糠醛经由呋喃、四氢呋喃、二氯丁烷和己二腈合成己二胺。

糠醛　　　呋喃　　四氢呋喃　　二氯丁烷　　　己二腈

$$\text{糠醛-CHO} \rightarrow \text{呋喃} \rightarrow \text{四氢呋喃} \rightarrow Cl(CH_2)_4Cl \rightarrow NC(CH_2)_4CN \rightarrow HD$$

c. 从环己酮经 ε-己内酯合成己二醇，己二醇用氨转化为己二胺的塞拉尼斯法。

$$\text{环己酮} \rightarrow \text{ε-己内酯} \rightarrow HO(CH_2)_6OH \rightarrow HD$$

环己酮　　ε-己内酯　　　己二醇

d. 丁二烯（BD）与氯反应，经由二氯丁烯、二氰丁烯和己二腈生成己二胺的杜邦法。

$$CH_2=\ \ CH-CH\ =CH_2+Cl_2 \rightarrow ClCH_2CH=CHCH_2Cl \rightarrow$$

丁二烯（BD）　　　　　　　　二氯丁烯

$$NCCH_2CH=CHCH_2CN \rightarrow \text{己二腈} \rightarrow HD$$

二氰丁烯

e. 丙烯腈（AN）电解还原二聚生成己二腈，己二腈加氢的旭化成法、孟山都法。

$$CH_2=CHCN \xrightarrow[\text{电解}]{H_2} NC\ (CH_2)_4CN \rightarrow HD$$

丙烯腈　　　　　　己二腈

以上几种工艺的优缺点见表 5-7-3。

表 5-7-3　己二胺工业生产工艺的比较

工艺方法	原料消耗	优点	缺点	现状
己二酸法	ADA：1.5~1.7kg 氨：0.7 kg 氢：1m³（标态）	原料丰富价廉，设备利用率高，适用于大规模生产	生产成本高，工序多，流程长，原料利用不合理	发达国家或地区已不使用

续表

工艺方法	原料消耗	优点	缺点	现状
丁二烯四步法	BD：0.6~0.7 kg 氢：0.8 kg HCN：0.6kg 氢：1.2 m³（标态）	丁二烯价廉，各段转化率及产率均高	大量使用 HCN 和氢，工序多，流程长，投资高	有些公司曾经大规模生产，已被直接氢氰化法取代
丙烯腈法	AND：1.1~1.2kg 氢：1 m³（标态） 电：5kW·h	丙烯，氨价廉易得，工序少	电力消耗大，己二腈精制困难，设备费用高	部分公司仍在运行
己内酰胺法	CPL：1.1~1.2kg 氨：0.4 kg 氢：0.5 m³（标态）	己内酰胺回收的有效途径	原料来源和产量有限	部分公司小规模生产
己二醇法	己内胺：1.1~1.2kg 氨：0.4kg 氢：0.5 m³（标态）	可与己二酸装置共用大多数生产设备	高压反应装置投资高，工序多，经济性与副产乙酸胺有关	有些公司曾使用过
三步氢氰化法	BD：0.6~0.7kg HCN：0.6kg 氢：1.2m³（标态）	不用氯，比氯化法降低原料成本 15%，节能 45%	大量使用 HCN，催化剂制造和使用要求高	有些公司大规模生产采用此工艺

对于用作尼龙-66 单体的己二胺，其杂质含量要求见表 5-7-4。

表 5-7-4　聚合级己二胺杂质含量要求

杂质名称	最低含量	分析方法
1，2-二氨基环己烷（mg/kg）	≤50	气相色谱法
6-氨基己腈（mg/kg）	≤10	蒸馏和滴定法
2-氨基甲基环戊烷（mg/kg）	≤10	气相色谱法
四氢化氮杂质（mg/kg）	≤100	脉冲极谱法
氨（mg/kg）	≤50	蒸馏和滴定法
六亚甲基亚胺（mg/kg）	≤25	蒸馏和滴定法
色度（APHA）	≤10	比色法

② 己二酸（AA）

尼龙-66 的另一个组分是己二酸。己二酸有下列合成路线。

目前工业上主要采用三种工艺生产己二酸：环己烷工艺、环己烯工艺、苯酚工艺。三种工艺中，环己烷工艺约占总生产能力的 91%。除了以苯为基本原料外，正构烷烃、丁二烯、丁二醇、醚、四氢呋喃等都可以用于生产己二酸（图 5-7-5）。

a. 环己烷直接氧化法反应式如下：

$$\text{环己烷} \xrightarrow{O_2} \text{HOOC}(CH_2)_4\text{COOH} \quad (\text{AA})$$

b. 以环己烷为原料，制成环己醇或环己酮，再使其氧化的两步法如下：

$$\text{环己烷} \rightarrow \text{环己醇(OH)} \quad \text{环己酮(O)} \xrightarrow{O_2} \text{AA}$$

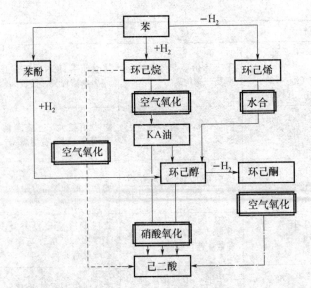

图 5-7-5　以苯为原料生产己二酸的各种工艺路线示意图
——→现已工业化；……→可行但未工业化；—·→工业上曾用过

环己烷以空气氧化，制成环己醇和环己酮的混合物（称为 KA 油）。该混合物在催化剂存在下用硝酸氧化，或用铜和锰催化剂等液相空气氧化生成己二酸的两步法，正在工业上使用。

c. 苯酚加氢是最早实现的生产环己醇或环己酮的方法之一。苯酚在镍催化剂的作用下，于 95～130℃温度、0.2～1.8MPa 压力下在液相中发生如下反应：

$$C_6H_5OH + 3H_2 \xrightarrow{\text{Ni-Al}_2\text{O}_3,\ 95\sim130℃} C_6H_{11}OH + 188.28\text{kJ/mol}$$

氢气与苯酚的摩尔比以 10∶1 为宜。这是一个放热和体积缩小的反应，若温度过高，易发生深度加氢生成环己烷、甲烷等副产物，也易积炭和生成焦油状物质，催化剂也易失活。

2. 聚酰胺的缩聚工艺

聚酰胺树脂的制造方法很多，但工业上主要的方法有三种，分别是熔融缩聚法、开环聚合法和低温聚合法。低温聚合法又包括界面聚合和溶液聚合，可根据原料单体以及聚合体的特性而采用不同的制备方法。

下面以用途广泛的典型聚酰胺树脂 PA-6、PA-66 为例来简述由单体缩聚成为聚酰胺聚合物的原理以及生产工艺。

（1）PA-6 的生产工艺

① PA-6 聚合反应原理

聚合一般在结构简单、操作方便的直型聚合管（即 VK 管，Vereinfacht kontinLtierlich）中进行，其反应过程分为三个阶段：

己内酰胺的引发和加成

$$\underset{NH}{\overset{C=O}{(CH_2)_5}} + H_2O \rightarrow H_2N—(CH_2)_5—COOH$$

当己内酰胺被水解生成氨基己酰后，己内酰胺分子就逐个连接到氨基己酸的链上去，直到相对分子质量达 8000（DP＝71）～14000（DP＝124）之间。参与水解的己内酰胺分子极少，约占 1/124～1/71，因此氨基己酸的分子也极少，加成反应是主要的。

链的增长

$$(CH_2)_5 \begin{matrix} C{=}O \\ | \\ NH \end{matrix} +H_2N—(CH_2)_5—COOH → H_2N—(CH_2)_5—CONH—(CH_2)_5—COOH$$

由于在这一阶段中绝大部分己内酰胺单体都参加了反应，因此在这一阶段主要是上一阶段形成的短链进行连接，得到相对分子质量在 18000（DP＝160）～33000（DP＝292）之间的聚合物，这一阶段以缩聚反应为主，当然还有少量的引发和加成反应在同时进行。

平衡阶段

$$H_2N—(CH_2)_5—[CONH—(CH_2)_5]_{m-1}—COOH+$$
$$H_2N—(CH_2)_5—[CONH—(CH_2)_5]_{n-1}—COOH →$$
$$H_2N—(CH_2)_5—[CONH—(CH_2)_5]_{m+n-1}—COOH+H_2O$$

此阶段同时进行着链交换、缩聚和水解等反应，使相对分子质量重新分布，最后根据反应条件（如温度、水分及相对分子质量稳定剂的用量等）达到一定的动态平衡，使聚合体的平均相对分子质量达到一定值。由于聚合过程是一个可逆平衡的过程，链交换、缩聚和水解三个反应同时进行，因此，聚合的最终产物约含 90％的高聚物及 10％的单体和低分子聚合物。

② 聚合工艺

水解聚合是工业上开发最早、应用最广、产量最大的聚合方法。在工艺上，可分为间歇聚合与连续聚合，连续聚合又分为常压水解聚合和加压水解聚合。按聚合阶段划分，有一段聚合（或称一步聚合）和两段连续聚合。近年来，开发出多螺杆连续挤出聚合工艺。这种工艺采用阴离子催化聚合原理，可生产高相对分子质量 PA-6，下面分别介绍这些聚合工艺的特点。

a. 间歇聚合

间歇水解聚合采用耐压聚合釜。一次性投料，反应结束后（一次性出料）用 N_2 压出切粒，经萃取、干燥后制得尼龙-6。

间歇聚合过程分为三个阶段。

第一阶段：水解开环缩聚。反应温度为 240～250℃，压力为 0.5～0.8MPa，通过加热加压促进己内酰胺水解，并形成低聚体。

第二阶段：真空聚合。此阶段主要是通过抽真空除去反应体系中的水，促进加聚反应，形成大分子聚合体，反应温度为 250～260℃，压力为－0.06～0.08MPa。

第三阶段：平衡反应。停止搅拌，真空脱泡，继续除去低分子物，以提高聚合物相对分子质量。

聚合过程中，最关键的是体系中水含量的控制，搅拌形式、转速及时间的设定对聚合反应有一定影响。

间歇聚合适合多品种、小批量产品的生产，可生产不同黏度的产品以及共聚尼龙，但原料消耗比连续聚合高，生产周期长，产品质量的重复性较差。

b. 连续聚合

工业上广泛采用的常压水解连续聚合和两段连续聚合工艺是当今尼龙-6 生产的主要工

艺路线。连续法生产是指聚合、萃取、干燥、包装各工序均为连续进行。

常压水解连续聚合（一步聚合）是指在己内酰胺常压连续聚合工艺中，根据聚合管的外形不同，分为直型和 U 型两种，尤其以常压直型连续聚合管法（又称直型 VK 管）使用最为广泛。常压连续聚合适合生产中、低黏度等民用化纤用 PA-6，其生产流程如图 5-7-6 所示。

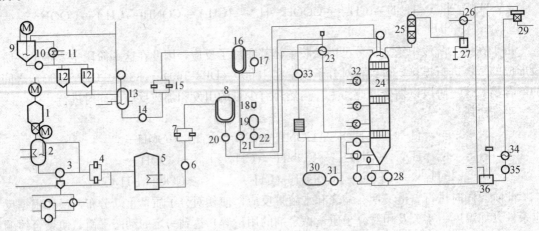

图 5-7-6　PA-6 连续聚合生产流程

1—己内酰胺投料器；2—熔融锅；3，6，10，14，17，20～22，28，31，33，35—输送泵；
4，7，15—过滤器；5—己内酰胺熔体贮槽；8—内酰胺熔体罐；9—TiO₂ 添加剂调配器；
11，23，26，32，34—热交换器；12—中间罐；13—调制计量罐；16—高位贮槽；
18，19—无离子水加入槽；24—VK 聚合管；25—分馏柱；27—冷凝水受槽；29—铸带切粒机；
30—联苯贮槽；36—水循环槽

将己内酰胺投入熔融锅中，经熔化，由活塞泵抽出并过滤后送到混合罐，再由泵输送并经过滤后送往己内酰胺熔体贮槽；聚合用的助剂（消光剂二氧化钛、开环剂无离子水、相对分子质量稳定剂乙酸或己二酸、热稳定剂等）经过调配、混合和过滤后，送入助剂贮槽；己内酰胺熔体、助剂、二氧化钛等各自通过计量泵，由各自的贮槽定量地送入 VK 聚合管上部，在进入 VK 管之前，己内酰胺熔体先预热，己内酰胺熔体与各种助剂和二氧化钛等在 VK 管上部均匀混合后，逐步向下流动，在管中经加热、开环聚合、平衡、降温等过程，制得聚己内酰胺，聚合物从聚合管底部输送泵定量抽出，送往铸带、切粒。

两段连续聚合是指聚合过程分成两个阶段，采用两个聚合管、不同的聚合工艺条件，来实现产品牌号的调整。由德国吉玛（ZIMMER）公司首先开发的加压-减压两段连续聚合工艺，是根据己内酰胺聚合反应原理与特征从而设计不同的设备结构和工艺条件来实现。

如图 5-7-7 所示，PA-6 生产过程包括聚合、萃取、干燥、单体回收四大工序。

A. 聚合

前聚合反应器采取加压操作，压力为 0.25MPa（绝对），熔融 ε-己内酰胺经联苯液体加热（换热器 1），加热至 180℃进入聚合器，前聚合反应器的列管换热器和夹套用 270℃的联苯蒸气加热，物料经加热迅速升温至 253℃进行水解开环反应。在前聚合反应器下段，由于缩聚、加聚反应的进行，物料温度继续上升至 270～274℃。前聚合出料齿轮泵将物料排出，送到后聚合反应器。

后聚合反应器顶部的内置汽包和夹套均用 270℃的联苯蒸气加热。后聚合反应器的压力

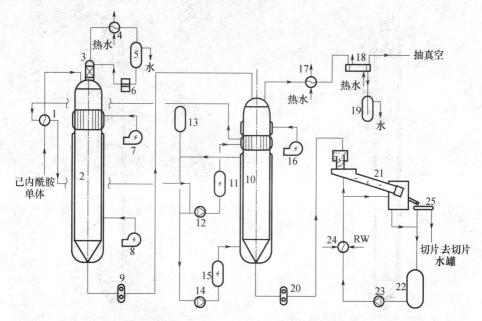

图 5-7-7　ZIMMER 公司 PA-6 两段聚合工艺流程

1，4，17，18，24—换热器；2—前聚合反应器；3—填料塔；5—分液槽；6—注塞泵；
7，8，11，15，16—联苯加热器；9，20—齿轮泵；10—后聚合反应器；12，14，23—泵；
13—放空罐；19—水封罐；21—切粒机；22—水罐；25 振动筛

为 0.045MPa（绝对），由于减压，物料进入后聚合反应器后闪蒸出多余的水分，温度也相应地降至 243～263℃左右。后聚合反应器中部设有一个列管换热器，下段有伴管夹套。列管换热器管间和伴管夹套中通液体联苯，温度为 250～254℃，液体联苯导出聚合的反应热，使熔体温度保持在 254℃左右。熔体从后聚合反应器底部经齿轮泵送至铸带头挤出带条，带条在水下切粒机中冷却、切粒。

VK 管顶部有填料塔，当物料流进 VK 管开始反应后，填料塔能将水蒸气夹带的己内酰胺吸附，冷凝后回流到 VK 管内，以减少己内酰胺的损失。VK 管上部有列管，为加热段。当 ε-己内酰胺进入列管时，迅速而均匀地获得开环加聚反应所需要的热量，从而能保证列管内熔体传热时径向温度的均匀一致，尽可能地减少 VK 管内（物料）径向温度梯度。在 VK 管的夹套保温段中部装有一块厚度为 20mm，有不同孔径的孔的单层或多层铝板，称为分配板。分配板是用来改善夹套保温段和伴管保温段内聚合物熔体的流动分布，使 VK 管内同一截面的聚合物熔体的流速及停留时间基本一致，以保证聚合物熔体在 VK 管内径向质量均匀。

聚合反应器结构与特点如下。

尼龙-6 连续聚合反应器一般采用 VK 管。VK 管结构对聚合反应影响很大，是 PA-6 生产过程中最关键设备。

· 第一聚合反应器结构与特点，其结构如图 5-7-8 所示。

· 第二聚合反应器的结构与作用，其结构如图 5-7-9 所示。

第二 VK 管内部装有气泡、列管以及分配板。气泡在 VK 管的顶部，当聚合物熔体进入第二 VK 管顶部时，在气泡表面成膜状下流，在负压的情况下熔体中的水分很容易地从中脱出。VK 管采用联苯蒸气加热。中部的列管换热器，用液体联苯传递反应体系的热量，使熔体的温度迅速而均匀地降低。下部的分配板，其作用与第一 VK 管的分配板的作用一致。

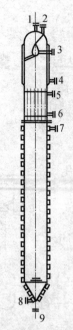

图 5-7-8 ZIMMER 公司尼龙-6 加压聚合管
结构示意图

1—蒸汽出口；2—己内酰胺入口；
3—联苯蒸气入口；4—联苯冷凝液出口；
5，7—联苯液出口；6，8—联苯液进口；
9—聚己内酰胺出口

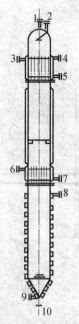

图 5-7-9 ZIMMER 公司尼龙-6 常压聚合管
结构示意图

1—蒸汽出口；2—己内酰胺入口；
3—联苯蒸气入口；4—排气口；
5—联苯冷凝液出口；6，8—联苯液出口；
7，9—联苯液进口；10—聚己内酰胺出口

B. 萃取

从聚合管出来的切片中含有 8%～10% 的单体和低聚物。不除去这些单体和低聚物，严重影响尼龙-6 的力学性能。工业上用水作萃取剂将单体低聚物从切片中萃取出来。萃取工艺流程如图 5-7-10 所示。

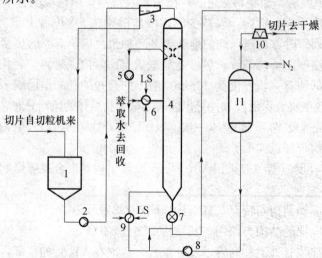

图 5-7-10 INVENTA 公司尼龙-6 切片萃取工艺流程

1—切片贮槽；2，5，8—泵；3—振动筛；4—萃取塔；6，9—加热器；7—计量阀；
10—离心机；11—水贮槽

萃取设备为立式多级萃取塔。萃取塔中有各种不同的内构件，防止由于萃取水上下浓度和梯度引起各级间的返混。切片自上而下通过构件中形成的狭窄通道，萃取水自下而上，在狭窄的通道内由于液体的湍动程度增加，从而增加了萃取过程的传质效率。

萃取工艺是：塔顶循环水温为110℃，进水温度为95℃，萃取时间为17～18h，浴比为1：(1～1.2)，水中单体浓度为8%～10%，切片中单体浓度为0.2%～0.5%。

C. 连续干燥工艺

萃取后的尼龙-6切片经机械脱水后仍含水10%～15%，必须干燥使切片含水量在0.08%以下，为保证干燥过程中切片不被氧化，一般干燥设备采用塔式干燥器，采用热 N_2（含 $O_2 < 3～5 \mu L/L$）作干燥介质。干燥温度控制在110～120℃，干燥时间约为24h。

D. 萃取水回收单体

萃取工段中，从萃取塔出来的水含单体和低聚物8%～10%，如不回收处理，不仅增加单体的消耗，而且严重污染环境。

(2) PA-66 的生产工艺

理论上己二酸和己二胺按1：1摩尔比进行缩聚反应，即可得到尼龙-66。

该缩聚反应需要严格控制两种单体原料的摩尔比，才能得到高相对分子质量的高聚物。

生产中一旦某一单体过量时，就会影响产物的相对分子质量。因此，在进行缩聚反应前，先将己二酸和己二胺混合制成己二胺二酸盐（简称66盐），再分离精制，确保没有过量的单体存在，再进行缩聚反应。

成盐的反应式如下：

$$HOOC(CH_2)_4COOH + H_2N(CH_2)_6NH_2 \rightarrow {}^-OOC(CH_2)_4COO^- \cdot {}^+H_3N(CH_2)_6NH_3^+$$

尼龙-66盐缩聚反应式如下：

$$n\left[{}^+H_3N(CH_2)_6NH_3^+ \cdot {}^-OOC(CH_2)_4COO^-\right] \rightarrow$$

$$\left[NH(CH_2)_6NHCO(CH_2)_4CO\right]_n + nH_2O$$

生成线型高聚物的时候同时也会生成水分子。反应体系中水的扩散速率决定了反应速率，所以尼龙-66制备工艺的关键是在短时间内高效率地将水排出反应体系。

在缩聚过程中，同时存在大分子水解、胺解（胺过量时）、酸解（酸过量时）和高温裂解等使尼龙-66的相对分子质量降低的副反应。

① 尼龙-66盐的制备

尼龙-66盐是己二酰己二胺盐的俗称，分子式 $C_{12}H_{26}O_4N_2$，相对分子质量262.35，结构式$[{}^+H_3N(CH_2)_6NH_3^+ \cdot {}^-OOC(CH_2)_4COO^-]$。

尼龙-66盐是无臭、无腐蚀、略带氨味的白色或微黄色宝石状单斜晶系结晶。室温下，干燥或溶液中的尼龙-66盐比较稳定，但温度高于200℃时，会发生聚合反应。其主要物理性质列于表5-7-5中。尼龙-66盐在水中的溶解度很大。

表5-7-5 尼龙-66盐的主要物理性质

性质	指标	性质	指标
熔点（℃）	193～197	生成热[J/(kg·K)]	3.169×10^5
折射率（30℃）	1.429～1.583（50%水溶液）	水中溶解度（50℃，g/mol）	54.00
升华温度（℃）	78	密度（g/cm³）	1.201

尼龙-66 盐的制备可以用水作为溶剂，也可以采用甲醇或者乙醇作为溶剂。

a. 水溶液法

以水为溶剂，以等摩尔比的己二胺和己二酸在水溶液中进行中和反应，得到 50％的尼龙-66 盐溶液。化学计量比通过测量 pH 值来确定，由于二元胺较易挥发，因此通常稍微过量。尼龙-66 盐的平衡 pH 值约为 7.6。为防止在 25℃贮存时发生沉淀，尼龙-66 盐通常制备成 50％的溶液。其工艺流程如图 5-7-11 所示。

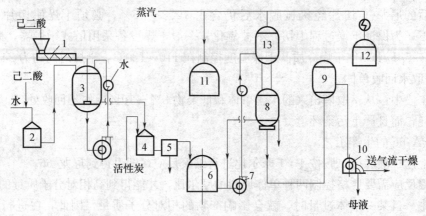

图 5-7-11　水溶液法生产尼龙-66 盐工艺流程
1—己二酸配制槽；2—己二胺配制槽；3—中和反应器；4—脱色罐；5—过滤器；6，9，11，12—槽；
7—泵；8—成品反应器；10—鼓风机；13—蒸发反应器

将纯己二胺用软水配成约 30％的水溶液，加入反应釜中，在 40～50℃、常压和搅拌下慢慢加入等物质的量的纯己二酸，控制 pH 值在 7.7～7.9。在反应结束后，用 0.5％～1％的活性炭净化、过滤除去杂质（1，2-二氨基环己烷等），即可得到 50％的尼龙-66 盐水溶液。

用循环冷却水移除成盐反应所放出来的热量。为防止尼龙-66 盐与空气接触而被氧化，在生产系统中充以氮气保护。在真空状态下，将 50％的尼龙-66 盐水溶液经蒸发、脱水、浓缩、结晶、干燥，即可得到固体尼龙-66 盐。一般每吨尼龙-66 盐（100％）消耗己二胺（99.8％）522.64kg、己二酸（99.7％）561.9kg。

此法的特点是不采用甲醇或乙醇等溶剂，方便易行，安全可靠，工艺流程短，成本低。但对原料中间体质量要求高，远途运输费用也较高。

b. 溶剂结晶法

以甲醇或乙醇为溶剂，经中和、结晶、离心分离、洗涤，制得固体尼龙-66 盐。氨基和羧基经中和后形成菱形无色结晶盐，并有热量放出，其工艺流程如图 5-7-12 所示。

将纯己二酸溶解于 4 倍质量的溶剂（乙醇）中，完全溶解后，移入带搅拌的中和反应器并升温到 65℃，慢慢加入配好的己二胺溶液，控制反应温度在 75～80℃，在反应终点有白色结晶析出，持续搅拌至反应完全。冷却并过滤，用乙醇洗涤数次除去杂质。最后经离心分离后尼龙-66 盐的总收率可达 99.5％以上。一般每吨尼龙-66 盐消耗己二胺 0.46t、己二酸 0.58t、乙醇 0.3t。原料纯度、结晶温度、机械损失、溶剂浓度和用量等都对尼龙-66 盐的收率和质量产生影响。另外己二胺中的 1，2-二氨基环己烷、1-氨基甲基环戊烷、氨基己腈等杂质对尼龙-66 盐的稳定性有较大的影响。

溶剂结晶法的特点是运输方便、灵活，产品质量好。但对温度、湿度、光和氧敏感性较强，在缩聚操作中要重新加水溶解。

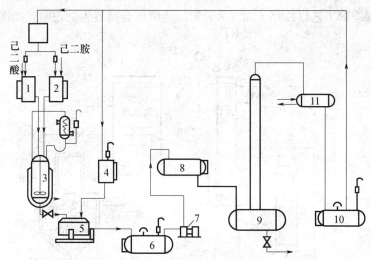

图 5-7-12 溶剂结晶法生产尼龙-66盐工艺流程

1—己二酸配制槽；2—己二胺配制槽；3—中和反应器；4—乙醇计量槽；5—离心机；6—乙醇贮槽；
7—蒸汽泵；8,11—乙醇高位槽；9—乙醇回收蒸馏塔；10—合格乙醇贮槽

② 尼龙-66盐的缩聚

尼龙-66盐的缩聚工艺可分为间歇缩聚和连续缩聚。

a. 间歇缩聚

尼龙-66的间歇缩聚包括溶解、调配、缩聚、铸带、切粒、干燥等工序。

其工艺流程如图 5-7-13 所示。

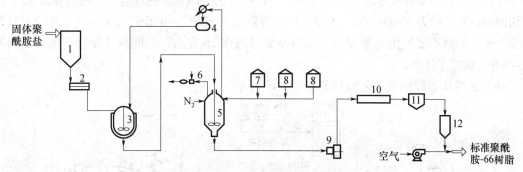

图 5-7-13 尼龙-66盐间歇缩聚工艺流程

1—料仓；2—螺旋运输器；3—溶解釜；4—冷凝器；5—反应器；6—蒸汽喷射器；7—乙酸罐；
8—添加剂罐；9—挤压机；10—水浴；11—造粒机；12—料仓

盐溶液先在减压条件下浓缩至 65%～80%，再加入高压溶解釜中。主要的特征是先加热到 210℃，自动加压到 1.75MPa，再逐渐升温到 275℃，同时释放蒸汽，保持压力不变。再以一定速度减压，保持温度不变使釜内压力达到 101325Pa，或者在惰性气体存在的条件下挤出聚合物之前，先减压得到目标相对分子质量的产品。这一过程可以保证在达到熔点之前，有足够的水分以免产品凝固。同时也减少了过量二元酸的损失。通常情况下可以不使用高压搅拌釜。挤出的型材是条带状的，在水中冷却后用喷气吹扫除去水分，而后切成小块混匀、包装。

b. 连续缩聚

尼龙-66的连续缩聚按所用设备的形式和能力可分为立管式连续缩聚和横管式减压连续缩聚两种，国内一般采用后者。

161

立管式连续缩聚工艺以杜邦·加拿大公司的连续聚合装置为例说明，如图 5-7-14 所示。

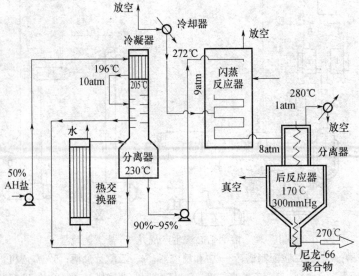

图 5-7-14　尼龙-66 立管式连续聚合装置

此工艺由分离器、闪蒸反应器和后反应器三个工序组成。第一工序为分离器工序，把 50％的尼龙-66 盐水溶液连续供给热交换器，在约为 1MPa 下预热至 196℃。己二胺用盘式塔和塔顶的分凝器回收。预热之后为了再进行反应，加热到 230℃，放出水蒸气，使尼龙-66 盐浓缩到 95％的浓度，同时进行预聚。在此处的停留时间约为 50min。第二工序为闪蒸反应器，由前一工序送来的预聚物液体，在压力约为 0.9MPa、温度为 272℃的反应器内闪蒸放出水蒸气。停留时间较短，约为 30min。第三工序为后反应器，在 270℃、40kPa、40min 完成缩聚。这部分至关重要的是不要发生异常滞留。总的停留时间在 2h 左右，与间歇式聚合釜的反应时间 4～6h 相比缩短了许多。

横管式减压连续缩聚工艺流程如图 5-7-15 所示。

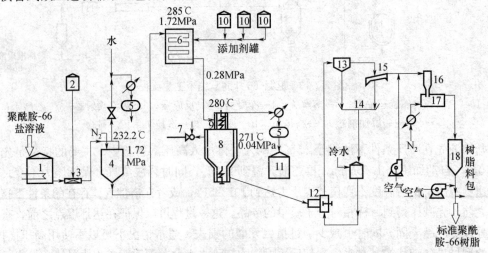

图 5-7-15　尼龙-66 横管式减压连续缩聚工艺流程

1—尼龙-66 盐贮罐；2—乙酸罐；3—静态混合器；4—蒸发反应器；5—冷凝液槽；6—管式反应器；
7—蒸汽喷射器；8—成品反应器；9—分离器；10—添加剂罐；11—冷凝液贮槽；12—挤压机；
13—造粒机；14—脱水桶；15—水预分离器；16—进料斗；17—流化床干燥器；18—树脂料仓

　　浓度为 63％的尼龙-66 盐水溶液从贮槽泵入静态混合器，加入少量己二胺的乙酸溶液，进入蒸发反应器，物料被加热到 232℃，在氮气保护 1.72MPa 的条件下停留 3h 脱水预缩聚，蒸发反应器出口物料含水量约为 18 ％，50％的尼龙-66 盐已经聚合为低相对分子质量聚合物。蒸发出来的水蒸气经冷凝后进入冷凝液槽，从中可以回收己二胺。

　　从蒸发器出来的物料进入两个平行的管式反应器，每个反应器的典型管长为 243.8m，在若干点设有静态混合器，并在适当的位置设置添加剂加入口。物料在 285℃下停留 40min，出口压力为 0.28MPa，反应完成 98.5％。通过闪蒸除去反应过程中形成并保留在熔体中的水蒸气后，用螺旋输送机将熔体向下输送到成品反应器，同时从熔体中挤出剩余的水蒸气。成品反应器在 40kPa、271℃的条件下操作。物料的停留时间取决于产品的要求：对于通常的注射级产品，停留时间为 50min，产品的数均相对分子质量约为 18000。

　　尼龙-66 熔体由位于成品反应器底部的挤出机挤出，铸带切粒。尼龙-66 颗粒先经过预分离器，再经脱水筛后送入流化床干燥器，在热氮气保护下维持流化状态。使切片彻底干燥，即得本色注射级尼龙-66 树脂。

　　③ 影响尼龙-66 盐缩聚反应的因素

　　a. 原料用量比的影响

　　己二胺和己二酸的用量摩尔比，是关系缩聚反应进展和控制聚合物相对分子质量的重要因素。当两种组分之一过量时，缩聚反应只能进行到较少量的组分耗尽为止；当某一组分过量很多时，将导致缩聚物分子两端都被相同官能团堵塞而使缩聚反应停止进行。另外，若两组分的摩尔比不等，在高温下过剩的组分还会使聚合物发生胺解和酸解，使其相对分子质量降低。

　　b. 压力的影响

　　单纯从缩聚反应本身来说，减压应该是对反应有利的，因为在低压下有利于排除缩聚反应所产生的低分子产物水，使反应朝着生成聚合物的方向进行，有利于提高相对分质子量。但由于尼龙-66 盐中的己二胺在反应温度下容易挥发，它的挥发又将破坏尼龙-66 盐中的等摩尔比，使生成的聚合体相对分子质量下降，而且相对分子质量不易控制。

　　因此，在反应初期需要提高反应压力，利用压力下己二胺沸点升高这一特性，把尼龙-66 盐的缩聚反应控制在一定压力下进行，使己二胺在相应压力下的沸点高于反应温度，以减少其挥发。尼龙-66 盐在一定的压力下可以初步缩聚成具有一定黏度的预聚体（聚合度在 20 左右）。

　　c. 温度和反应体系中水分的影响

　　A. 温度的影响

　　尼龙-66 盐的缩聚反应是在熔融状态下进行的，因此缩聚反应的起始温度至少应比尼龙-66 盐的熔点高 10℃；又因尼龙-66 盐的缩聚反应是吸热反应，提高温度能使尼龙-66 盐分子动能增大，分子间有效碰撞次数增多，因而可以加快缩聚反应速率，并能使溶解水蒸发速率加快。但当温度超过一定限度后，会造成从尼龙-66 盐中分解出来的己二胺挥发，破坏反应物的等摩尔比。

　　B. 反应体系中水分的影响

　　在反应过程中，水的存在会使长链分子中的酰胺键产生水解，不利于相对分子质量的提高。

　　C. 添加剂的影响

　　为了使缩聚物的相对分子质量控制在所需要的范围内，在尼龙-66 盐缩聚过程中还要加入少量乙酸或己二酸作为相对分子质量调节剂。

　　D. 尼龙-66 盐水溶液浓度的影响

　　尼龙-66 盐水溶液的浓度越高,越有利于加快反应速率使聚合时间缩短。但因其浓度对温度的依赖性很大,要增加浓度就必须要提高保温温度,而尼龙-66 盐水溶液在高温下易氧化,故其进行盐调配时的浓度也不宜太高,一般为 50%～60%。

5.8　聚氨酯生产技术

教学目标

◎ **能力目标**

1. 能识别各种不同的聚氨酯品种;
2. 能初步对不同聚氨酯产品进行配方设计。

◎ **知识目标**

1. 掌握聚氨酯原材料的选用;
2. 掌握不同聚氨酯的用途、基本组成、特性、结构、性能、加工特性及应用。

◎ **工作任务**

1. 聚氨酯产品辨识;
2. 聚氨酯弹性体的生产;
3. 聚氨酯泡沫塑料的生产。

5.8.1　聚氨酯产品概述

1. 聚氨酯产品简介

　　聚氨酯(PU)是聚氨基甲酸酯的简称,其主链结构上含有 $-NH-\overset{\overset{O}{\parallel}}{C}-O$ 基团的高聚物统称为聚氨基甲酸酯,它是由多异氰酸酯(硬质)与多羟基(软质)化合物通过逐步加成聚合反应而制得的一种嵌段共聚物。

　　聚氨酯树脂制成的产品有聚氨酯泡沫塑料、聚氨酯弹性体、聚氨酯合成皮革及铺面材料等,广泛应用于各个方面。因合成单体的种类及组成不同,可分为线型热塑性 PU(二异氰酸酯与二羟基化合物反应)和体型热固性 PU(二异氰酸酯与三羟基或四羟基化合物反应)。

　　聚氨酯具有可发泡性、弹性、耐磨性、黏结性、耐低温性以及耐生物老化性等,因此用途广泛,被广泛应用于各行各业,在材料工业中占有相当重要地位。聚氨酯 20 世纪 30 年代在德国工业化生产。

2. 聚氨酯用途

(1)聚醚型聚氨酯泡沫塑料

聚醚型聚氨酯泡沫塑料有硬质和软质两种,其特点和用途见表 5-8-1。

表 5-8-1　硬质和软质聚醚型聚氨酯泡沫塑料的特点与用途

品种	硬质泡沫塑料	软质泡沫塑料
特点	1. 黄色、无臭、闭孔结构的热固性硬质泡沫塑料，泡沫密度 0.04～0.06g/cm³； 2. 部分溶于丙酮，在氯仿、脂肪烃、芳香烃中溶胀，耐无机酸、碱、盐及弱氧化剂，耐油、耐臭氧； 3. 保温性、绝热性、隔声性优，热导率是塑料中最小者； 4. 耐磨性、撕裂强度、耐老化性、耐紫外线性、粘接性均好，吸水性小	1. 无臭、浅黄色、开孔结构的热固性软质泡沫塑料； 2. 弹性大，永久变形小； 3. 耐寒、吸声、隔热； 4. 耐一般无机酸、碱、盐溶液，在有机溶液中溶胀，部分溶于丙酮
成型	可浇铸、喷涂，可反应注射成型（RIM），可加工、黏合	可浇铸、喷涂，可反应注射成型，可黏合
用途	主要用于建筑、船舶、飞机、车厢等作屋面、墙面、门等保温、隔声的结构泡沫塑料，冷藏设备、管线的绝热保温材料，建筑物、矿山、地下工程中作救护、封闭坑道、防渗水材料，还作雷达罩、仪器壳体等	在建筑、船舶、运输、化工、航空业中作隔热、保温、防震包装、吸声、过滤、吸油等材料，也用于制造服装、手套的衬里

（2）聚酯型聚氨酯泡沫塑料

聚酯型聚氨酯泡沫塑料有硬质和软质两种，其制法、特点与用途见表 5-8-2。

表 5-8-2　硬质和软质聚酯型聚氨酯泡沫塑料的制法、特点与用途

品种	硬质泡沫塑料	软质泡沫塑料
制法	聚酯多元醇（苯酐和癸二酸在甘油、乙二醇中酯化、缩聚物）和甲苯二异氰酸酯与一缩二醇预聚物，以及各种添加剂一起反应，并立即注入模具中发泡、固化	制法与软质聚醚型聚氨酯泡沫塑料相同，是由二元羧酸和多元醇缩聚物聚酯多元醇取代聚醚多元醇
特点	浅黄色、无臭、闭孔结构的热固性泡沫塑料，特征与聚醚型相同	物理机械性能优于聚醚型（如耐热度、强度），但价格较高，且因黏度大而成型困难些
成型与用途	成型加工与用途和聚醚型聚氨酯泡沫塑料相同	

（3）热塑性聚氨酯弹性体

热塑性聚氨酯弹性体（PUR）是二异氰酸酯和带有端羟基的聚醚或低相对分子质量二元醇逐步聚合而得。它既具有橡胶的弹性，又具有热塑性塑料的加工性能，目前在橡胶并用中占有突出地位，其特点与用途见表 5-8-3。

表 5-8-3　热塑硅聚氨酯弹性体特点与用途

项目	内　　容
特点	1. 耐磨性、耐候性、耐油性和低温弹性优异； 2. 强韧，拉伸强度和撕裂强度优，压缩永久变形小； 3. 耐溶剂、耐水解、抗霉菌、耐环境、化学稳定性好； 4. 改变多元醇类型（聚酯型或聚醚型）能改变物理机械性能，聚醚型显示出较好的低温屈挠性、较高的弹性、水解稳定性和耐霉菌性，而聚酯型则具有较好的耐磨性、坚韧性和耐油性； 5. 聚合物中硬链段（二元醇）与软链段（多元醇）之比高则硬度高； 6. 二异氰酸酯与羟基总量之比大则交联度大，其耐永久变形、耐油性、耐热性提高，但成型加工性变坏
成型	可注塑、挤出、压延复合，可粘接、焊接
用途	汽车外部制件、齿轮、自位轮、轮胎防滑链、动物标志、鞋底和后跟、滑雪靴、电线、电缆护套、驾驶带、缓冲器、工业胶管、垫圈、密封件、薄板和薄膜

5.8.2　聚氨酯主要原材料

聚氨酯（PU）所用的原料主要有有机异氰酸酯、多元醇、催化剂、泡沫稳定剂、发泡剂、交联剂、添加剂等。

1. 异氰酸酯

异氰酸酯（NHO）是聚氨酯树脂的主要原料之一，其中应用最多的是甲苯二异氰酸酯（TDI）、二苯基甲烷二异氰酸酯（MDI）和多亚甲基多苯基多异氰酸酯（PAPI）。

（1）甲苯二异氰酸酯（TDI）

TDI 是以甲苯为原料，经硝化、还原、光气化精制而制得的。其反应式如下：

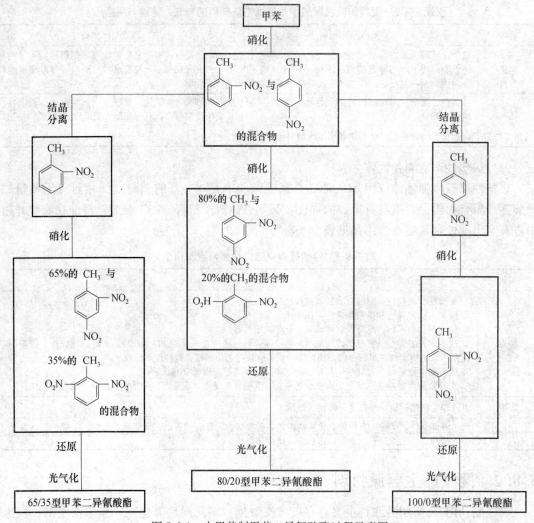

甲苯二异氰酸酯（TDI）有两种异构体：2，4-TDI 和 2，6-TDI。前者活性大，后者活性小，工业生产中通常采用两种异构体的混合物。按混合比例不同有三种产品：TDI-80（80% 2，4 体与 20%2，6 体混合）、TDI-65、TDI-100，常用于软质 PU 泡沫制品。TDI 是水白色或浅黄色液体，具有强烈的刺激性气味，毒性大，对皮肤、眼睛和呼吸道有强烈的刺激作用，吸入高浓度 TDI 蒸气可引起支气管炎和肺水肿。

由甲苯制甲苯二异氰酸酯过程如图 5-8-1 所示。

图 5-8-1　由甲苯制甲苯二异氰酸酯过程示意图

（2）二苯基甲烷二异氰酸酯（MDI）

MDI是由二胺缩合、二胺光气化反应而制得的。其反应式如下：

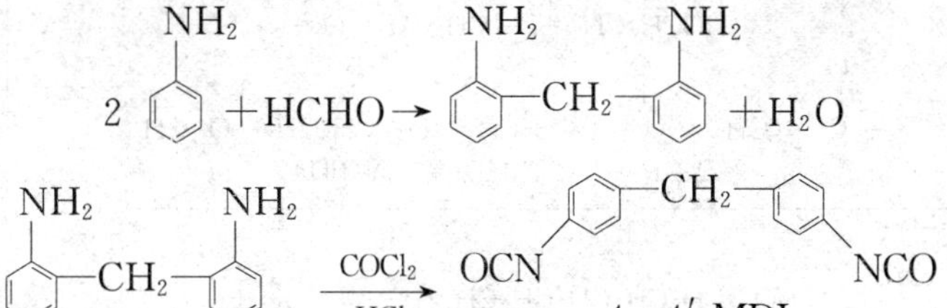

$$2 \text{（苯胺）} + HCHO \rightarrow \text{（二胺）} + H_2O$$

$$\text{（二胺）} \xrightarrow[HCl]{COCl_2} \text{（4，4'-MDI）}$$

MDI的三种异构体2，4-MDI、2，6-MDI和4，4'-MDI中，应用最多的是4，4'-MDI。MDI为白色固体结晶，加热时有刺激性臭味。MDI的蒸气压比TDI低，对呼吸道有刺激性，毒性比TDI弱，常用于半硬质和硬质PU泡沫塑料。

（3）多亚甲基多苯基多异氰酸酯（PAPI）

苯胺合成二胺多胺混合物与光气反应得PAPI。其反应式如下：

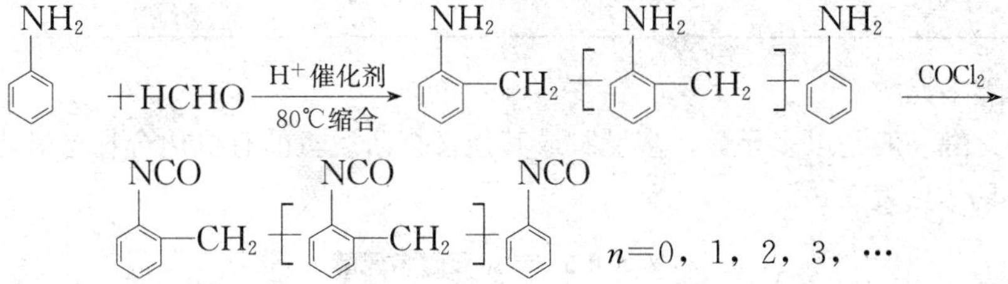

$$\text{（苯胺）} + HCHO \xrightarrow[80℃缩合]{H^+ 催化剂} \text{（多胺）} \xrightarrow{COCl_2}$$

$$\text{（多异氰酸酯）} \quad n=0，1，2，3，\cdots$$

PAPI是一种不同官能度的多异氰酸酯混合物。通常要求MDI占混合物总量的50%，其余是三官能度，相对分子质量为350～420的低聚合度异氰酸酯，主要用于硬质聚氨酯制品混炼及浇铸PU制品。

2. 多元醇

制备聚氨酯树脂用的多元醇一般是指有机化合物的分子内含有两个以上羟基的化合物，常见的有聚酯多元醇和聚醚多元醇。

（1）聚酯多元醇

聚酯多元醇是由有机多元酸与多元醇经缩聚反应制得的，常见的品种见表5-8-4，使用时根据制品用途来选择。

表5-8-4 常见聚酯多元醇

类型	主要品种	主要用途
聚酯多元醇是由二元酸与二元醇缩聚，其端基为羟基聚酯多元醇	$HO-CH_2-CH_2-O[C(=O)-(CH_2)_4-C(=O)-OCH_2-CH_2-O]_nH$ 聚己二酸乙二醇酯二醇(PEA)	制备双组分溶剂型聚氨酯胶黏剂、弹性体、合成革
	$HO-CH_2CH_2-O[C(=O)-(CH_2)_4-C(=O)-O-CH_2-CH(CH_3)-O]_a$ $[C(=O)-(CH_2)_4-C(=O)-O-CH_2-CH_2-O]_b H$ 聚己二酸乙二醇-丙二醇酯二醇(PPA)	其用途与PEA相似

续表

类型	主要品种	主要用途
聚酯多元醇是由二元酸与二元醇缩聚,其端基为羟基聚酯多元醇	$HOCH_2CH_2$—O—CH_2CH_2—O— $\left[\text{C}-(CH_2)_4-\text{C}-OCH_2CH_2-O-CH_2CH_2-O\right]_nH$ 聚己二酸一缩二乙二醇酯二醇(PDA)	软包装复合薄膜用聚氯酯胶黏剂、涂料、弹性体
ε-己内酯多元醇是由ε-内酯环经开环得到的己内酯衍生物,其端基为羟基多元醇	$H\left[O-CH_2CH_2CH_2CH_2-\text{C}\right]O-R-O$ $\left[\text{C}-CH_2CH_2CH_2CH_2-\right]_nH$ R为起始剂主链 聚ε-己内酯二醇	相对分子质量1000~4000,用于制备聚氨酯胶黏剂;相对分子质量500~1000用于制备聚氨酯涂料
聚碳酸酯二醇	$HO-(CH_2)_6-O\left[\text{C}-O-(CH_2)_6-O\right]_nH$ 聚碳酸-1,6-己二醇酯二醇	相对分子质量1000~2000,用于制备聚氨酯涂料、耐水性聚氨酯、弹性体和胶黏剂

（2）聚醚多元醇

聚醚多元醇一般是以多元醇、多元胺或其他含有活泼氢的有机化合物与氧化烯烃开环聚合而成的,具体见表5-8-5。

表 5-8-5　常见聚醚多元醇

类型	主要品种	主要用途
通用型聚醚多元醇（聚氧化丙烯多元醇）	$H\left[O-\overset{CH_3}{\underset{H}{C}}-\overset{}{\underset{H_2}{C}}\right]_nO-R-O\left[\overset{CH_3}{\underset{H}{C}}-\overset{}{\underset{H_2}{C}}-O\right]_nH$ 聚氧化丙烯二醇（PPG） R为起始主链—$\overset{CH_3}{\underset{H}{C}}-\overset{}{\underset{H_2}{C}}$—	PU泡沫塑料、胶黏剂、体育运动场地铺地材料、防水材料
四氢呋喃聚醚	$H\left[O-(CH_2)_4\right]_nOH$ 聚四氢呋喃二醇（PTFH） $H_2C-O\left[CH_2-\overset{CH_3}{\underset{}{CH}}-O\right]_{n_1}\left[CH_2-CH_2-CH_2-CH_2-O\right]_{m_1}$ $H_2C-O\left[CH_2-\overset{CH_3}{\underset{}{CH}}-O\right]_{n_2}\left[CH_2-CH_2-CH_2-CH_2-O\right]_{m_2}H$ 四氢呋喃-氧化丙烯共聚二醇	制造高性能的弹性体及氨纶纤维 制造耐低温胶黏剂（耐寒性可达-200℃）及热塑性弹性体

3. 助剂

为了调节聚氨酯树脂合成反应及产品性能要求,在反应过程中需要加入各种助剂,如催化剂、稳定剂、交联剂、增黏剂、杀虫剂、着色剂等,以满足制品性能要求,提高制品质量。

（1）催化剂

催化剂的作用主要是降低反应活化能、调节反应速率、缩短反应时间、加快反应混合物流动性。对催化剂选择要求催化剂活性高、选择性强。常用催化剂分为两大类：有机叔胺类和金属有机化合物类。催化剂既要能催化与羟基反应，也要能催化与水反应；叔胺类催化剂对异氰酸酯与水反应（发泡反应）大于异氰酸酯与羟基反应（凝胶反应）的催化效率。叔胺类如三乙胺、三亚乙基二胺、三乙醇胺。工业上采用三亚乙基二胺，该催化剂是一种结构特殊的催化剂。它对发泡反应及凝胶反应都有催化能力，常用于 PU 泡沫生产，也可用于 PU 黏合剂、PU 弹性体、PU 涂料。有机金属类催化剂对凝胶反应的催化效率更显著。有机金属类包括辛酸亚锡、二月桂酸二丁基铅、辛酸铅等。二月桂酸二丁基铅有毒，使用时要注意。辛酸亚锡无毒、无腐蚀性（常用于制造医疗用品）。在具体反应体系中要根据反应及制品要求选择合适的催化体系。一般生产中将上述两种催化剂协同使用。

（2）溶剂

制备 PU 合成革树脂、胶黏剂、涂料等产品常需要溶剂，常用的有甲乙酮、甲苯、二甲苯以及二甲基甲酰胺、四氢呋喃等。

（3）扩链剂及交联剂

扩链剂用于改善聚氨酯软硬度，常用的有伯胺、仲胺、乙醇和 1，4-二丁醇。交联剂为产生交联点的反应物，常用的有甘油、三羟甲基丙烷、季戊四醇等。

（4）稳定剂

聚氨酯树脂也存在老化问题，主要是热氧化、光老化及水解，所以常加入光稳定剂、水解稳定剂。

① 抗氧剂，如 2，6-二叔丁基对甲酚（防老剂 264），四亚甲基-β-（3，5-二叔丁基-4-羟基苯）丙酸季戊四醇酯（抗氧剂 1010）。

② 光稳定剂

一种为紫外线吸收剂；另一种为受阻胺，如紫外线吸收剂 UV-327、受阻胺 Tinuvin292。

③ 水解稳定剂，如碳化二亚胺。

（5）发泡剂

发泡剂用于生产聚氨酯发泡塑料。一种为水或液态 CO_2，用于生产开孔软质泡沫塑料；另一种为一氟三氯甲烷，主要用于生产闭孔硬质泡沫塑料。

（6）泡沫稳定剂

泡沫稳定剂的作用是降低表面张力，制得均匀微孔泡沫塑料。此外，对调整微孔大小、提高孔壁强度、防止泡沫崩塌也起到重要作用。常用的是硅油，有时也可使用磺化脂肪醇、磺化脂肪酸等，其用量为羟基化合物的 1%～3%。

（7）其他添加剂

其他的聚氨酯树脂的添加剂有阻燃剂、杀虫剂、着色剂以及填料等，主要根据制品性能和使用要求来添加。

① 阻燃剂

在 PU 泡沫塑料生产中，添加阻燃剂的目的是提高材料阻燃性能。如磷酸铵、氧化锑、含卤烃等。阻燃剂是 PU 助剂中产量最大的品种，约占整个助剂总产量的 35%。

② 填料

在 PU 树脂中添加合适填料是为了改善物理性能，加入填料起补强作用，降低热膨胀系数。常用的有碳酸钙、高岭土、滑石粉。

③ 蠕变剂

在 PU 胶黏剂生产中用来控制胶液的流动性，尤其是在黏结皮革、纺织物方面，常用二氧化硅等。

④ 增黏剂

在 PU 胶黏剂生产中用来提高胶黏剂的初黏性和黏度。常用酚醛树脂、丙烯酸酯低聚物等。

⑤ 增塑剂

改善 PU 胶层硬度，如邻苯二甲酸二辛酯。

⑥ 杀虫剂

PU 期使用会受微生物侵袭，加入抗细菌、酵母菌或真菌杀虫剂，如铜-8-羟基喹啉。

5.8.3 聚氨酯弹性体的生产

聚氨酯弹性体（PUR）是性能介于塑料和橡胶之间的一种高聚物。通常以低聚物多元醇、多异氰酸酯、扩链剂、交联剂及少量助剂为原料制得。其分子结构主链是由 T_g 低于室温的柔性链段（软段占 $50\% \sim 90\%$，即低聚物多元醇，如聚醚、聚酯）和 T_g 高于室温的刚性链段（硬段占 $10\% \sim 50\%$，即二异氰酸酯和小分子扩链剂，如二胺和二醇）构成的嵌段共聚物。聚氨酯弹性体的制品加工方法可分为浇铸法（CPU）、热塑性（TPU）和混炼型（MPU）。

1. 聚氨酯弹性体的合成

（1）二元醇与二异氰酸酯反应生成软段。

$$n\text{HO}-R'-\text{OH}+n\text{NCO}-R-\text{NCO} \rightarrow \text{\footnotesize[}R'-O-CO-NH-R-NHC \overset{O}{\parallel} -O\text{\footnotesize]}_m$$

（2）二异氰酸酯与低分子二元醇（扩链剂）生成硬段。

$$n\text{HO}-R'-\text{OH}+ (n+1) \text{NCO}-R-\text{NCO} \rightarrow \text{CNO}\text{\footnotesize[}R-NH-\overset{O}{\underset{\parallel}{C}}-O-R''-NH-\overset{O}{\underset{\parallel}{C}}-O\text{\footnotesize]}_n$$

（3）软段和硬段进一步反应，当原料单体大于 1 时，生成半热塑性聚氨酯弹性体，—NCO 为产物端基。

当 NCO/OH≤1 时，得到全热塑性聚氨酯弹性体，产物端基是羟基。

$$\text{OCN}\text{\footnotesize[}R-NH-\overset{O}{\underset{\parallel}{C}}-O-R'-O-\overset{O}{\underset{\parallel}{C}}-NH\text{\footnotesize]}_m$$

$$\text{\footnotesize[}R-NH-\overset{O}{\underset{\parallel}{C}}-O-R'-O-\overset{O}{\underset{\parallel}{C}}-NH\text{\footnotesize]}_n R-\text{NCO}$$

（4）交联剂三元醇如甘油在加热下进行交联反应。

$$\text{CNO}\sim\sim\text{CNO}+\text{HO}-\underset{\overset{\mid}{\text{OH}}}{\overset{\text{OH}}{C}}-\text{OH} \rightarrow \text{CNO}\sim\sim\text{HN}-C=O$$

$$\text{CNO}-\underset{\overset{\mid}{H}}{N}-C-O-\overset{O}{\underset{\parallel}{C}}-O-\overset{O}{\underset{\parallel}{C}}-\underset{\overset{\mid}{H}}{N}-\text{NH}-\text{NCO}$$

2. 聚氨酯弹性体结构

PUR 分子结构中主要含有氨基甲酸酯基、烃基、酯基、醚基、氨基、酰氨基、芳香基、缩二脲基、脲基甲酸酯基等结构，就构成了 PU 弹性体。化学结构的复杂性使得 PUR 中聚醚、聚酯和聚烯烃等链段非常柔顺，呈无规卷曲状态，通常称为柔性链段（软质）。链段由芳香基、氨基、甲酸酯、脲基等在常温下伸展成棒、链状，这种链段比较僵硬，称为刚性链段（硬段）。

嵌段共聚物热塑性弹性体聚合物的特性基团种类繁多，结构复杂，PTU 相对分子质量为 3 万～5 万，CPUR 交联点间的相对分子质量约为 3000～8000。所有 PUR 均可看成柔性链段和刚性链段连接而成的（A B）$_n$ 型嵌段共聚物，如图 5-8-2、图 5-8-3 所示。

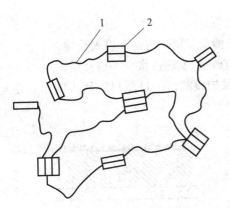

图 5-8-2　柔性链段和刚性链段组成的嵌段共聚物

1—柔性链段；2—刚性链段

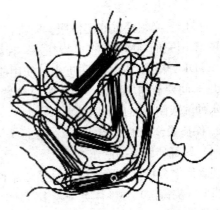

图 5-8-3　热塑性弹性体的聚集态结构示意图

PUR 的硬段对模量、硬度和撕裂强度有特别作用，因为硬段相互规整、紧密地排列在一起形成结晶区，使材料具有高强度、高刚度和高熔点。而软质段则影响制品的弹性和耐低温性，因为软段为无规卷曲排列形成无定形区，赋予弹性体以柔性、弹性、吸湿性和耐低温性。

3. 聚氨酯跑道预聚体的生产工艺

（1）岗位任务

将 TDI 与聚醚按工艺卡配方投料，通过聚合反应生成聚氨酯预聚体，为塑胶跑道提供原材料。

（2）操作步骤

① 开车

a. 按生产工艺卡配方，将聚醚加入熔融釜内。自加聚醚后，每 10min 记录一次釜温至自升温结束，记下自升温最高温度后，每 30min 记录一次釜内温度和夹套蒸汽压。

b. 启动熔融釜搅拌，开夹套蒸汽升温至 80～85℃，加入 TMP。

c. 在 80～85℃下保温，熔融超过 30min，同时开真空泵、搅拌，脱 TMP 残水，釜内压力≤−0.07MPa。

d. 关闭熔融釜真空阀门，停真空泵，打开熔融釜放空阀，放空，关闭放空阀，开夹套冷却水，将物料降温至 55～60℃下保温待用。取样进行中控试验，中控 80～85℃平稳反应 20min。加入 TDI，且必须一次性加入。

e. 启动聚合釜搅拌,聚合釜夹套通冷却水,立即用氮气将熔融釜内物料压入聚合釜中,待釜温不再上升,并下降至60℃,停冷却水,加入剩余部分聚醚。

f. 通聚合釜夹套蒸汽,缓慢升温,控制升温速度在2℃/min以下,升温至80～85℃,并在此温度下保温反应2h。

g. 保温反应结束;通冷却水,降温至50℃以下。停搅拌,接氮气至釜内出料,釜内压力≤0.1MPa,定量称重包装,注明批号、重量,旋紧桶盖送至堆放处,密闭贮存;同时取样分析,12h后检验游离异氰酸根含量。

② 停车

打开疏水器的旁通阀,关闭其他所有阀门。

（3）聚氨酯安全生产

a. 操作者必须穿戴好工作服、防毒口罩、手套等。

b. 未用完的TMP应将口袋扎好,聚醚、TDI桶盖旋紧,防止水进入受潮。

c. TDI、聚醚用桶,严防进水,使用前应做检查,如发现进水,不得使用。

d. 车间要有抽风装置、防火喷淋装置,小心保护眼睛,一旦原材料溅入眼睛,要及时用清水冲洗眼睛,然后到医院就医。

e. 保持操作场地清洁。

（4）聚氨酯跑道的制作方法

随着低聚合物多元醇、多异氰酸酯品种的不同,CPU（浇铸法）弹性体类型较多。1961年美国3M公司成功地铺设了一条20m长的PU赛马跑道,1963年铺设了田径跑道,从此PU逐渐用来铺设运动场地、室内地板、甲板、人工草坪、天桥地面等。例如,作田径运动场用的PU胶面有混合型、全胶型、双层型,如图5-8-4所示。

聚氨酯胶面层的施工有手工铺设（面积在2000m² 以下）和机械化铺设。基层做好后,先喷一层PU底胶层,厚度为0.3～0.5mm,底胶用量为0.15kg/m²,胶面层的铺设可分2～3次进行。胶面一般为13～15mm,胶料黏度一般在12Pa·s左右,操作时间为30～60min,接触时间为3～6h,可步行时间为4～24h,1～7天后方可使用。

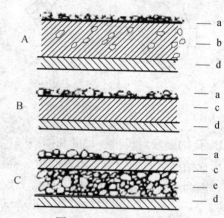

图 5-8-4 塑料跑道结构

A—混合型；B—全胶型；C—双层型；

a—聚氨酯弹性颗粒；b—聚氨酯胶与黑胶粒；

c—聚氨酯胶；d—沥青混凝土基层；

e—聚氨酯胶与黑胶粒

机械化铺设时将A和B组分贮槽装在一辆运货车上,通过计量泵进入螺旋混合头,然后与废轮胎胶粒一起进入叶轮式水泥混合机内混合均匀,浇铸在基层上,一般2.5m宽的跑道铺设速度为45m/h,经12～24h固化后可使用。

5.8.4 聚氨酯泡沫塑料的生产

由大量微孔及聚氨酯树脂孔壁网络组成的多孔性聚氨酯材料,称为"聚氨酯泡沫材料",它在整个聚氨酯材料中使用量最大,约占总量的50%,其显著特征是多孔性、低密度、高比强度。根据所用原料的不同以及配方用量的变化,可以制成不同密度、不同性能、软质半硬质或硬质聚氨酯泡沫塑料,用于各种不同的用途。

1. 聚氨酯泡沫塑料合成及泡沫体形成

多异氰酸酯与多元醇生成 PU 的反应是所有 PU 泡沫塑料制备中都存在的反应，根据不同泡沫塑料制品要求按上述原材料进行配方设计。

（1）PU 合成反应

① 聚氨基甲酸酯反应

多异氰酸酯与羟基（多元醇）反应生成聚氨基甲酸酯。

$$n\text{NCO}-R-\text{NCO}+n\text{HO}\sim\sim\text{OH}\longrightarrow \left[\begin{matrix}\overset{\displaystyle O}{\underset{}{\text{C}}}\text{NH}-R-\text{NH}-\overset{\displaystyle O}{\underset{}{\text{C}}}-\text{O}\sim\sim\text{O}\end{matrix}\right]_n$$

② 放气反应

异氰酸酯和水反应，首先生成不稳定氨基甲酸，然后分解成胺和 CO_2。

$$\sim\sim\text{NCO}+\text{H}_2\text{O}\longrightarrow \sim\sim R\text{NHCOOH}\longrightarrow \sim\sim\text{NH}_2+\text{CO}_2\uparrow$$

氨基进一步和异氰酸酯基团反应生成含有脲基的高聚物。

$$\sim\sim\text{NCO}+\sim\sim\text{NH}_2\longrightarrow \sim\sim\overset{\displaystyle H}{\underset{}{\text{N}}}-\overset{\displaystyle O}{\underset{}{\text{C}}}-\overset{\displaystyle H}{\underset{}{\text{N}}}\sim\sim$$

聚脲

③ 脲基甲酸酯反应

氨基甲酸酯基团中氮原子上的氢与异氰酸酯反应形成脲基甲酸酯。

$$\sim\sim\text{NCO}+\sim\sim\text{NH}\overset{\displaystyle O}{\underset{}{\text{C}}}-\text{O}\sim\sim\longrightarrow$$

脲基甲酸酯

④ 缩二脲反应

脲基中氮原子上的氢与异氰酸酯反应形成缩二脲。

$$\sim\sim\text{NCO}+\sim\sim\text{NH}\overset{\displaystyle O}{\underset{}{\text{C}}}-\overset{\displaystyle H}{\underset{}{\text{N}}}\sim\sim\longrightarrow$$

缩二脲

上式四种反应中，前两种反应均为链增长反应，后两种反应均为交联反应。总的概括为三种类型反应：链增长反应、气体发生反应和交联反应，最后形成高相对分子质量和具有一定交联度的 PU 泡沫体。

（2）PU 泡沫体形成

从胶体化学角度来看，聚氨酯的成泡原理应包括泡沫的形成、增长与稳定三个方面。

① 泡沫的形成

在高速搅拌作用下，物料各组分迅速混合均匀。异氰酸酯与水反应生成 CO_2 气体，物理发泡剂（如氟利昂或二氯甲烷等）受热气化，从而使物料中的气体浓度增大，很快达到饱和状态。随后气体便由液相逸出而形成微细气泡。这些气泡仍留在溶液中，并使物料变白。此过程称为核化过程，其终点是不再产生新气泡。核化过程时间即为乳白期，一般约为 10s。在这段时间内，还发生异氰酸酯与多羟基化合物的逐步加成反应，所以此时反应物料不仅发白，而且也变稠，所生成的气泡便被该种浓稠液包围，即成为不消失的泡沫。

② 泡沫的增长

泡沫形成后，物料中仍有新气体不断产生，它由液相渗透到已形成的气泡中，使泡孔膨大；某些气泡合并也导致泡孔扩大。此时气泡内压增大，黏稠液层变薄。在无新气体渗入时，泡沫便停止增长。由核化终点到发泡至最大体积所持续的时间称为气泡膨胀期。此段时间随所用配方而异，一般在 60~120s 之间。

③ 泡沫的稳定

在泡沫增长阶段，气泡壁层变薄，这就可能造成泡沫不稳定：在气泡内气体不断增多与内压逐渐增高时，如果泡壁强度不高，气体将冲破壁膜，导致整个泡沫坍塌。要留住气体，壁膜应保持足够强度，其实就是要求聚合物具有足够相对分子质量和交联度。这对制备中发泡与高发泡塑料尤为重要。因此，随同泡沫的增长，还发生大分子交联反应，即聚合物凝胶化反应。所以在制备聚氨酯泡沫塑料时，一个关键问题就是通过调节胺与锡类催化剂的用量，严格控制泡沫增长与聚合物凝胶化两个反应速率的动态平衡，以保证泡沫稳定增长。凝胶化反应过快或过慢，都可能导致泡沫制品质量下降或使其变为废品。使用适量表面活性剂（如硅油），降低气泡表面张力，有利于形成微细气泡，减弱气体扩散作用，也能促进泡沫的平稳增长。

2. 硬质聚氨酯泡沫塑料的成型

硬质聚氨酯泡沫塑料为高度交联结构，基本为闭孔，开孔率为 5%~15%，是指在一定负荷作用下，不发生明显变形，当负荷过大时，发生变形而后不能恢复到原来形状的泡沫塑料。这类泡沫塑料具有绝热效果好、重量轻、比强度大、耐化学品性优良以及隔声效果好等优点，广泛用于冰箱、贮罐及管道保温、箱体绝热层、保温材料，用量仅次于软泡。

硬质泡沫塑料主要有两类：一类是绝热保温材料，其成型"方法有注塑发泡、喷涂发泡、复合发泡三种成型方法；另一类是结构泡沫材料，由反应注射模塑加工成型。但常用硬质聚氨酯结构的泡沫塑料成型是采用注射模塑（简称 RIM）加工成型。工艺流程如图 5-8-5 所示。

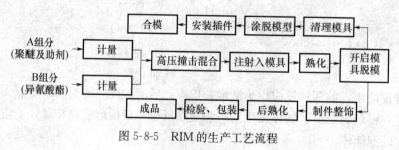

图 5-8-5　RIM 的生产工艺流程

RIM 成型工艺将液体的高活性反应物料在高压下同时喷入混合室，瞬间混合均匀，随之注入模腔中迅速反应得到模制品。

整个 RIM 工艺全过程主要包括如下几个步骤：① 物料配制及预聚合；② 高压计量与瞬间混合；③ 模塑与固化；④ 卸压、脱模；⑤ 清洗模具并喷脱模剂；⑥ 产品后熟化、精加工等。

3. 软质聚氨酯泡沫塑料

软质的聚氨酯泡沫塑料是指具有一定弹性的一类柔软性聚氨酯泡沫塑料，它是用量最大的一种聚氨酯产品。在聚氨酯泡沫塑料制品中，有 60% 的是软泡。而软泡中 78% 为块状泡沫，22% 为模塑泡沫。PU 软泡的泡孔多为开孔的，开孔率达 95%，又称"海绵"，用量占整个 PU 泡沫塑料的 60% 以上，密度低，回弹性好，吸声，透气，保温性好，主要用作家具垫材、座椅；软性层压复合材料，起到隔声、减震等作用。PU 软泡生产工艺可分为块状泡沫及模塑泡沫。

块状软质聚氨酯泡沫塑料是以大体积泡沫形式生产的软质聚氨酯半成品。以聚醚、聚氨酯为主，约占这类软泡总量的 90%。平顶块状泡沫塑料成型工艺流程如图 5-8-6 所示。

块状发泡工艺过程是：将物料计量混合送入机械混合头，进入带有牛皮纸的皮带运输机上进行发泡。发泡过程约为 60～120s，再经熟化 40～100s，即可达到最终强度。泡沫体经切去表皮，切割成所需形状即为成品。块状发泡设备的产量较大，适宜大规模生产。大型矩形块状制品尺寸最大为 2.5m×1.2m×1.0m。

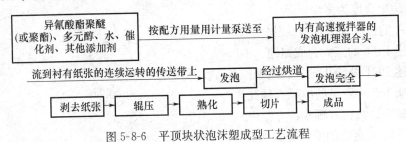

图 5-8-6　平顶块状泡沫塑成型工艺流程

4. 半硬质聚氨酯泡沫塑料

半硬质 PU 泡沫塑料用量很少。原料是聚醚型，其性质与软质 PU 相似，开孔率为 90%，交联度高于软质 PU，并具有更高的压缩强度。主要用手防震缓冲材料和包装材料，如汽车头枕及保险杠。

思 考 题

1. 写出由下列单体经缩聚反应形成的聚酯的结构。

(1) $HO—R—COOH$

(2) $HOOC—R—COOH + HO—R'—OH$

(3) $HOOC—R—COOH + R''(OH)_3$

(4) $HOOC—R—COOH + HO—R'—OH + R''(OH)_3$

2. 讨论 $HOOC—(CH_2)_n—NH_2$ 单体缩聚时如何避免成环反应。

3. 比较转化率与反应程度、官能团与官能度的异同。

4. 计算己二酸和己二胺以等物质的量配料，反应程度为 0.500、0.800、0.900、0.950、0.970、0.990、0.995、0.999 时的平均聚合度及平均相对分子质量。

5. 对苯二甲酸和乙二醇以等物质的量配料，在 280℃ 下进行缩聚反应，已知 K 为 4.9。若达到平衡时所得聚酯的平均聚合度为 20，试计算此时体系内残存副产物控制在多少以下？

6. 如何控制平衡缩聚反应的温度与压力？

7. 由己二酸和己二胺缩聚合成聚酰胺，若产物相对分子质量为 20000，反应程度为 0.998，试求两种单体的配料比，并分析产物的端基是什么基团。

8. 以 $HOOC—(CH_2)_6—OH$ 为单体合成聚酯,若反应过程中—COOH 的解离度一定,测得反应开始时的 pH 为 2,反应至某一时刻后 pH 为 4。求此时的反应程度和产物平均聚合度。

9. 加多少苯甲酸于等物质的量配比的己三酸和己二胺之中，使产物的平均相对分子质量为 20000?

10. 说明预测凝胶点意义与实际测试方法。

11. 计算下列混合物的凝胶点。

(1) 邻苯二甲酸和甘油的物质的量比为 1.50：0.98；

(2) 邻苯二甲酸、甘油和乙二醇的物质的量比为 1.50：0.99：00.002；

12. 用苯酚与甲醛合成酚醛树脂时，若采用等物质量配比 2：4，分别预测上述两种情况的凝胶点。若实际控制的反应程度为 0.82，判断哪种情况出现凝胶现象；如果不出现凝胶，则此时的平均聚合度为多少?

13. PTA 的合成方法有哪几种?

14. 简述 PET 的三大合成路线。

15. 简述 PET 的酯化设备和缩聚设备有什么特点?

16. 聚酯生产中常见的故障有哪几类?

17. 聚酰胺的结构有哪些特点?

18. 聚酰胺-6 合成的原料有哪些?

19. 简述己内酰胺的合成路线。

20. 生产聚氨酯的基本原料有哪些? 其相应的作用是什么?

项目六　聚合物产品改性技术

教学目标

◎ **知识目标**

1. 掌握聚合物改性的常用方法；
2. 掌握各种聚合物改性的特点；
3. 掌握共混改性的主要方法；
4. 了解互穿网络改性工艺的原理。

◎ **能力目标**

能正确选用改性方法。

由于材料单体的种类有限，而且单一材料的某些性能比较差，不符合人们所求，所以要对其材料进行改性。所谓改性是通过物理，机械和化学等作用使高分子材料原有的性能得到改善。

高分子材料的改性有化学改性和物理改性，化学改性可以赋予高分子材料更好的物理化学和力学性能，现在常用的有无规共聚、交替共聚、嵌段共聚、接枝共聚、交联和互穿聚合物网络等技术。

物理改性中的共混改性是最简单也是最直接的方法。它可以在各种加工设备中完成，通过共混改性可以使高分子材料得到比较好的性能上的提升，是现在应用最广的改性方法之一。比起物理改性，化学改性能得到的产品性能更好，但化学改性比物理改性的成本更高，而且工艺过程更复杂，设备的要求更高。

通过高聚物改性，可以获得性能优良的新材料，或具有特殊性能的新材料，例如嵌段共聚工艺提供了热塑性橡胶，化学改性工艺合成了高分子催化剂、高分子试剂、高分子医药等高分子功能材料。所以，高聚物改性工艺得到人们的重视与发展。

6.1　化学改性

聚合物的化学改性是通过化学反应，改变聚合物大分子链上的原子或原子团的种类及其结合方式的一类改性方法。经化学改性，聚合物的分子结构发生了变化，从而赋予其新的性能，扩大了应用领域。可以对现有的聚合物进行化学改性，从而得到新的高分子材料，制备品种繁多的嵌段和接枝共聚物。这些具有特定结构的共聚物在性能上与组分相同的无规共聚物完全不同，是一类多相聚合物。

聚合物的性能决定于结构和聚合度。聚合物化学反应种类很多，一般并不按反应机理进行分类，而是根据聚合度和基团的变化（侧基和端基）归纳为三种基本类型：聚合度基本不变而仅限于侧基和（或）端基变化的反应，这类反应有时称作相似转变；聚合度变大的反应，如交联、接枝、嵌段、扩链等；聚合度变小的反应，如解聚、降解等。聚合物化学改性多属聚合度基本不变或变大，主要是基团变化的反应。因此，本项目主要介绍常用聚合度变大的接枝共聚改性和嵌段共聚改性的基本原理，同时还介绍在聚合物的加工与成型阶段，通过反应性挤出加工技术实现聚合物的化学改性，这对高分子材料加工工艺而言，是最为经济合理的。

共聚物可以分为四种，无规共聚物、交替共聚物、嵌段共聚物、接枝共聚物。在无规共聚物中由于活性链的形式不同，又可以分为自由基共聚，离子共聚，配位共聚等，其中自由基共聚研究比较成熟，所以大部分有价值的共聚物的反应都是自由基共聚反应。接枝共聚是高分子化学改性的主要方法之一。

6.1.1　接枝共聚改性

接枝共聚是高分子化学改性的主要方法之一。所谓接枝共聚是指在大分子链上通过化学键结合适当的支链或功能性侧基的反应，所形成的产物称作接枝共聚物。

接枝共聚物的性能决定于主链和支链的组成、结构、长度以及支链数。长支链的接枝物类似共混物，支链短而多的接枝物则类似无规共聚物。通过共聚，可将两种性质不同的聚合物接在一起，形成性能特殊的接枝物。例如具有酸性和碱性的共聚物、亲水和亲油共聚物、同时具有可染与难染基团的共聚物，两互不相溶的聚合物也可共聚，接在一起。因此，聚合物的接枝改性，已成为扩大聚合物应用领域、改善高分子材料性能的一种简单而又有效的方法。

1. 接枝共聚原理

接枝共聚反应首先要形成活性接枝点，各种聚合的引发剂或催化剂都能为接枝共聚提供活性种，而后产生接枝点。例如由引发剂化学分解、光、高能辐射等均能产生自由基活性种；阴离子型催化剂、阳离子型催化剂、配位催化剂等能够产生离子活性种。活性点处于链的末端，聚合后将形成嵌段共聚物；活性点处于链的中间，聚合后才形成接枝共聚物。表 6-1-1 中列举了一些接枝共聚反应中接枝点特征和主链结构。

表 6-1-1　接枝共聚反应中接枝点特征和主链结构

接枝点和活性中心类型	接枝点特征	主链结构
自由基	烯丙基氢、叔碳氢	$\sim CH_2-CH=CH-CH_2 \sim CH_2-\underset{H}{\overset{R}{\underset{\mid}{\overset{\mid}{C}}}} \sim$
自由基	引发基团如氢过氧化物	$\sim CH_2-\underset{OOH}{\overset{CH_3}{\underset{\mid}{\overset{\mid}{C}}}} \sim$
自由基	氧化还原基团	$\sim CH_2-\underset{OH}{\overset{\mid}{\underset{\mid}{CH}}} \sim +Ce^{4+}$
阳离子	PVC 的烯丙基氯或叔碳原子上氯原子	$\sim \underset{Cl}{\overset{\mid}{\underset{\mid}{C}}}-H-CH=CH-\underset{Cl}{\overset{R}{\underset{\mid}{\overset{\mid}{C}}}} \sim$
阴离子	金属化的聚丁二烯	$\sim CH_2-CH=CH-CH_2 \sim$
阳离子	酯基	$\sim CH_2-\underset{COOCH_3}{\overset{CH_3}{\underset{\mid}{\overset{\mid}{C}}}} \sim$

2. 接枝共聚方法

聚合物的接枝改性目前已得到广泛应用。接枝方法主要有三种：链转移法、活性基团引入法和功能基反应法。前两种方法的实质是设法使聚合物形成活性中心。活性中心可以是自由基，也可以是正离子、负离子，但较常见的是自由基。聚合物形成活性中心后再与第二种单体共聚，得到接枝共聚物。

（1）链转移法

利用反应体系中的自由基夺取聚合物主链上的氢而链转移，形成链自由基，进而引发单体进行聚合，产生接枝：

$$\sim\!\!\sim CH_2-CH=\!\!CH-CH_2\sim\!\!\sim +R\cdot\rightarrow$$
$$\sim\!\!\sim CH_2-\overset{\cdot}{C}H=\!\!CH-\overset{\cdot}{C}H\sim\!\!\sim +RH$$

在接枝共聚过程中，通常有三种聚合物混合：未接枝的原聚合物、已接枝的聚合物及单体的自聚物或混合单体的共聚物。因此，在接枝共聚中需要考虑接枝效率问题，由此，提出了接枝效率的表达式：

$$接枝效率=\frac{接枝在聚合物上的单体质量}{接枝在聚合物上的单体质量+接枝单体均聚物质量}\times100\%$$

接枝效率的高低与接枝共聚物的性能有关。在链转移接枝中，影响接枝效率的因素很多，例如引发剂、聚合物主链结构、单体种类、反应配比及反应条件等。一般认为，过氧化苯甲酰（BPO）的引发效率比偶氮二异丁腈（AIBN）好，原因是 $C_6H_5\cdot$ 比 $(CH_3)_2C\cdot-CN$ 活泼，更易获取主链上的 H。

如果聚合物主链上同时有几种可以夺取的氢，则接枝点往往是在酯基的甲基上：

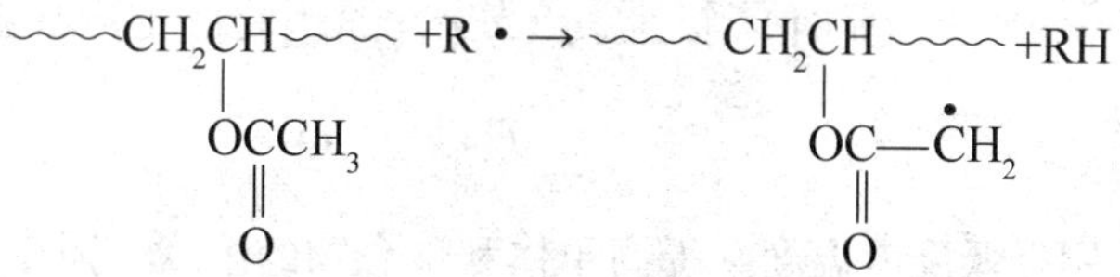

（2）活性基团引入法

首先在聚合物的主干上导入易分解的活性基团，如$-OOH$、$-COOR$、$-N_2X$、$-X$ 基等。然后在光、热作用下分解成自由基与单体进行接枝共聚。例如：

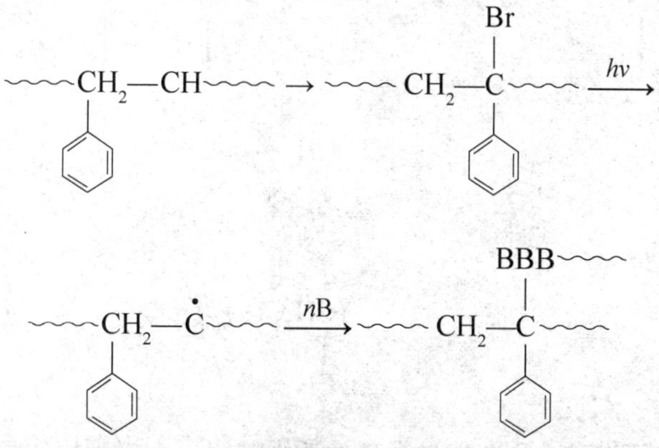

叔碳上的氢很容易氧化，生成氢过氧化基团，进而分解为自由基，由此可利用聚对异丙基苯乙烯制取甲基丙烯酸甲酯接枝物。

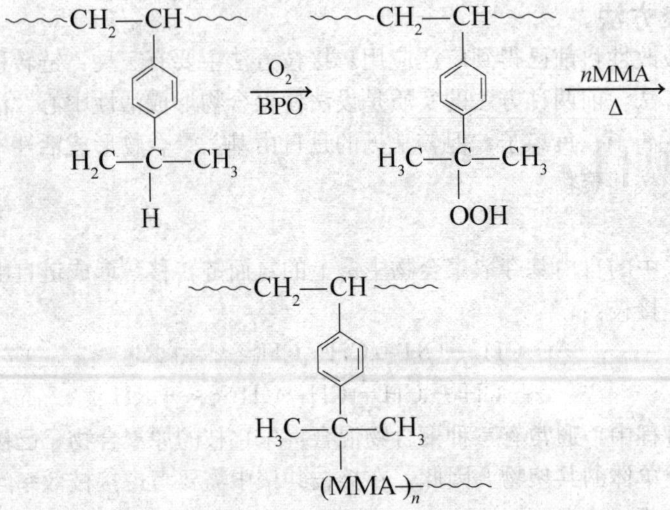

$$\xrightarrow{\quad O_2 \quad}{BPO} \qquad \xrightarrow{\quad n\text{MMA} \quad}{\Delta}$$

$(\text{MMA})_n$

上述过氧化物分解产生两种自由基，产生的自由基位于主链上时是可以接枝的自由基，而产生 HO· 和 RO· 类的自由基时，这类自由基可引发单体自聚。为了提高接枝效率，需要除去这类自由基，除去方法为应用氧化还原体系，如：

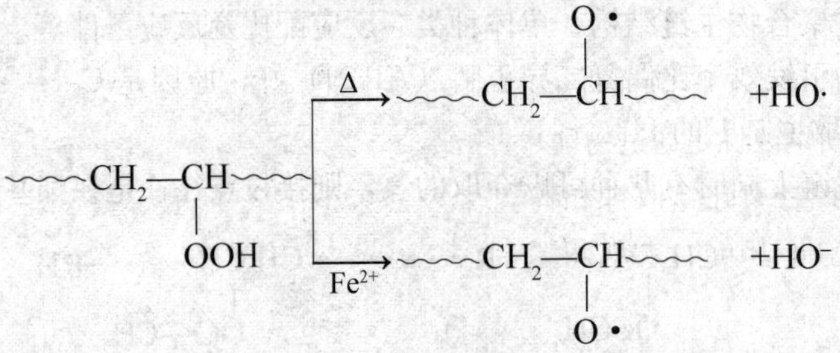

$$\xrightarrow{\Delta} \quad\text{CH}_2\text{—CH} \quad +\text{HO·}$$

$$\xrightarrow{Fe^{2+}} \quad\text{CH}_2\text{—CH} \quad +\text{HO}^-$$

另外，也可以采用降低反应温度、提高单体和聚合物的浓度、减少主链上的空间位阻等方法提高接枝效率。离子型聚合物也可用此法产生接枝点制备接枝共聚物，例如：

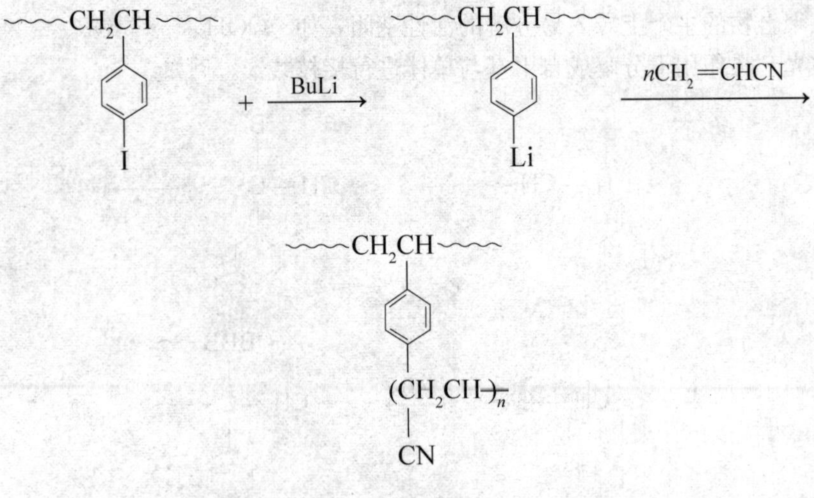

$$+ \xrightarrow{\text{BuLi}} \qquad \xrightarrow{\quad n\text{CH}_2=\text{CHCN} \quad}$$

$(\text{CH}_2\text{CH})_n$
$\quad\quad$ CN

某些聚合物不必预先引入易产生自由基的活性基团，直接利用辐射能（紫外光、γ 射线或 x 射线）也能在聚合物的特定部位产生自由基型的接枝点与单体进行共聚。如侧链含有那些容易受辐照激发产生自由基的结构，—CO— 或 C—Cl：

$$\sim\hspace{-3pt}CH_2\hspace{-3pt}-\hspace{-3pt}CH\hspace{-3pt}\sim \xrightarrow[\text{(^{60}Co)}]{\gamma\text{射线}} \sim\hspace{-3pt}CH_2\hspace{-3pt}-\hspace{-3pt}\overset{\cdot}{C}\hspace{-3pt}\sim \xrightarrow{M}$$

$$\text{COOCH}_3 \qquad\qquad \text{COOCH}_3$$

$$\sim\hspace{-3pt}CH_2\hspace{-3pt}-\hspace{-3pt}\overset{\displaystyle MMM}{\underset{\displaystyle COOCH_3}{C}}\hspace{-3pt}\sim$$

（3）功能基反应法

含有侧基功能基的聚合物，可加入端基聚合物与之反应形成接枝共聚物：

$$\overset{A}{\underline{\hspace{3cm}}} \quad + \quad B\sim \quad \xrightarrow{\text{接枝}} \quad \overset{AB\sim}{\underline{\hspace{3cm}}}$$

带侧基功能基的聚合物　　　端基聚合物　　　　　　　　接枝共聚物

这是一类聚合物—聚合物间的反应，接枝效率很高。显然，支链的聚合度则由端基聚合物的聚合度决定。所以这种接枝方法可用于高分子材料的分子设计和合成。如将甲基丙烯酸甲酯和甲基丙烯酸 β-异氰酸乙酯的共聚物与末端为氨基的聚苯乙烯（以氨基钠为催化剂的苯乙烯聚合产物）反应，则得到接枝聚合物：

$$\begin{bmatrix} CH_3 \\ | \\ C-CH_2 \\ | \\ COOCH_3 \end{bmatrix}_x \begin{bmatrix} CH_3 \\ | \\ C-CH_2 \\ | \\ COOCH_2CH_2NCO \end{bmatrix}_y + H_2N-\begin{bmatrix} CH_2-CH \\ | \\ \bigcirc \end{bmatrix}_n \longrightarrow$$

$$\begin{bmatrix} CH_3 \\ | \\ C-CH_2 \\ | \\ COOCH_3 \end{bmatrix}_x \begin{bmatrix} CH_3 \\ | \\ C-CH_2 \\ | \\ \end{bmatrix}_y$$

$$COOCH_2CH_2NHCONH-\begin{bmatrix} CH_2-CH \\ | \\ \bigcirc \end{bmatrix}_n$$

（4）其他方法——大单体技术合成接枝共聚物

大单体合成接枝共聚物技术即采用大分子单体与小分子单体共聚合成规整接枝共聚物，不仅在化学领域中应用广泛，在医学、工程材料等领域也有独特的应用。

① 大单体的制备方法

大分子单体，简称大单体，是指分子链末端具有可聚合官能团的线型聚合物，相对分子质量为 1000～20000，末端可聚合官能团一般是不饱和的双键，也可以是环氧基或能再聚合的其他杂环。合成大单体的关键是在线型聚合物的末端引入可进一步聚合的官能团。合成大单体的主要方法有阴离子聚合、阳离子聚合、自由基聚合等方法。

② 大单体与小单体合成接枝共聚物技术

合成大单体的主要目的是更简便、更广泛地合成接枝共聚物。大单体与其他小单体的共聚能合成数量繁多的接枝共聚物，共聚反应极易进行，大部分通过自由基引发剂引发聚合。

大单体与小单体共聚合成接枝共聚物，其中主链由小单体聚合而成，支链为相对分子质量分布较均匀的大单体。而其他方法难以制备这种接枝共聚物。大单体技术还将两种性能差异较大的聚合物（如亲水和亲油）以化学键结合，使两者的性能互补。

6.1.2　嵌段共聚改性

嵌段共聚物分子链具有线型结构，是由至少两种以上不同单体聚合而成的长链段组成。嵌段共聚可以看成是接枝共聚的特例，其接枝点位于聚合物主链的两端。

根据分子链上长链段数目和排列方式，嵌段共聚物可分为三种链段序列基本结构形式：A_m-B_n 两嵌段聚合物；A_m-B_n-A_m 或 A_m-B_n-C_n 三嵌段聚合物；$(A_m$-$B_n)_n$ 多嵌段聚合物。此外，还有较不常见的放射状嵌段共聚物，它是由三个或多个两嵌链段从中心向外放射，所形成的星状大分子结构如图 6-1-1 所示。常见的嵌段共聚物见表 6-1-2。

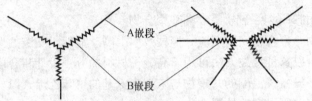

图 6-1-1　放射嵌段共聚物的链段序列结构

表 6-1-2　常见的嵌段共聚物

嵌段共聚物类型	种类	举例
A_m-B_n	乙烯嵌段共聚物 聚丙烯酸类和聚乙烯吡啶嵌段共聚物 α-聚烯烃嵌段共聚物 杂原子嵌段共聚物	苯乙烯-丁二烯，苯乙烯-异戊二烯，苯乙烯-芳烯烃 丙烯酸类，乙烯吡啶 乙烯-丙烯，其他 α-烯烃 醚-醚，醚-烯烃，内脂类，硫醚类，酰胺类与亚胺类，硅氧烷
A_m-B_n-A_m 型	碳氢链嵌段共聚物 聚丙烯酸类和聚乙烯吡啶嵌段共聚物 杂链 A_m-B_n-A_m 嵌段共聚物	苯乙烯-二烯类，星状苯乙烯-二烯类 改性苯乙烯-二烯类，其他芳烯烃-二烯类 二烯-二烯类，苯乙烯-芳烯烃类，丙烯酸类，乙烯吡啶 醚-醚，醚-烯烃，酯类 硫醚类，酰胺类，硅氧烷类
$(A_m$-$B_n)_n$ 型	醚-醚 醚-烯烃 醚-酯 酯-酯 酯-烯烃 碳酸酯类 酰胺类 亚胺酯类 聚硅氧烷 交联环氧树脂体系	对苯二甲酸烷烃酯类，对苯二甲酸芳烃酯类，其他酯类 碳酸酯-碳酸酯，碳酸酯-聚砜 碳酸酯-醚，碳酸酯-酯 碳酸酯-苯乙烯，碳酸酯-亚胺酯 酰胺-酰胺，酰胺-醚 酰胺-酯，酰胺-烯烃 其他各种酰胺或酰亚胺 聚氨酯纤维 硅氧烷-硅氧烷，硅氧烷-硅芳烃硅氧烷 硅氧烷-烷醚，硅氧烷-芳醚 硅氧烷-烯烃，硅氧烷-酯

嵌段共聚物制备方法：

1. "活"性聚合反应法

活性阴离子聚合体系依次加入不同单体是目前合成嵌段共聚物最常用的方法。例如烯类单体 A 进行阴离子聚合，直到 A 全部反应完毕，此时向体系中加入单体 B，聚合物链 A 阴离子引发 B 单体聚合，然后终止，生成了 AB 两嵌段共聚物；终止前若再向体系加入单体 C，可继续引发聚合，生成三嵌段共聚物等。

SBS 是一类典型的夹层三嵌段共聚物，S 代表聚苯乙烯链，相对分子质量约 1～1.5 万，B 代表中间链聚丁二烯链，相对分子质量约 5～10 万，B 段也可以是聚异戊二烯。SBS 是已经工业化生产的热塑性弹性体，用于代替室温下使用的各种橡胶制品。其最大优点是生产制品不需要硫化，因为室温为玻璃态的聚苯乙烯链段微区起到了物理交联点的作用。

单阴离子引发三步顺序加料法是利用"活"性聚合物反应生产 SBS 的方法之一，其反应式如下：

$$\text{BuLi} + n\text{CH}_2 = \text{CH} \xrightarrow{\text{烃类熔剂}}$$

$$\text{Bu} \left[\text{CH}_2 - \text{CH} \right]_{n-1} \text{CH}_2 - \text{CHLi}^+ \xrightarrow{m\text{CH}_2 = \text{CHCH} = \text{CH}_2}$$

$$\text{Bu} \left[\text{CH}_2 - \text{CH} \right]_n \left[\text{CH}_2 \text{CH} = \text{CHCH}_2 \right]_{m-1} \text{CH}_2 \text{CH} = \text{CH CHLi}^+ \xrightarrow[\text{2. 终止 (H}^+\text{)}]{\text{1. CH}_2 = \text{CH}}$$

$$\text{Bu} \left[\text{CH}_2 - \text{CH} \right]_n \left[\text{CH}_2 \text{CH} = \text{CHCH}_2 \right]_m \left[\text{CH}_2 - \text{CH} \right]_{n-1} \text{CH}_2 - \text{CH}_2$$

阳离子聚合往往伴有链转移、链终止等反应，较难进行活性聚合。在较特殊条件下，虽然也曾合成得到少数嵌段共聚物，但尚无工业应用。

2. 其他合成法

（1）力化学法

在机械力的作用下，当剪切力大到一定的程度，可使主链断裂，形成端基自由基，通过化学反应能产生嵌段共聚物。

$$\begin{array}{c} \sim\sim M_1 M_1 \sim\sim \\ \sim\sim M_2 M_2 \sim\sim \end{array} \xrightarrow{\text{研磨}} \begin{array}{c} \sim\sim M_1 \cdot \\ \sim\sim M_2 \cdot \end{array} \longrightarrow \begin{array}{c} \sim\sim M_1 M_2 \\ \sim\sim M_1 M_1 \\ \sim\sim M_2 M_2 \end{array}$$

（2）偶联法

如两个活性 AB^- 链用 1,6-二溴己烷偶联：

$$\begin{array}{c} \sim\sim A_n B_m^- \\ \sim\sim A_n B_m^- \end{array} \xrightarrow{\text{Br} \left(\text{CH}_2 \right)_6 \text{Br}} \sim\sim A_n B_m \left(\text{CH}_2 \right)_6 B_m A_n$$

（3）链交换反应法

两种聚合物混合熔融后，能产生链交换反应，生成部分嵌段共聚物，如聚酯和聚酰胺共热，通过交换反应，可以形成聚酯和聚酰胺的嵌段共聚。

（4）端基聚合物反应法

端基预聚物两端都带有官能团，两种组成不同的预聚物各自的端基官能团不同，但能相互反应，例如，双羟基封端的聚砜与双二甲氨基封端的聚二甲基硅氧烷的缩聚（嵌段）反应。

6.1.3　反应挤出改性

1. 概述

反应挤出，即 REX，又称反应性挤出、挤出反应，是在聚合物或可聚合单体的连续挤出过程中完成一系列化学反应的操作过程。在此操作过程中，以螺杆和料筒组成的塑化挤压系统作为连续反应器，将欲反应的各种原料组分，如单体、引发剂、聚合物、助剂等一次或分次由相同的或不同的加料口加入到螺杆中，在螺杆转动下实现各原料之间的混合、输送、塑化、反应和经模口挤出的过程。这种方法是对现有聚合物进行化学改性的有效方法，它的最大特点是反应过程能连续进行，把对聚合物的改性和对聚合物的加工、成型为最终制品的过程由传统上分开的操作改变为联合操作。图 6-1-2 所示的是由反应性挤出加工得到具有特殊性能的聚合物的工艺流程。

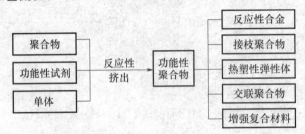

图 6-1-2　反应挤出改性的产物工艺流程

反应挤出所用设备可以是普通的单螺杆或双螺杆挤出机，也可以是针对某种反应特征而专门设计制造的反应式挤出机。典型的反应挤出机如图 6-1-3 所示。

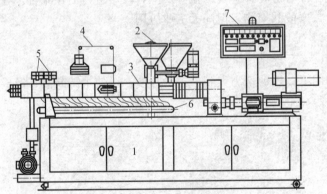

图 6-1-3　用于聚烯烃反应接枝的双螺杆挤出机

1—油路控制系统；2—料斗；3—筒体；4—液态反应剂加料计量系统；5—真空脱挥系统；
6—循环冷却系统；7—温度、压力扭矩监控系统

反应挤出这一技术产生于 20 世纪 60 年代，因能使聚合物性能多样化、功能化、生产连续化、工艺操作简单经济而发展迅速。欧洲及美国、日本等发达国家和地区的研究机构和挤出设备的生产厂家对此非常关注，新研发的高分子材料大多是采用反应挤出的方法得到的。我国从 20 世纪 80 年代初开始研究反应挤出技术，经过不懈努力，已取得了一些成果，且在某些领域已达到世界先进水平。华东理工大学以双螺杆挤出机作反应器，开发了尼龙-6（PA-6）的反应挤出技术，他们还自行研制和开发了用于苯乙烯活性聚合的螺杆式反应器，直接由苯乙烯单体合成聚苯乙烯，得到了 60 万以上相对分子质量的聚苯乙烯产品，在国际

上处于领先地位。反应挤出作为高分子材料工业中兴起的一项技术，因其能使聚合物性能多样化、功能化，在技术经济上具有许多独特的优点而越来越受到重视。

2. 反应挤出过程进行的反应类型和反应挤出的特点

（1）通过反应挤出过程进行的反应类型

① 本体聚合

从一种单体、多种单体混合物、低相对分子质量的预聚物或单体与预聚物的混合物出发，通过加聚或缩聚，制备得到高相对分子质量的聚合物。这一类反应加聚实例有：聚氨酯、聚酰胺、聚丙烯酸酯和相关共聚物、聚苯乙烯和相关共聚物、聚烯烃、聚硅氧烷、聚环氧化合物、聚甲醛等；缩聚实例有：聚醚、聚酰亚胺、聚酯等。

② 接枝反应

在挤出机反应器中发生的接枝包括熔融的聚合物或多种能够在聚合物主链上生成接枝链的单体进行的反应，得到接枝型或共聚型聚合物，如 PS-马来酸酐、EVA-丙烯酸、聚烯烃-马来酸酐等。

③ 链间形成共聚物反应

由两种或两种以上的聚合物通过离子键或共价键形成无规、接枝或嵌段共聚物的反应。在挤出机反应器中，通过链断裂—再结合的反应过程形成无规或嵌段共聚物，或者一种聚合物的反应性基团与另一种聚合物的反应性基团结合，生成嵌段或接枝共聚物，或者通过共价交联或离子交联的方式形成链间共聚物都是可行的，如 PS-聚烯烃。

④ 偶联/交联反应

聚合物与多官能团的偶联剂或支化剂反应，使大分子链增长、支化，从而提高了相对分子质量；或聚合物与缩合剂反应，使分子链增长，获得较高的相对分子质量；或聚合物与交联剂反应，通过交联增加熔体黏度。具有能与缩合剂、偶联剂或交联剂发生反应的端基或侧链的聚合物适合于参与这样的反应，如尼龙或聚酯等，亚磷酸酯等可以作为缩合剂，而含有环酐、环氧化合物、碳化二亚胺和异氰酸酯等的多官能团化合物可作为偶联剂，如 PBT-二异氰酸酯-环氧树脂即属于这一类。

⑤ 可控降解反应

控制高相对分子质量的聚合物降解到一定的相对分子质量或控制降解到单体，以满足某些特殊的产品性能。例如 PP-过氧化物通过加热剪切降解达到改善加工性，又如 PET-乙二醇通过降解反应使之适于纺丝。

⑥ 官能团的改性反应

在聚合物分子骨架、末端、侧链上引进官能化基团或使已存在于聚合物大分子上的官能团发生改性，以满足某种特殊反应的要求。如 PO 类的卤化以除去副产物，引入氢过氧化物基团，聚酯上的羧酸端基封闭以改善聚酯的热稳定性，侧链上的羧基或酯基热脱水环化，羧酸的中和、不稳定末端基的破坏、稳定剂在聚合物大分子上的结合，在 PVC 大分子上的置换反应等。

（2）反应挤出的特点

传统的挤出成型过程一般是将聚合物作为原料，由料斗加入到螺杆的固体输送区压实，在螺杆转动下依靠螺杆的螺旋作用和物料与料筒内壁的摩擦作用而将物料向前输送，随后在螺杆的熔融区利用料筒壁传来的外加热量和螺杆转动过程中施加给物料的剪切摩擦热而熔融，再在螺杆熔体输送区内使熔融物料进一步均化后输送给机头模具造型后出模冷却定型。

这一过程可以简单地看作物料的固态（结晶态或玻璃态）—液态（黏流态）—固态（结晶态或玻璃态）的物理变化主过程，并可能伴随有少量的化学反应，变化的结果是用模具成型出了千姿百态的高分子制品。

与此过程不同，反应挤出存在化学反应，这些化学反应有单体之间的缩聚、加成、开环得到聚合物的聚合反应，有聚合物与单体之间的接枝反应，有聚合物之间的相互交联反应等。

① 反应挤出技术的优点

与传统的间歇反应器中进行的化学改性方法相比，反应挤出有很多优点：

a. 适合于高黏度的聚合物熔体聚合：螺杆挤出机的混合能力很强，具有能处理高黏度聚合物的独特功能。聚合物在反应过程或者在聚合物合成过程中，反应体系的黏度往往越来越高。当聚合物黏度在 $10\sim10000Pa\cdot s$ 时，聚合物原料在传统反应器中已不能进行聚合反应，需要使用聚合物质量 $5\sim20$ 倍的溶剂或稀释剂来降低黏度，改善混合和传递热量才能保证反应进一步持续进行下去。而反应挤出却可以在此高黏度下实现聚合反应。其主要原因是螺杆和料筒组成的塑化挤压系统能将聚合物熔融后黏度降低，利用熔体的横流使聚合物相互混合达到均匀，并提供足够活化能使物料间的反应得以进行。同时利用新进物料吸收热量和输出物料排除热量的连续化过程来达到热量匹配，利用排气孔将未反应单体和反应副产物逸出，从而把聚合物化学反应与挤出加工有机地结合成一个完整连续的反应性聚合物加工过程。

b. 反应可控性好：螺杆挤出机可根据需要设置多处加料口，根据各种化学反应自身的规律，沿螺杆的轴向，将物料按一定程序和最合适的方式分步加入，可以控制化学反应按预定的顺序和方向进行。由于挤出过程连续，使反应过程的精确控制成为可能，如通过改变螺杆转数、加料量和温度条件，可精确控制最佳的反应开始时间和反应终止时间，以减少副反应的发生。通过调整螺杆转速和螺杆的几何结构，可以在一定范围内控制反应物料的停留时间和停留时间分布。反应挤出比较适合于反应速度较快的化学反应。

c. 缩短反应时间，提高生产效率：对同样的反应，与传统的间歇反应器相比可大大缩短反应时间，提高生产效率，并由于反应挤出，尤其是双螺杆挤出机具有良好的自洁能力，大大缩短物料的停留时间，从而避免长时间处于高温下导致的聚合物分解。

d. 生产的灵活性强：反应挤出机所适应的压力和温度范围广，可随时调整螺杆结构和挤出工艺参数，以适应不同的物料体系，因而具有很大的更换产品的灵活性。

e. 环境污染小：不使用溶剂或很少量溶剂，因而可以节省大量溶剂，甚至反应后不需进行溶剂回收，节省了溶剂回收设备，减少对人体和环境的危害。

f. 成本低，产率高：螺杆挤出机既是反应器，又是制品成型设备，从而使生产工艺过程做到了工序少、流程短、能耗低、消耗小、成本低、生产产率高。

② 反应挤出技术的缺点

a. 技术难度大：不但要进行配方和工艺条件的研究，而且要针对不同的反应设计所需的新型反应挤出机，研发资金投入大，研发时间长。

b. 难以观察检测：物料在挤出机中始终处于动态和封闭的高温、高压环境中，难以观察检测物料的反应程度。物料停留时间较短，一般只有几分钟时间，因而要求所要进行的反应必须快速完成。如果反应超过20min，则用反应挤出技术就没有意义。

c. 技术含量高：反应挤出技术涉及高分子材料、高分子物理、高分子化学、化学工程、聚合反应工程、橡塑机械、聚合物成型加工、机械加工、电子、材料等诸多学科，要取得成果需较长时间的研究和多方合作才行。

因此，反应挤出技术具有研发投入高、技术含量高、产品利润高的特点，在研发阶段困难多，在工业应用上优势明显，正因为如此，它才成为当前国际上的研究热点。

3. 反应挤出工艺条件及原理

按照反应工程理论，任何反应器内的实际过程，既包含着基本的化学反应过程，同时也伴随着众多的传热、传质、流动等物理传递过程，这些因素相互影响渗透，共同决定着最终的反应结果。对于反应挤出机而言，流变性、热传递和化学反应对反应结果起着关键作用，同时它们之间也是相互联系、相互影响的，决定着挤出机的性能和最终产品的质量。从化学反应的观点出发，反应挤出就是要使聚合物与反应性添加物在挤出设备中的停留时间之内，能有效地发生所期望的化学反应，并得到所需要的反应结果。然而由于反应挤出过程是连续的，物料在此过程的停留时间有限，高黏度引起的介质混合困难与系统向外的传热很差等局限性，使反应挤出过程对工艺条件要求比较严格。具体要求是：高效率的混合功能；高效率的脱挥功能；高效率的向外排热功能；合理的物料停留时间；强输送能力和强剪切功能。

6.2　共混改性法

6.2.1　共混改性

化学结构不同的两种或两种以上的均聚物或共聚物的混合物叫做聚合物共混物，其中各聚合物组成之间主要是物理结合，它与共聚高分子是有区别的。在工程上聚合物共混物又称聚合物合金或高分子合金，而在科学研究领域中严格说来，两种相容聚合物的混合物才叫做聚合物合金。

共混改进法是依靠物理作用，即不同组分间依靠分子间力（包括范德华力、偶极力、氢键等）实现聚合物共混的物理共混法，是不同聚合物相互间取长补短，获得新性能聚合物的一种方便而又经济的改性方法。聚合物在混合及混炼过程中，通常仅有物理变化，有时也会在强烈的机械剪切作用及热效应作用下，发生部分聚合物的降解等化学反应，但这类化学反应不成为该过程的主体。

从物料形态分，物理共混法分为以下四类：

（1）粉料（干粉）共混法

将两种或两种以上结构不同的细粉状聚合物在各种通用的塑料混合设备中进行混合，形成各组分均匀分散的粉状聚合物混合物的方法称为粉料共混法。采用此法进行聚合物共混时可同时加入必要的各种塑料助剂，如增塑剂、稳定剂、润滑剂、填充剂等助剂。

经干粉混合所得聚合物共混物料，一般可以直接用于压制、压延、注射或挤出成型。粉料共混法具有设备简单，操作容易的优点，但也有物料不易流动，混合分散效果差，以至影响聚合物各组分间的相容性的缺点。因此，一般情况下，不单独使用粉料（干粉）共混法，只对于某些难溶难熔聚合物采用，如氟树脂、聚苯醚树脂等共混物的制备。

（2）熔体共混法

熔体共混法又称熔融共混法，是将两种聚合物加热到熔融状态，使它们在强力作用下进行混合的方法，可在捏和机或螺杆挤出机中进行。

熔融共混法原料准备操作简单，混合效果优于粉料混合；在混炼设备强剪切力作用下，导致一部分聚合物分子降解并可形成一定数量的接枝或嵌段共聚物，从而促进了不同聚合物组分之间的相容，提高改性效果。

熔融共混法工艺过程如图 6-2-1 所示。

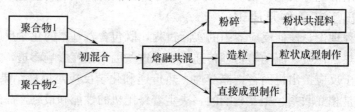

图 6-2-1　熔融共混法工艺过程

熔融共混法是一种最常用的聚合物共混法，它与初混操作配合可以取得较好的混合效果，其中挤出共混具有操作连续、省力、设备结构简单、维修方便、体积小等优点，因而应用最广。

（3）溶液共混法

将各聚合物组分加入共同溶剂中（或将聚合物组分分别溶解、再混合）搅拌溶解混合均匀，浇铸成型，然后加热蒸出溶剂或加入非溶剂共沉淀，就获得聚合物共混物。

（4）乳液共混法

乳液共混法是将不同种的聚合物胶乳一起搅拌混合均匀后，加入凝聚剂使异种聚合物共沉析，经分离、干燥得到聚合物混合物。

当原料聚合物为聚合物乳液或共混物将以乳液形式使用时，乳液共混法最有利。

6.2.2　聚氯乙烯（PVC）的共混改性

聚氯乙烯（PVC）是一种用途广泛的通用塑料，其产量仅次于聚乙烯而居于第二位。PVC 在加工应用中，因添加增塑剂量的不同而分为"硬制品"与"软制品"。其中，PVC 硬制品又称硬质 PVC 制品，是不添加增塑剂或只添加很少量的增塑剂。硬质 PVC 若不经改性，其抗冲击强度甚低，无法作为结构材料使用。因而，作为结构材料使用的硬质 PVC 都要进行增韧改性。增韧改性以共混的方式进行，所用的增韧改性聚合物包括 CPE、MBS、ACR、EVA 等。

软质 PVC 是指加入适量增塑剂，使制品具有一定柔软性的 PVC 材料。PVC 与增塑剂混合塑化后的产物，也可视为 PVC 与增塑剂的共混物。PVC 的传统增塑剂为小分子液体增塑剂，如邻苯二甲酸二辛酯（DOP）。液体增塑剂具有良好的增塑性能，但却易于挥发损失，使 PVC 软制品的耐久性降低。采用高分子弹性体取代部分或全部液体增塑剂，与 PVC 进行共混，可大大提高 PVC 软制品的耐久性。这些高分子弹性体实际上起了 PVC 的大分子增塑剂的作用。可用作 PVC 大分子增塑剂的聚合物有 CPE、NBR、EVA 等。

此外，为改善 PVC 的热稳定性，需在 PVC 配方中添加热稳定剂；为降低成本，需添加填充剂等等。这些也可视为广义的共混。

经共混改性的 PVC 硬制品可广泛应用于门窗异型材、管材、片材等。添加高分子弹性体的 PVC 软制品可适于户外用途及耐热、耐油等用途。

1. PVC/CPE 共混体系

（1）用于 PVC 硬制品

在 PVC 硬制品中添加 CPE，主要是起增韧改性的作用。CPE 是聚乙烯经氯化后的产物。氯含量为 25%～40% 的 CPE 具有弹性体的性质，其中，氯含量为 35% 左右的 CPE 与

PVC 的相容性较好，可用于 PVC 的共混改性。通常，氯含量为 36% 的 CPE 作为 PVC 的增韧剂。

（2）在 PVC 软制品中的应用

在 PVC 软制品中添加高分子弹性体以取代部分（或全部）小分子液体增塑剂，其主要目的是将高分子弹性体用作 PVC 的不迁移、不挥发的永久性增塑剂，以提高 PVC 软制品的耐久性。因此，所选用的弹性体本身也应具有良好的耐久性、耐候性。CPE 的大分子中不含双键，因而具有良好的耐候性。通常选用氯含量为 35%～40% 的 CPE 作为 PVC 软制品的共混改性剂。在此氯含量范围内，CPE 与 PVC 之间有良好的相容性，且 CPE 为类似橡胶的弹性体。

在 CPE 与 PVC 共混配制的软质 PVC 中，CPE 用量通常不低于 20 质量份，同时要添加适量的液体增塑剂。在此共混物体系中，CPE 本身具有良好的耐候性，而且 CPE 与液体增塑剂相容性很好，可以减少液体增塑剂的挥发，进一步改善共混物的耐候性。

在软质 PVC/CPE 共混材料中，随 CPE 用量的增大，一般会导致拉伸强度略有下降，而耐老化性能则明显提高。软质 PVC/CPE 共混体系可以按照通常的软质 PVC 加工工艺条件进行成型加工。

例如，选用 SG-4 型 PVC 树脂，加入氯含量 36% 的 CPE 20 份，液体增塑剂 30 份，其他助剂适量，可以在 160～180℃ 条件下挤出或压延成型。

（3）作为相容剂的应用

由于 PE 在氯化时，反应主要发生在非晶区，所以 CPE 是由含氯较高的链段与含氯较低的链段组成的。其中，含氯较高的链段与 PVC 的相容性较好；含氯较低的链段则与聚烯烃等非极性聚合物相容性较好。CPE 的这一特性，使它不仅可以单独与 PVC 共混，而且可以与 PVC 及其他聚合物构成三元共混体系，譬如 PVC/CPE/PE 体系。在此体系中，CPE 可在 PVC 与 PE 之间起相容剂的作用。PVC 与 PE 是不相容体系。加入 CPE 后，可使相容性得到改善。在 PVC/SBR 共混体系中，也可以加入 CPE 作为相容剂。

2. PVC/MBS 共混体系

MBS 树脂与 PVC 有良好的相容性，能显著地提高 PVC 的冲击强度，又能改善 PVC 的加工性能，PVC/MBS 共混物还有着较好的透明性，因而，MBS 被广泛应用于硬质 PVC 的增韧改性，特别是在透明制品中。

MBS 是由甲基丙烯酸甲酯（MMA）和苯乙烯（ST）接枝于聚丁二烯（PB）或丁苯橡胶（SBR）大分子链上而形成的接枝共聚物。在 MBS 中，含有橡胶小球和塑料组分，其中橡胶小球可起到增韧改性的作用，MMA 可与 PVC 形成良好的相容性，苯乙烯形成的刚性链段使共混体系具有良好的加工流动性。

3. PVC/NBR 共混体系

丁腈橡胶（NBR）也是常用的 PVC 共混改性剂。NBR 可用于软质 PVC 的共混改性，也可用于硬质 PVC 的共混改性。市场上的丁腈橡胶产品有块状和粉末状的。其中，粉末丁腈橡胶因易于与 PVC 混合，易于采用挤出、注射等成型方式，所以在 PVC/NBR 共混体系中获得广泛应用。粉末丁腈橡胶最早由美国 Goodyear 公司研制生产，其中型号为 P83 的粉末丁腈用途最为广泛。P83 是经轻度预交联的粉粒，粒度约为 0.5mm，粉粒表面有 PVC 层作为隔离剂。隔离剂层的存在，使粉末丁腈橡胶在存放中不易粘连，保持粉末状态。

将丁腈橡胶用于 PVC 软制品中，丁腈橡胶可以起到大分子增塑剂的作用，避免或减少增塑剂的挥发，提高 PVC 软制品的耐久性。用于 PVC 软制品的丁腈橡胶，宜选用丙烯腈含量为 30% 左右的品种。例如，广泛应用于 PVC 软制品的粉末丁腈橡胶 P83 含有 33% 的丙烯腈。

4. PVC/ACR 共混体系

作为一种通用塑料，PVC 有不少需要克服的缺点，其中包括加工流动性差。因而，对 PVC 的加工流动性进行改性，就成了 PVC 制品配方设计中需考虑的重要问题。ACR 是 PVC 最重要的高分子加工助剂。

ACR（丙烯酸酯类共聚物）是一大类不同组成的含有丙烯酸酯类成分的共聚物的总称。用在 PVC 制品中的 ACR 有两种类型，其一是用作加工流动改性剂的，其二是用作热冲改性剂的。

5. PVC/EVA 共混体系

EVA 是乙烯和醋酸乙烯的无规共聚物。PVC 与 EVA 进行共混改性，可采用机械共混法，也可采用接枝共聚-共混法。其中，接枝共聚-共混法是将氯乙烯接枝于 EVA 主链，形成以 EVA 为主链，PVC 为支链的接枝共聚物。

EVA 可用于硬质 PVC 的增韧改性，也可用于软质 PVC，作为 PVC 的大分子增塑剂。

用作硬质 PVC 的抗冲改性剂的 EVA，如采用机械共混法，可选用较高 VA 含量和较低熔体流动速率的 EVA，如 VA 含量为 30% 和熔体流动速率为 10 的 EVA 30/10。较高的 VA 含量可以改善 PVC 与 EVA 的相容性。如采用接枝共聚-共混法，则可选用 VA 含量较低的 EVA，也可以用高、低 VA 含量的 EVA 共用，改性效果更好。

将 EVA 用于软质 PVC，可明显改善 PVC 的耐寒性，PVC/EVA 共混物的脆化温度可达到 -70℃。此外，软质 PVC/EVA 共混物还具有良好的手感。

硬质 PVC/EVA 共混物可用于生产板材和异型材，也可用于生产低发泡产品。软质 PVC/EVA 共混物可用于生产耐寒薄膜、片材、人造革等，也可用于生产发泡制品。

由于 EVA 与 PVC 仅有中等程度的相容性，为改善相容性，美国杜邦公司开发了 E-VA-CO 三元共聚物，商品名为 Elvaloy。这种三元共聚物是在 EVA 中引入了羰基，使其与 PVC 的相容性得到改善。Elvaloy 的品种有 741 和 742 两种。

Elvaloy 用于软质 PVC 材料，已在室外用途的片材、汽车用人造革及靴鞋方面获得应用。其中，PVC/Elvaloy 共混制造的片材，不仅使用寿命长，而且易于热风焊接或高频热合。用于汽车用人造革，不仅可防止因增塑剂挥发而导致的车窗玻璃雾化现象，而且具有良好的手感和低温柔软性。用于靴鞋，则具有耐磨性、耐油性、弹性、柔韧性等优良性能。

6. PVC/ABS 共混体系

ABS 为丙烯腈-丁二烯-苯乙烯共聚物，具有冲击性能较高、易于成型加工、手感良好以及易于电镀等特性。PVC 则具有阻燃、耐腐蚀、价格低廉等特点。将 PVC 与 ABS 共混，可综合二者的优点，成为在电器外壳、电器元件、汽车仪表板、纺织器材、箱包等方面有广泛用途的新型材料。

7. PVC/TPU 共混体系

PVC 可与热塑性聚氨酯（TPU）共混，用于医用材料。热塑性聚氨酯是一种新型的热塑性弹性体，又称为聚氨酯橡胶。聚氨酯具有优异的物理化学性能和极好的生物相容性，已在医学领域获得了广泛的应用，可用于人工心脏和心脏的辅助装置、人造软骨、医用分离膜等。将 TPU 与 PVC 共混，以 TPU 取代 DOP 等液体增塑剂，制成软质 PVC 医用器械，可避免液体增塑剂的迁移。

TPU 有许多种类。总体上，TPU 通常由二异氰酸酯、低分子二元醇及双官能团聚酯型或聚醚型长链二元醇反应而成。与聚酯反应的称为聚酯型 TPU，与聚醚反应的称为聚醚型 TPU。各种 TPU 的大分子都由两部分组成，一部分是长链二元醇与二异氰酸酯反应生成的柔软段；另一部分是低分子二元醇与二异氰酸酯反应生成的刚性段（又称为硬段）。调节软段与硬段的比例，可以得到不同力学性能及不同加工性能的 TPU。

选用与 PVC 共混的 TPU 品种时，应首先考虑 TPU 与 PVC 的相容性。此外，软段与硬段比例的适当调整，对调节共混物的力学性能，以及改善加工性能都是有作用的。用于医疗用途时，选用的 TPU 和 PVC 的理化性能都应符合卫生标准。

8. 不同品种 PVC 的共混

PVC 的共混改性，不仅包括 PVC 与其他聚合物的共混，也应包括不同品种 PVC 的共混。

（1）高聚合度 PVC 与普通 PVC 共混

高聚合度 PVC 树脂（HPVC）是指聚合度大于 2000 的 PVC 树脂。HPVC 可用于制造 PVC 热塑性弹性体。但由于聚合度较高，HPVC 的加工成型有一定困难。将 HPVC 与普通 PVC 共混，可以改善 HPVC 的加工流动性。对于普通 PVC 而言，HPVC 则可以看作是一种改性剂，可提高普通 PVC 的性能。HPVC 对增塑剂的容纳量较普通 PVC 高，在 HPVC/PVC 共混体系中，可以添加较多的增塑剂，提高制品的耐寒性和弹性。在这里，HPVC 起到了类似丁腈橡胶的作用。例如，在软质 PVC 薄膜中加入 20 质量份以上的 HPVC，制品富有弹性，且具有良好的低温柔软性。

（2）悬浮法 PVC 与 PVC 糊树脂共混

在机械共混（熔融共混）中使用的 PVC 树脂，一般为悬浮法 PVC。这一共混方法相应于工业上所用的挤出、压延等成型方式；在某些产品中，可采用 PVC 糊树脂与悬浮法 PVC 共混，以改善加工性能。PVC 糊树脂的颗粒远较悬浮法 PVC 树脂为小，易于塑化。此外，在悬浮法 PVC 中加入少量发泡性能好的 PVC 糊树脂，还可改善发泡性能。

6.3 互穿网络（IPN）法

IPN 法形成互穿网络聚合物共混物，是一种以化学法制备物理共混物的方法。

互穿网络聚合物是两种或两种以上交联聚合物相互贯穿而形成的交织聚合物网络。它可以看作是一种特殊形式的聚合物共混物。从制备方法上，接近于接枝共聚-共混；但从两者之间不存在化学键的聚合物体系考虑，则接近于机械共混物。典型的 IPN 其中之一聚合物是在另一聚合物存在下合成或交联的，实现了两种聚合物的共混。在这种共混体系中，两种不同聚合物之间不存在接枝或化学交联，而是通过两相界面区域不同链段的扩散和纠缠达到两相之间良好的结合，形成一种互穿网络聚合物共混体系，其形态结构为两相连续。IPN 结构图如图 6-3-1 所示。

互穿网络聚合物是两种不同结构的聚合物紧密结合的体系，因此提供了根据需要合成具有适当性能新聚合物体系的途径。互穿网络聚合物可以改进柔韧性、抗张强度、抗冲强度、耐化学性、耐候性等性能。互穿网络聚合物与简单的共混聚合物、接枝共聚物和嵌段共聚物不同的是不溶于溶剂中，仅可能溶胀并且可抑制蠕变和流动，是具有良好的实际应用与发展前途的新材料。

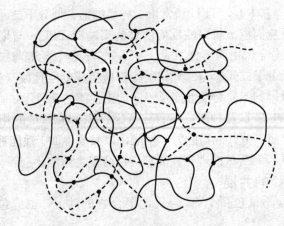

图 6-3-1　互穿网络聚合物的结构图

当前 IPN 技术已成为聚合物材料改性的一种重要手段和有前途的方法，在塑料与橡胶改性、皮革改性、压敏渗透膜、黏合剂、离子交换树脂、阻尼减震等方面得到了应用，尤其是 IPN 技术在宇航工业上的应用前景。美国 Hsine 等人提出新型的双氰-IPN，它兼有热固性和热塑性树脂的优点，在较苛刻的条件下仍能保持良好的刚度和强度，是一种很有潜力的宇航用复合材料的基体树脂。

总之，IPN 原材料来源广、成本低、性能优异，所以发展前景十分宽阔，有待于大力研究与开发。

6.3.1　互穿网络聚合物的分类

IPN 可分为以下几类：
① 完全 IPN，两种聚合物均是交联网络。
② 半 IPN，一种聚合物是交联网络，另一种是线形的。
③ 乳液 IPN 又称 IEN，由两种线形弹性乳胶混合凝聚、交联制得。
④ 梯度 IPN 又称渐变 IPN，组成不均一的 IPN。
⑤ 热塑 IPN，两种靠物理交联达到某种程度双重连续相的聚合物共混物。
⑥ "逆" IPN，由于最早合成的 IPN 是以弹性体为聚合物 I，塑料为聚合物 II，所以当以塑料为聚合物 I，而以弹性体为 II 时就称为 "逆" IPN，又称 "反" IPN。

常见的 IPN 有：聚丙烯酸乙酯，聚苯乙烯 IPN，聚氨酯，环氧树脂 IPN，聚丁二烯/聚苯乙烯 IPN，聚二甲基硅氧烷/聚苯乙烯 IPN，丁苯橡胶/聚苯乙烯 IPN。

6.3.2　互穿网络聚合物的应用

1. IPN 弹性体的应用

将含硫 EPDM 分散在聚烯烃中，同以往的热塑性聚烯烃弹性体比较，发现前者的物理性能有所改善；PU/聚酯形成的 IPN，其物理性能优良，尤其是其冲击性能得到了显著的改善。

2. 有机硅树脂/热塑性聚合物 IPN

有机硅树脂热塑性聚合物 IPN 是美国于 1983 年以 Rimplast 商标投向市场的新材料，所用的热塑性聚合物为热塑性聚氨酯（TPU）、尼龙等，基体为尼龙的有机硅树脂/尼龙，属于半 IPN，而有机硅树脂/TPU 则为完全 IPN，它们所形成的互穿聚合物网络，既保持了基体聚合物的性质，同时由于硅橡胶的介入，又具备摩擦系数小、较好的电性能以及较高的弹性回复能力。

在这种互穿聚合物网络中，TPU 的 IPN 化程度对其力学性能有很大影响，表 6-3-1 中给出了 TPU 的 IPN 化程度对材料的力学性能的影响。当 TPU 中含 19％的 IPN 结构具有较高的力学性能：模量、拉伸强度都随 IPN 化程度增加而增大，压缩永久变形及断裂伸长率减小。纯的 TPU 物性低于 IPN 化的 TPU 物性。

表 6-3-1　IPN 化程度对材料力学性能的影响

性能 ＼ 序号	1	2	3
IPN 程度（％）	0	12	19
硬度（JISA）	65	63	66
100％模量（MPa）	1.9	1.7	2.3
300％模量（MPa）	3.0	3.4	4.8
拉伸强度（MPa）	14	21	27
伸长率（％）	960	850	760
200％拉伸永久变形（％）	15	8	8
压缩永久变形（70℃、20h、25％,％）	75	28	25

6.4　其他改性方法

对原有聚合物进行改性是当前聚合物材料实现高性能化的最好途径。除了上述改性方法外，科学家们还研究了一些其他方法。

（1）增容和反应性增容

为改善聚合物共混后的相容性，可采用加入增容剂的方法。增容剂的加入使共混的聚合物组分间黏接力增大，形成稳定的宏观均匀微观多相的结构，获得具有优良性能的制品。

反应性增容是指在熔融混炼过程中，原料聚合物通过化学反应就地形成接枝共聚物或嵌段共聚物，或同时发生交联反应，改善共混体系相容性的技术。这种方法因具有操作简单、增容效果明显和生产成本低等优点，目前已成为引人注目的发展方向。

常用于反应性增容技术的反应类型有：酰胺化、酰亚胺化、酯化、氨解、酯交换、开环反应和离子键合等。

（2）动态硫化法

动态硫化法是在硫化剂的存在下，使塑料和橡胶在高温下熔融混炼，使橡胶在细微分散的同时进行高度交联。该法适用于制造热塑性弹性体，目前已用该技术，利用聚丙烯和 EP-DM 制造热塑性弹性体。

（3）增强材料

纤维增强及填充改性是制造复合材料的主要方法，尤以纤维增强最重要。增强塑料能显著地提高材料的机械强度和耐热性，填充改性对改善成型加工性，提高制品的机械性能及降低成本有着显著效果。

表 6-4-1、表 6-4-2 列出了未增强与增强的工程塑料的物理性能，可见增强后的复合材料的性能得到了很大的改善与提高。

表 6-4-1 未增强工程塑料的物理性能

种类	相对密度	拉伸强度 （MPa）	弯曲弹性模量 （GPa）	缺口冲击强度 （J/m）	热变形温度 1.82MPa（℃）	成型收缩率 （%）
PA	1.12～1.14	68.6～78.5	2.75	49.0	60	1.4～1.5
POM	1.41	60.8～71.6	2.55	49.0～78.4	110	1.5～2.5
PBTP	1.31	56.9	2.45	39.2～58.8	65	1.5～2.5
PC	1.20	64.7	2.75	794.3	140	0.5～0.7
ABS	1.06～1.08	52.0	2.45	48.6	80～110	0.5

表 6-4-2 增强工程塑料的物理特性

复合材料 基体	GF 添加剂 （%）	相对密度	拉伸强度 （MPa）	弯曲弹性模量 （GPa）	缺口冲击强度 （J/m）	热变形温度 1.82MPa（℃）	成型收缩率 （%）
PA	30	1.35	176.5	7.85～9.81	107.8	200	0.4
POM	30	1.63	137.3	8.83～9.81	39.2	163	0.5
PBTP	30	1.53	132.4	8.83～9.81	107.8	205	0.3
PC	30	1.43	127.5	7.85	176.5	149	0.2
ABS	20～40	1.30	58.8～127.5	6.86～9.81	39.2～63.7	120	0.3～0.8

增强剂除了采用玻纤外，还可采用高性能的增强剂，如高模量碳纤维、Kevlar 聚芳酰胺纤维以及液晶纤维等。这样制得的复合材料具有更优异的综合性能，在体育器材等许多领域得到了应用。

（4）原位复合和分子复合

高分子液晶化也是改性的一条有效的途径。原位复合是指高分子热致液晶与热塑性聚合物的复合。这类共混物在加工熔融时液晶微区取向形成微纤结构，成型后冷却时微纤结构在原位就地冻结，因此称为原位复合。

分子复合材料与原位复合材料相似，不同的是分子复合用溶致液晶聚合物来增强热塑性塑料。由于这类共混物中的液晶微纤其分散程度接近分子水平，故称分子复合。为了最大限度地达到分子水平分散，一般采用溶液共混沉淀法制备分子复合材料。

思 考 题

1. 高聚物改性的目的是什么?
2. 聚合物共混的目的是什么? 其方法有哪些?
3. 简述 IPN 聚合物的定义。

参 考 文 献

[1] 李克友，张菊华，向福如．高分子合成原理及工艺学 [M]．北京：科学出版社，2001．

[2] 赵德仁，张慰盛．高聚物合成工艺学 [M]．北京：化学工业出版社，1996．

[3] 侯文顺．高聚物生产技术 [M]．北京：化学工业出版社，2003．

[4] 张晓黎．高聚物产品生产技术 [M]．北京：化学工业出版社，2010．

[5] 潘祖仁．高分子化学 [M]．北京：中国石化出版社，2007．

[6] 桑永．塑料材料与配方 [M]．北京：化学工业出版社，2004．

[7] 夏宇正，陈晓农．精细高分子化工及应用 [M]．北京：化学工业出版社，2000．

[8] 李正光，黄福堂，万丽翔等．聚丙烯生产技术与应用 [M]．北京：石油工业出版社，2006．

[9] 李明，伍小明．国内外丁苯橡胶的生产现状及发展前景 [J]．橡胶科技市场，2007，30（5）：8．

[10] 王琛．高分子材料改性技术 [M]．北京：中国纺织出版社，2007．

[11] 郦涓玲，赵劲松，包永忠．聚氯乙烯树脂及其应用 [M]．北京：化学工业出版社，2012．

[12] 张师军，乔金樑．乙烯树脂及其应用 [M]．北京：化学工业出版社，2011．

[13] 中国石油化工集团公司职业技能鉴定指导中心．聚苯乙烯装置操作工 [M]．北京：中国石化出版社，2006．

[14] 郑石子，等．聚氯乙烯生产与操作 [M]．北京：化学工业出版社，2008．

[15] 黄志明，等．聚氯乙烯工艺技术 [M]．北京：化学工业出版社，2008．

[16] 崔小明．世界丁苯橡胶的供需现状及发展前景 [J]．世界橡胶工业，2008，35（1）：29—37．

[17] 刘登洋．丁苯橡胶加工技术 [M]．北京：化学工业出版社，1983．

[18] 王久芬．高聚物合成工艺 [M]．北京：国防工业出版社，2005．

[19] 郭大生，王文科．聚酯纤维科学与工程 [M]．北京：中国纺织出版社，2001．

[20]《己内酰胺生产及应用》编写组编．己内酰胺生产及应用 [M]．北京：烃加工出版社，1988．

[21] 张师民．聚酯的生产及应用 [M]．北京：中国石化出版社．1997．

[22] 孙静珉，等．聚酯工艺引进聚酯装置技术资料汇编 [M]．北京：化学工业出版社，1985．

[23] 于守武，肖淑娟，赵晋津．高分子材料改性——原理及技术 [M]．北京：知识产权出版社，2015．

[24] 潘祖仁，翁志学，黄志明．悬浮聚合 [M]．北京：化学工业出版社，1997．

[25] 张玉龙，齐贵亮．功能塑料改性技术 [M]．北京：机械工业出版社，2007．

[26] 赵素合，张丽叶，毛立新．聚合物加工工程 [M]．北京：中国轻工业出版社，2006．

[27] 罗伯逊．聚合物共混物 [M]．北京：化学工业出版社，2012．

[28] 左晓兵，宁春花，朱亚辉．聚合物合成工艺学 [M]．北京：化学工业出版社，2014．

[29] 武军，李和平．高分子物理及化学 [M]．北京：中国轻工业出版社，2001．

[30] 余木火．高分子化学 [M]．北京：中国纺织出版社，1995．

[31] 吴培熙，张留成．聚合物共混技术 [M]．北京：中国轻工业出版社，1996．

[32] 方海林，张良，邓育新．高分子材料合成与加工用助剂 [M]．北京：化学工业出版社，2015．